Deepen Your Mind

Deepen Your Mind

推薦序 1

我和海鏡、侯策認識很久了，他們之前寫的那本《React 狀態管理與同構實戰》是新手入門 React 的好書，我非常喜歡。

海鏡不僅是大廠工程師、技術部落客，還是開放原始碼同好。他開放原始碼了很多 JavaScript 函式庫，如 zepto.fullpage、template.js 等。他開發的 jsmini 可圈可點，尤其難能可貴的是，他還撰寫了 jslib-base——一個可以幫助開發者撰寫 JavaScript 函式庫的工具庫，這個函式庫的特性涵蓋了函式庫開發的各方面，非常實用。

我對海鏡很熟悉，對他做的事也比較熟悉，所以當我得知他正在寫這本書的時候，我是非常開心且放心的。開心是因為，目前前端領域和 Node.js 領域都缺少這樣的專精內容，我在《狼書》裡曾寫過如何開發 JavaScript 函式庫，但限於篇幅未能深入介紹，而這本書彌補了我的遺憾。放心是因為，他一直是最前線的、熱愛開放原始碼的前端專家，無論是能力、眼界、判斷力還是協作能力，都非常不錯，鑑於他之前所寫的那本《React 狀態管理與同構實戰》的情況，我相信他能夠將 JavaScript 函式庫開發技術講清楚。

事實上，本書的初稿也確實和我想的一樣，章節分佈清楚，內容詳略得當，基本覆蓋了所有讀者想要看到的基礎知識，甚至還有擴充。

很多人在學習撰寫程式時都很迷茫，對此，我給的建議是：每天看 10 個 npm 模組（JavaScript 函式庫）。對學習大前端（含 Node.js）相關技術時感到迷茫的人來說，學習 JavaScript 函式庫是消除迷茫的最好方式。當你不知道如何做時，可以透過學習 JavaScript 函式庫累積對以後實際開發有益處的技能。與其不知道學什麼，不如先透過學習 JavaScript 函式庫每天累積幾個技巧。只要堅持每天累積幾個函式庫開發技巧，並累計學習一萬小時，你的個人程式設計能力一定會有很大的進步。

推薦序 1

當你掌握了很多開發技巧後，就會慢慢地想要自己去實現 JavaScript 函式庫，這是一個創造的過程，也是一個自我實現的過程，這個過程非常容易帶給人成就感。你撰寫的 JavaScript 函式庫，可能是 React 這樣的大框架或 Vite 這樣的大型建構工具，也可能是 is-number、debug 這樣的小模組。對個人成長來說，無論模組大小，都能使人進步。當然，如果你撰寫的 JavaScript 函式庫能夠獲得更多開發者和使用者的認可，那將是更值得開心的事。

以上就是我對開發和開放原始碼 JavaScript 函式庫的簡單理解，其實，我個人也是這樣一步一步走過來的。

海鏡和侯策寫的這本書從多個維度介紹了 JavaScript 函式庫開發和開放原始碼的技巧及注意事項，並列舉了幾個非常典型的函式庫輔以實戰，內容非常實用。希望大家能夠透過這本書掌握更多的 JavaScript 函式庫開發技巧，並透過刻意練習自我提高，成為自己想成為的人——技術大師！

——Node.js 佈道者、《狼書》系列圖書作者

桑世龍（狼叔）

推薦序 2

我們普遍覺得，在團隊裡負責開發和維護基礎函式庫的工程師都是“高手”。畢竟，能位於團隊上游的人總會有種莫名的“優越感”。

撰寫一個JavaScript函式庫很難嗎？不就是先把一段通用的程式抽離出來，再按照某種範式封裝一下嘛！其實，要想真正回答這個問題，你可能需要先想想以下問題：

- 為什麼有些人寫的函式庫大受歡迎，而有些人寫的函式庫卻沒人使用？
- 你為什麼願意使用某個函式庫，你到底看重它什麼？
- 流行的函式庫有什麼共同點？
- 所謂寫“好”一個函式庫，到底要符合什麼條件？
- 你有過“踩雷”經歷嗎，當時是什麼心情？
- 別人為什麼願意為你的專案貢獻程式？
- 怎麼讓自己寫的函式庫日後不成為“債”？

如果你只是在自己的專案中抽離一些可重複使用的程式並將其封裝成一個函式庫，這個函式庫可能只適用於比較單一的應用場景。但如果你希望更多的人也能用到這個函式庫，那就要好好設計一番了。

你要考慮穩定性、可維護性、安全性，撰寫一些攻擊性測試用例，還要注重程式的可讀性、易理解性。如果想擴大影響力，希望更多人參與專案維護，你必須重視函式庫的架構設計、介面設計、文件撰寫、註釋情況、程式風格等。不僅如此，你所用的工具也必須是當前最主流、最酷的。你要為函式庫的使用者提供開發、偵錯、測試、建構和提交等多方面的順滑體驗。如果你能把上述一切都做得很好，那麼別人一定能從中學到很多東西，也就願意為你的專案貢獻程式了。團隊內部的技術共建也是類似的，並非為了彰顯什麼，而是為了技術交流和價值共創。

近些年，我看到越來越多的人投身開放原始碼社群，成為一些知名專案的維護者和貢獻者，也產生了一批優秀的開放原始碼專案。我相信未來的前端領域中會湧現出更多像 Vue.js、Ant Design 這樣具有影響力的函式庫和框架。

透過程式與工程師交流能加速自身成長，進而創造個人價值。作為一名開發者，不能只是開放原始碼函式庫的使用者，要成為貢獻者，甚至創造者。

本書將影響一些人，使他們從開放原始碼函式庫的使用者變成創造者。這本書建構了一條道路，沿著它走下去，你會走進一個新世界。它也能啟發另一批有經驗的人，進一步完備自己的知識系統。書中涉及的開發工具未來也許會過期，但其中的開發想法、工程化的專業做法永遠不會過時。書中介紹的工具和技術也都是當前最主流的，能成為主流說明具有一定的先進性，如果你能透過工具表面的用法進一步去追究其背後的哲學，你將有更多的收穫。

本書的實作性很強，邊閱讀邊動手寫程式，你會有更深的體會。市面上比較成熟的工具和函式庫都是經過長期打磨形成的，其中很多設計細節只有在使用時才能感受到。當你自己開發一個函式庫時，這些都是你靈感的泉源。

前面也提到，你撰寫一個函式庫是希望更多人能用到它，並非標榜自己。就像做產品要考慮使用者體驗一樣，函式庫的作者要時刻考慮使用者的體驗，要時刻提醒自己站在使用者的角度進行設計。所有恰到好處的設計都是打磨出來的，也是獨具匠心的。一個函式庫其實也是一個技術產品，如果你能夠做好它，其價值將遠遠超越解決問題本身。願大家能從這本書中獲得設計和開發 JavaScript 函式庫的價值。

——螞蟻集團 OceanBase 部門體驗技術團隊負責人

克軍

推薦語

每個前端工程師都想開發自己的框架或函式庫，然而大部分開發者在繁雜的業務程式中都在使用別人的框架或函式庫，不知道如何進一步提升自己，因而在改朝換代如此之快的前端領域感到迷茫。本書教你如何從零開始建立自己的函式庫，如何突破技術瓶頸。

——Deno 核心程式貢獻者、vscode-deno 作者　迷渡（justjavac）

現代軟體開發越來越複雜，也越來越離不開對其他函式庫的相依。雖然這本書的主題是設計與實現函式庫，但讀完之後會發現，書中那些使程式更加穩固可靠、使開發流程更加方便輕鬆的知識，無論是否用於開發一個函式庫，都會對我們很有幫助。作為程式設計師，我們時刻站在許多巨人的肩膀上，是時候閱讀這本書，讓自己成為一個巨人了。

——Apache Member、Apache ECharts 專案管理委員會主席　羨轍

在大廠裡，我們一般不建議在生產環境中重複造輪子，因此有些開發者覺得會使用成熟的函式庫就夠了，但這其實是一種誤解。在前端領域，學習的層次有兩個：一個是以使用者的角度去掌握知識和技能，用心的話能融會貫通；而更深的層次是從根本原理上徹底理解知識和技能，不僅做到融會貫通，更能達到根據當前應用場景"創造"最佳解的境界。這是工匠和大師的區別，達到第二個層次無疑能讓你的前端工程師之路走得更遠。學習和掌握根本原理的較為簡單的辦法就是臨摹和實踐，這也是本書選擇的道路。透過跟隨作者的想法由淺入深地進行實踐，你能切身體會到開放原始碼函式庫的創作精髓，這種臨摹和實踐無疑會幫你紮實基礎，讓你在不知不覺間有所收穫，得到提升。

——稀土掘金社群負責人　月影

前端標準化 API 有著非常明顯的發展緩慢的問題，因此需要開放原始碼生態來彌補。近年來，越來越多的企業開始有自研或修改函式庫的需求，前端函式庫開發和工程工具開發也成了前端日常工作中的重要部分。具有這方面經驗的工程師較為缺乏，可參考的資料也零零散散。非常高興看到具有實際經驗的工程師願意抽出大量精力去完成一本系統介紹前端函式庫開發的書。

——極客時間《重學前端》專欄作者 程劭非（winter）

非常幸運可以提前讀到這本書的樣稿，收穫很大。作者在書中說“人人都可以開發自己的 JavaScript 函式庫”，確實如此。作者從多年開放原始碼專案維護和開發者的角度，各方面講解了現代 JavaScript 函式庫開發。對每一位憧憬著擁有自己開放原始碼專案的開發者來說，本書是非常難得的閱讀材料，可以讓你快速上手，也可以消除你的種種疑慮。

——《JavaScript 高級程式設計》《JavaScript 權威指南》譯者 李松峰

近幾年，npm 成為全球最大的公共函式庫託管平台，大量高品質的 JavaScript 函式庫的湧現極佳地支援了網際網路上大量 Web 應用的蓬勃發展。隨著前端技術的發展，開發一個 JavaScript 函式庫也面臨很多挑戰，比如，如何處理好它的相容性，選擇何種打包策略和發佈方式，如何做好後期的營運和維護工作，等等。作者從自己的從業經歷出發，對上面的問題舉出了自己的想法，希望能給讀者帶來一些啟發。

——字節跳動工程師 李玉北

JavaScript 函式庫開發是重要但卻又容易被忽視的知識領域。早期，開發 JavaScript 函式庫並不需要很多知識和工具，但隨著社群的發展、模組系統和規範的迭代、TypeScript 的崛起、Monorepo 的流行等，對應的問題隨之而生，社群中也出現了很多應對這類問題的工具。同時，對前端開發者來說，適時補充這方面的知識是非常有必要的。在社群中較少能看到關於 JavaScript 函式庫開發的書，本書正好可以彌補這一空缺。本書包含大量基於實踐複習出來的 JavaScript 函式庫開發知識，每個點都踩在了社群前端，能看出作者在這一領域擁有豐富的經驗，相信讀者能透過閱讀這本書收穫價值。

——Umi 作者 雲謙

在開始學習前端知識時，你會找到兩種參考資料：一種是“紅寶書”和“犀牛書”，非常系統化，專注於基礎知識，是前端領域的大部頭；還有一種是視訊教學和部落格文章，教你從零開始寫一個頁面、三天開發一個網站等，囫圇吞棗但非常實用。而在 GitHub、Stack Overflow 和開放原始碼社群裡，那些迷人的提交記錄、issues 討論，那些有趣的 README 和 npm 輪子，以及各種漂亮的 badges 和命令列工具，才讓我流連忘返。這本書正是引領你進入這個世界的試金石。

——Ant Design 開放原始碼專案成員 偏右

雖然本書涉及的基礎知識繁多，但是作者從紛亂的應用技術中找到了“函式庫開發”這個主軸並一以貫之，曆繁難而見簡明，便如“函式庫”的本意一般，盡在於對那些複雜技術進行封裝與隔離。我希望讀者能從書中讀出秩序，而秩序的建構也正是套件與元件技術的核心。

——《JavaScript 語言精髓與程式設計實踐》作者 周愛民

我自己也做一些開放原始碼專案，不過大多不溫不火、低於預期。看了這本書，我才意識到自己還有很多可以提升的地方。

——《CSS 世界》《CSS 新世界》作者 張鑫旭

推薦語

非常高興能為本書做推薦，也非常感歎海鏡能持之以恆地輸出自己的知識和經驗。海鏡用十年磨一劍的精神説明了一個“人人都可以開發自己的現代 JavaScript 函式庫”的故事。本書圍繞著如何開發和開放原始碼一個現代 JavaScript 函式庫，結合 JavaScript 函式庫的設計與安全最佳實踐，將從 0 到 1 的過程娓娓道來。更重要的是，書中還精選了大量典型函式庫，帶領讀者一起領略不同型態程式庫的設計想法。希望本書能夠幫助更多有志於開發和開放原始碼 JavaScript 函式庫的工程師插上夢的翅膀，遠航未來。

——美團外賣終端負責人　杜瑶

要想利用所學到的前端技能把自己的想法變成一個有板有眼的開放原始碼專案，這本書也許會幫你開個好兆頭。

——Vue.js 核心團隊成員　趙錦江

JavaScript 並不是一門完美的語言，它的流行並不在於它自身的品質，而是得益於它的低門檻及其龐大的社群生態。本書將介紹需求邏輯編碼之外的內容，如建構、測試、開放原始碼、營運維護等，教大家如何開發和營運一個高品質的函式庫——函式庫本身的程式並不是全部。

——Node.js Core Collaborator、字節跳動基礎架構團隊架構師　死月

不知不覺，參與前端開放原始碼已經十多年了，這些年裡，我用過無數“輪子”，見證過無數“輪子”的興衰，也維護過近百個“輪子”，深知其中的不易。前端類別庫在工程化方面的變化非常快，要寫好一個類別庫，需要做的“現代化”準備也越來越複雜，對程式語言、程式風格、測試覆蓋率、配套工具等都有不少要求。雖然這未嘗不是一件好事，但對新人而言，上手門檻高了不少。

這本書複習了作者的經驗，應該能幫大家了解現代化類別庫有哪些設定要求，從而能快速地跨過上手門檻。當然也不能盡信書，很多做法還在快速迭代和演進中，建議讀者親自實踐，從中找出適合自己的方法，不斷最佳化和改良。我期待著會有越來越多的前端後浪們能參與到開放原始碼的浪潮中，快速成長，一起見證前端工業化的演進。

——EggJS 核心開發者 天豬

在 GitHub 上，JavaScript 一直是最受歡迎的程式語言之一。許多前端工程師都把自己的程式放在了 GitHub 裡，但這和做一個好的開放原始碼產品還是有區別的。這本書非常全面且詳細地介紹了如何從程式、文件、社群、維護等方面打造一個屬於自己的開放原始碼前端函式庫，能夠幫助讀者理解一個現代的開放原始碼產品是如何研發與運行維護的，非常值得前端工程師閱讀。

——百度前端工程師 祖明

隨著前端技術的迅速發展，如今要開發高品質的前端函式庫，除了要有超強的技術，還要具備營運開放原始碼專案的工程經驗，包括建構、測試、維護、開放原始碼、撰寫文件等。參與建設優秀開放原始碼專案可以幫助程式設計師培養良好的工作習慣，保持優雅。這是一本不可多得的技術好書，作者以十年工作經驗為基礎，凝練出現代 JavaScript 函式庫開發相關基礎知識，娓娓道來，非常值得學習。

——巧子科技創始人 張雲龍

近年來，前端開放原始碼函式庫領域一直在不斷演進，能開發出被廣泛使用的前端開放原始碼函式庫是很多前端開發者的終極追求。作者在該領域有十多年的累積，這本書匯集了作者的寶貴經驗，從建構、測試、開放原始碼、維護、安全等方面全方位説明了現代 Javascript 函式庫的設計方法，是一本不可多得的好書。

——騰訊 AlloyTeam 創始人 于濤

推薦語

在年復一年的大量程式設計實踐中，業務、工具、服務導向的各種功能提煉，最後都可以發佈為一個叫作“JavaScript 函式庫”的產物，這也是程式設計高手的必經之路。本書幾乎是函式庫開發的 SOP 標準指南，每個步驟的實施過程都精心設計，非常實用，強烈推薦大家一口氣讀完。

——前端早早聊大會創始人　Scott

本書透過從零開發一個 JavaScript 函式庫，引導大家理解現代工程化方案生命週期涵蓋哪些內容，以及如何以實戰的方式去完善這些內容。最後，本書還站在讀者的角度敘述了未來技術的發展方向，是一本不可多得的實戰之書。

——《從零開始架設前端監控平台》《小白實戰大前端》作者　陳辰

強烈推薦，本書本質上為如何成長為高階前端開發者提供了一套精準的行為指南！

——《前端外刊評論》主編　寸志

開放原始碼專案是一個系統工程，需要維護者掌握需求分析、程式撰寫、品質控制、工程化、持續迭代等專案全生命週期的知識。本書作者作為一名開放原始碼老兵，完整介紹了維護一個開放原始碼專案所需的知識。對想要提高專案掌控力的工程師來說，這是一本不可多得的好書。

——《React 設計原理》作者　卡頌

開發 JavaScript 應用和開發 JavaScript 函式庫就像雷鋒和雷鋒塔的關係。我見過很多經驗豐富的應用程式開發者，其撰寫的第一個 JavaScript 開放原始碼函式庫或多或少都存在不符合開放原始碼開發準則的問題，這些問題主要集中在測試、維護、建構環境等方面。如果想真正地擁抱開放原始碼，本書是不可多得的實戰參考資料。

——新浪移動前端開發專家 付強（小爝）

本書是一本偏實戰的書。對於 JavaScript 函式庫開發，從最初的想法到撰寫第一行程式，最後到發佈上線和後期維護，作者都舉出了解決方案。本書最吸引我的地方在於，作者舉出了思考和決策的過程，讓讀者不僅能夠學習 JavaScript 函式庫開發知識，還能拓寬自己的技術視野。

——百度前資深研發專家、Feed 前端負責人 王永青（三水清）

挖新的開放原始碼軟體坑，或重新造輪子，都是我職業生涯中的寶貴經驗。你可以在這本書中學到如何去建立一個現代 JavaScript 函式庫，以及如何將它推向開放原始碼世界，你將獲得一系列最佳實踐。

——Thoughtworks 技術專家、《前端架構：從入門到微前端》作者
黃峰達（Phodal）

前言

十年磨一劍

十年，彈指一瞬間。

回首過去十年，我一直致力於開放原始碼函式庫的開發和維護，一路走來，我也從這個領域的“小白”慢慢成長為“專家”。這十年，支撐我堅持在函式庫開發領域耕耘的原因是熱愛分享，我特別希望能把自己做的東西分享給別人，分享的內容既可以是課程、部落格文章，也可以是程式。在我看來，一份分享出去的程式部分，就是一個開放原始碼函式庫。

十年來，前端技術推陳出新，新的開放原始碼函式庫如雨後春筍般湧現，相信大部分讀者都曾從這些開放原始碼函式庫中受益。平日裡，我們更多關注的是函式庫的使用，很少關注函式庫開發技術。其實，JavaScript 函式庫開發技術在這十年中也經歷了快速發展，其中以新的技術標準為基礎開發而成的函式庫，我將其稱為“現代 JavaScript 函式庫”。

由於前端技術發展迅速，如今開發一個現代 JavaScript 函式庫並不容易，其中涉及非常多的知識、工具和經驗。比如，函式庫如何相容日益複雜的前端環境，函式庫如何使用打包工具，函式庫的單元測試如何做，等等。正因為這種複雜性，目前 npm 上的開放原始碼函式庫並不都是現代 JavaScript 函式庫，很多開放原始碼函式庫還在使用十幾年前的相對比較原始的技術。

除了依賴開發技術，將一個函式庫開放原始碼還需要很多準備工作。一個函式庫開放原始碼後的營運和維護也涉及很多知識。由於缺乏經驗，很多函式庫開放原始碼後並沒有被推廣開來。

總之，開發和開放原始碼一個現代 JavaScript 函式庫並非易事，上述困難阻礙了很多讀者開發自己的 JavaScript 函式庫，我也曾被這些困難深深折磨過。經過十年的摸爬滾打，我不禁想：如果能有一個師傅一步步教我該多好，那我當初能少走多少彎路！有鑑於此，我終於下定決心寫一本現代 JavaScript 函式庫開發領域的圖書，將自己十年的經驗複習沉澱，希望能夠一步步教各位讀者快速掌握現代 JavaScript 函式庫開發技術。

人人都可以開發自己的 JavaScript 函式庫

有人可能會問，為什麼要學習 JavaScript 函式庫開發技術呢？學會開發 JavaScript 函式庫有什麼好處呢？其實，開發 JavaScript 函式庫能夠帶來非常多的好處。

我現身說法，開發和開放原始碼函式庫不僅可以幫助他人解決問題，也能給自己帶來很多成長。開發函式庫的特殊要求，極大提升了我的技術深度；開發函式庫涉及的技術非常多，極大拓寬了我的知識面；開放原始碼函式庫使我融入了開放原始碼社群，在那裡獲得了很多技術之外的東西。總之，開發和開放原始碼現代 JavaScript 函式庫可以帶來非常大的收穫，我希望每一個前端開發者都不要錯過這個機會。

其實，我有一個願望，那就是，人人都可以開發自己的 JavaScript 函式庫。

再小的個體也應該有機會在社群中發聲，社群不應該只要月亮的光輝，漫天繁星同樣是美好世界的重要組成，只要我們願意，每個人都可以開發屬於自己的 JavaScript 函式庫。

每一個前端開發者都身處兩個世界，即業務世界和開放原始碼世界。大部分人熟悉業務世界，但對開放原始碼世界了解不多。所謂“技多不壓身”，多了解開放原始碼世界，融入開放原始碼世界，你一定會有更多收穫。

本書內容

本書主要涵蓋三部分內容，可以滿足讀者不同階段的學習訴求。

第 1～第 5 章介紹如何開發和開放原始碼一個現代 JavaScript 函式庫，這部分內容可以幫助讀者快速達成函式庫開發目標。

第 6 ～第 7 章介紹現代 JavaScript 函式庫的設計最佳實踐和安全最佳實踐，這部分內容可以極大提高讀者開發 JavaScript 函式庫的品質。

第 8 ～第 11 章為實戰部分，本書精選了 9 個典型函式庫作為案例，帶領讀者了解不同類型的 JavaScript 函式庫的開發要點。

其中，每章的內容分別如下。

第 1 章 從零開發一個 JavaScript 函式庫

想要開發自己的 JavaScript 函式庫，往往面臨的最大挑戰是不知道如何開始，不知道要做什麼，不知道怎麼做。本章將介紹如何找到適合自己的開發方向，並透過一個範例介紹如何從零開始開發一個 JavaScript 函式庫。

第 2 章 建構

前端技術高速發展，符合最新技術標準的 JavaScript 函式庫就是現代 JavaScript 函式庫。本章將介紹現代 JavaScript 函式庫需要調配的模組系統和運行環境，開發函式庫需要用到的打包方案，以及如何解決 JavaScript 函式庫的相容性問題。

第 3 章 測試

JavaScript 函式庫對於品質的要求很高，因此，完備的單元測試是品質的保證。但給函式庫增加恰到好處的單元測試並不簡單。本章將介紹如何架設測試環境、設計測試用例、驗證測試覆蓋率，以及如何在瀏覽器環境中運行單元測試等。

第 4 章 開放原始碼

寫好程式和單元測試還不能直接開放原始碼，要想發佈一個標準函式庫，還有很多工作要做。本章將介紹如何將 JavaScript 函式庫開放原始碼，包括協定選擇、文件撰寫、發佈到 GitHub 和 npm 上，以及如何查看開放原始碼後的資料等。

第 5 章 維護

將 JavaScript 函式庫對外發佈只是開放原始碼的第一步，開放原始碼後的營運和維護是使一個函式庫保持持久生命力的關鍵。本章將介紹如何維護開放原始碼的 JavaScript 函式庫，包括如何和社群協作，如何確立協作規範，如何建立持續整合和開放原始碼函式庫的常用分支模型等。

第 6 章 設計更好的 JavaScript 函式庫

和業務開發不同，JavaScript 函式庫一旦發佈，就難以進行不相容改動，因此，良好的設計很重要。站在巨人的肩膀上學習前人的優秀經驗可以做到事半功倍。本章將介紹 JavaScript 開放原始碼函式庫的最佳實踐，這些實踐可以幫助我們設計更好的 JavaScript 函式庫。

第 7 章 安全防護

大部分開發者都缺乏 JavaScript 函式庫安全防護方面的經驗。我們常聽說 JavaScript 函式庫爆出安全問題，其中有些問題可以採取防護措施解決，而有些問題則讓人防不勝防，那麼，該如何避免這些問題呢？本章將從多個方面介紹 JavaScript 函式庫的安全知識和注意事項。

第 8 章 抽象標準函式庫

在開發不同的 JavaScript 函式庫時會用到一些公共功能，這些功能也可以抽象為開放原始碼函式庫，我將其稱作底層函式庫。學習底層函式庫是開發 JavaScript 函式庫的基礎，因此尤為重要。本章精選 6 個底層函式庫開發案例進行實戰講解，以幫助讀者打好基礎。

第 9 章 命令列工具

在開發一個新的 JavaScript 函式庫時要進行初始化，為了避免每次都從零開始進行初始化，可以開發一款命令列工具，透過一筆命令快速完成初始化工作。本章將介紹如何設計和實現一款用於快速初始化的命令列工具。

第 10 章　工具函式庫實戰

每個專案中都存在一些公共工具函式，如果有多個專案，則可以將這部分工具函式抽象出來，做成供專案內部使用的工具函式程式庫。本章將介紹業務專案中的工具函式程式庫解決方案，包括工具函式庫的架設、開發、落地推廣和資料統計。

第 11 章　前端範本函式庫實戰

前端範本函式庫是一個複雜度中等的 JavaScript 函式庫，和前面介紹的工具函式庫有很大區別，是學習 JavaScript 函式庫開發的推薦專案。本章將介紹前端範本函式庫的設計和實現，以及前端範本函式庫的生態工具開發，包括 webpack 外掛程式開發和 VS Code 外掛程式開發。

第 12 章　未來之路

溫故而知新，本章將全面複習全書內容，並介紹 JavaScript 社群中一些新的生態和工具，幫助讀者回顧本書內容，對自己所學情況進行複習。

致謝

本書寫作過程中獲得了很多同事和朋友的幫助，在本書完成之際，我在此表達真摯的感謝。

特別感謝侯策老師參與了本書部分章節的創作和校對，這是我和侯策老師合作的第二本書，他是我的良師益友，我們一起維護了 jslib-base 和 jsmini 函式庫。

特別感謝羨轍老師對本書進行了認真的校對，並提出了很多寶貴意見，這些指導意見使本書的品質獲得了保證。羨轍老師在開放原始碼領域的影響力遠勝於我，她獲得了 GitHub 授予的 2020—2021 年度 Star Awards 榮譽。

特別感謝 justjavac（迷渡）老師為本書做了校對工作，使本書的品質獲得了保證。justjavac 老師在開放原始碼領域經驗豐富，維護了很多優秀的開放原始碼專案，目前他專注於 Deno 的研發與推廣。

特別感謝狼叔在百忙之中為本書寫了推薦序，早在本書寫作初期，狼叔就提出了很多寶貴意見，有鑑於此，我推翻了之前不夠完整的內容，這才有了如今的內容。

特別感謝我的同事陶沙，和她一起工作非常愉快，本書的 ESLint 部分來自她的想法，有鑑於此，我才能將這些內容傳播給各位讀者。

特別感謝克軍、月影、程劭非（winter）、李松峰、李玉北、雲謙、偏右、周愛民、張鑫旭、杜瑤、趙錦江、死月、天豬、祖明、張雲龍、于濤、Scott、陳辰、寸志、卡頌、付強（小爝）、王永青（三水清）、黃峰達（Phodal）等老師在百忙之中閱讀本書，並為本書撰寫推薦語，這使得更多人知道了這本書，這是我的幸運，也是每一位讀者的幸運。

還要感謝本書的責任編輯孫奇俏老師和其他為本書付出辛苦的編輯老師，這已不是我與孫老師的第一次合作，她的專業能力始終讓我欽佩。

最後，真誠感謝我的家人，他們包容了我有時無法給予陪伴，在背後一直默默支持和鼓勵我，願將此書獻給他們。

目錄

第 1 章 從零開發一個 JavaScript 函式庫

第 2 章 建構

第 3 章 測試

第 4 章 開放原始碼

第 5 章 維護

第 6 章 設計更好的 JavaScript 函式庫

第 7 章 安全防護

第 8 章 抽象標準函式庫

第 9 章 命令列工具

第 10 章 工具函式庫實戰

第 11 章 前端範本函式庫實戰

第 12 章 未來之路

第 1 章

從零開發一個 JavaScript 函式庫

“合抱之木，生於毫末；九層之台，起於累土。”學習函式庫開發技術不是一蹴而就的，同樣地，開發一個 JavaScript 函式庫也要一步一步來。本章讓我們回到起點，從源頭引導讀者如何開始，尋找開發的靈感，從零開發一個 JavaScript 函式庫。本章的內容都是前端專案中常見的知識。

好了，快開始我們的冒險之旅吧！

1.1 如何開始

我們面臨的第一個難題就是如何開始。目前，雖然我們已經有了開發一個函式庫的想法，但是想要真正實現一個函式庫，需要完成從想法到目標，從目標到設計，從設計到編碼的流程，如圖 1-1 所示。

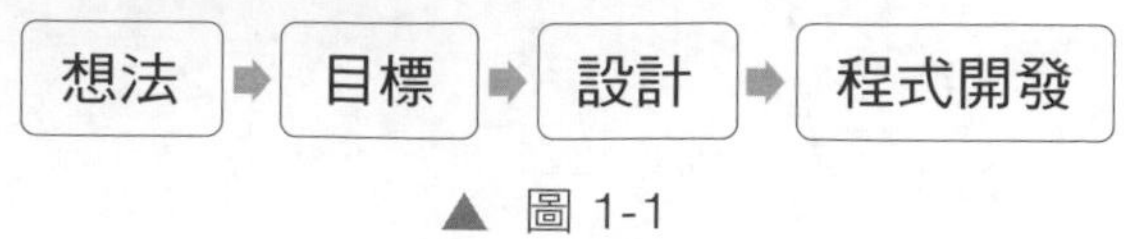

▲ 圖 1-1

那麼如何確定要開發一個什麼函式庫呢？比較簡單的方式就是從專案中尋找靈感。可以將專案中的一些功能進行抽象設計，提取通用邏輯，並進行一些額外處理，形成一個公共函式庫的原型；而一般專案中會存在一些公共函式、公共元件等，這些就是開發函式庫時最好的靈感來源。還可以從開始原始碼專案中尋找靈感，如果我們覺得一個函式庫不能滿足我們的需求，或者用起來很不方便，此時就可以嘗試開發一個更好的開放原始碼函式庫。

有時候，我們的腦海中會閃現很好的想法，但是如果當時沒有時間，或者執行力比較差，很可能最後就不了了之了。因此，建議的做法是迅速記錄下想法，並經常回顧自己的想法清單，從中挑選合適的目標來實現。

接下來說一下常見的錯誤。切忌好高騖遠，由於個人的精力有限，因此不建議選擇類似元件函式庫這種大型專案。建議開發一些小而美、功能專一的函式庫，特別是在開始時，要從小的工具函式庫入手，以免半途而廢，打擊積極性。

為了讓讀者快速學習到開發一個函式庫的完整過程，本書的第一個範例選擇開發一個小的工具函式程式庫。深拷貝是 JavaScript 中常用的功能，也是前端面試中的高頻問題，並且其實現並不複雜。所以，本書的第一個範例將目標確定為開發一個深拷貝工具函式庫。

1.2 撰寫程式

既然已經確定了目標，那麼接下來就是編碼實現了。在開始之前，先來介紹清楚深拷貝的含義。JavaScript 中有 7 種基底資料型別，分別是 undefined、null、number、string、boolean、symbol[①]和 object，其中，前 6 種資料型態的資料在進行賦值操作時都是值拷貝。

① symbol 是 ECMAScript 2015 引入的新資料型態。

值拷貝發生後，兩個變數之間就沒有任何連結了。範例如下：

```
let a = 1;
let b = a;

a = 2; // 對變數 a 的修改不會影響到變數 b

console.log(a); // 輸出 2
console.log(b); // 輸出 1
```

而物件類型的資料在進行賦值操作時會發生引用拷貝，此時兩個變數會指向相同的資料，對其中一個變數進行操作會影響到另一個變數。有時候，物件類型態資料的這種賦值行為並不是我們期望的，特別是當將物件類型態資料作為參數傳遞時，這經常是引起 Bug 的罪魁禍首。

下面看一個範例，在該範例中，對變數 a 進行修改會影響到變數 b。程式如下：

```
let a = { c: 1 };
let b = a;

a.c = 2; // 對變數 a 的修改會影響到變數 b

console.log(a.c); // 輸出 2
console.log(b.c); // 輸出 2
```

對參考類型資料進行完整複製的過程，稱為深拷貝。我們將提供一個函式來完成深拷貝的功能。函式的設計如下，函式名稱為“clone”，其接收一個待拷貝的參數 data，並傳回 data 的深拷貝值。

```
function clone(data) {}
```

接下來，思考該如何實現上述函式。其實可以將一個物件類型態資料看作資料結構中的樹結構，如將下面的物件展開後，和樹結構一致。

```
let a = { b: { c: 1, d: 2 } };
```

其中，a 是根節點，參考類型物件 b 是中間節點，數值型別屬性 c 和 d 是葉子節點，如圖 1-2 所示。

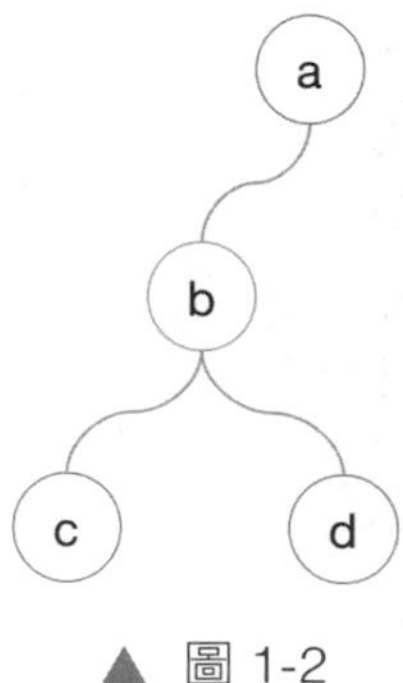

▲ 圖 1-2

這樣就將深拷貝問題轉化為了樹的遍歷問題，遍歷樹常用的方法是深度優先遍歷，一般使用遞迴實現。以下是實現深拷貝函式 clone 的範例程式：

```
function clone(source) {
  const t = type(source);
  if (t !== 'object' && t !== 'array') {
    return source;
  }

  let target;

  if (t === 'object') {
    target = {};
    for (let i in source) {
      if (source.hasOwnProperty(i)) {
        target[i] = clone(source[i]); // 注意這裡
      }
    }
  } else {
    target = [];
    for (let i = 0; i < source.length; i++) {
      target[i] = clone(source[i]); // 注意這裡
    }
  }
```

```
  return target;
}
```

透過上面的 type 函式可以獲取資料的類型[1]，下面是其簡易實現，透過 Object 類別中的 toString 方法可以獲取資料的內部類型資訊。

```
Object.prototype.toString.call([]); // "[object Array]"
Object.prototype.toString.call({}); // "[object Object]"

function type(data) {
  return Object.prototype.toString.call(data).slice(8, -1).toLowerCase();
}

type({}); // object
type([]); // array
```

下面使用剛剛實現的深拷貝工具函式庫中的 clone 函式來試驗本節開始時的範例，可以看到對變數 a 的修改不會影響到變數 b。

```
let a = { c: 1 };
let b = clone(a); // 深拷貝

a.c = 2; // 對變數 a 的修改不會影響到變數 b

console.log(a.c); // 輸出 2
console.log(b.c); // 輸出 1
```

① 這裡先知道這樣用就可以了，第 8 章將深入介紹這個問題。

1.3 本章小結

本章介紹了從零開發 JavaScript 函式庫的流程和基本方法，至此，我們的第一個 JavaScript 函式庫已經完成了第一個版本[①]。但是，當把這個函式庫的程式分享給其他人時，會面臨下面的問題：

- 小 A 使用了 CommonJS 模組，不知道該如何引用這個函式庫。
- 小 B 說這個函式庫的程式在 IE 瀏覽器中會顯示出錯。

請讀者獨立思考出現上面問題的原因，下一章將會介紹如何解決這些問題。

① 此時，這個函式庫還有很多最佳化空間，如堆疊溢出問題、無窮迴圈問題等，第 8 章將會介紹如何最佳化這些問題。

第 2 章 建構

雖然在 ECMAScript 2015[①]發佈後，前端規範快速更新，但是整個前端生態仍難以快速轉換。因此，JavaScript 函式庫的使用者可能有不同的用戶端環境，使用不同的技術系統，但其更希望使用穩定成熟的技術。而函式庫的開發者則更希望使用新技術，畢竟開發 JavaScript 函式庫的目的是為更多的使用者提供便利。

那麼如何調和函式庫的開發者和函式庫的使用者之間對新舊技術期待不同的矛盾呢？推薦的做法是引入建構流程。本章將介紹 JavaScript 函式庫的建構系統，它和我們專案中的建構原理類似，但是使用的技術和方案有所不同。

從本章開始，我們即將進入很多人可能不太熟悉的知識領域，相信大家會有更多收穫。

① ECMAScript 是 JavaScript 語言標準，在 2015 年發佈了第 6 個版本，因此，ECMAScript 2015 也被稱作 ECMAScript 6。

2.1 模組化解析

ECMAScript 2015 帶來了原生的模組規範，而在此之前，JavaScript 並沒有統一的模組規範。對於大型專案來說，模組是必不可少的，於是 JavaScript 社群進行了很多探索，其中有一些影響力較大的模組規範（如 AMD 和 CommonJS），目前還在被廣泛使用。本節將介绍 JavaScript 模組，以便後續提供通用模組方案。

2.1.1 什麼是模組

隨著程式規模的擴大，以及引入各種協力廠商函式庫，共用全域作用域會帶來很多問題。首先是命名衝突問題，為了解決命名衝突問題，主流程式設計語言都提供了語言層面的方案，舉例如下：

- C 語言中的巨集編譯。
- C++ 語言中的命名空間。
- Python 語言中的模組。
- Java 語言中的套件。
- PHP 語言中的命名空間。

JavaScript 社群則選擇了模組方案。一個合格的模組方案需要滿足以下特性：

- 獨立性——能夠獨立完成某個功能，隔絕外部環境的影響。
- 完整性——能夠完成某個特定功能。
- 可相依——可以相依其他模組。
- 被相依——可以被其他模組相依。

簡而言之，模組就是一個獨立的空間，能引用其他模組，也能被其他模組引用。

2.1.2 原始模組

如果僅從定義層面來看，一個函式即可稱為一個模組，而我們早就開始使用這種模組了。範例程式如下：

```
// 最簡單的函式，可以稱作一個模組
function add(x, y) {
  return x + y;
}
```

在 ECMAScript 2015 之前，只有函式能夠建立作用域。下面是 JavaScript 社群中原始模組的定義程式：

```
(function (mod, $) {
  function clone(source) {
    // 此處省略程式
  }

  mod.clone = clone;
})((window.clone = window.clone || {}), jQuery);
```

上面的 mod 模組不會被重複定義，相依透過函式參數注入。這種實現其實並不完美，仍然需要手動維護相依的順序，典型的場景就是其中的 jQuery 必須先於程式被引用，否則會報告引用錯誤。隨著模組數量的增加，這種問題很快會變得不可維護，這顯然不是我們想要的。

一般的函式庫都會提供對這種模組的支援，因為這種模組可以直接透過 script 標籤引入，使用 script 標籤引入庫的方式依然存在使用場景，如古老的前端系統、簡單的活動頁面、簡單的測試頁面等。

2.1.3 AMD

AMD 是一種非同步模組載入規範，專為瀏覽器端設計，其全稱是 Asynchronous Module Definition，中文名稱是非同步模組定義。AMD 規範中定義模組的方式如下：

```
define(id?, dependencies?, factory);
```

瀏覽器並不支援 AMD 模組，在瀏覽器端，需要借助 RequireJS 才能載入 AMD 模組。RequireJS 是使用最廣泛的 AMD 模組載入器，但目前的新系統基本不再使用 RequireJS，因為大部分函式庫都會提供對 AMD 模組的支援。

給深拷貝函式庫增加對 AMD 模組的支援，範例程式如下：

```
// 匿名，無相依模組，檔案名稱就是模組名稱
define(function () {
  function clone(source) {
    // 此處省略程式
  }

  return clone;
});
```

上面的程式定義了一個匿名 AMD 模組，假設程式位於 clone.js 檔案中，那麼在 index.js 檔案中可以像下面程式這樣使用上面程式定義的模組：

```
define(['clone'], function (clone) {
  const a = { a: 1 };
  const b = clone(b); // 使用 clone 函式
});
```

2.1.4 CommonJS

CommonJS 是一種同步模組載入規範，目前主要用於 Node.js 環境中①。CommonJS 規範中定義模組的方式如下：

```
define(function (require, exports, module) {
  // 此處省略程式
});
```

在 Node.js 中，外面的 define 包裹函式是系統自動生成的，不需要開發者自己書寫。下面是深拷貝函式庫支援 CommonJS 模組的範例程式：

① Sea.js 使用的也是類 CommonJS 規範，本節的範例也能相容 Sea.js 環境。

```
// 匿名，無相依模組，檔案名稱就是模組名稱
function clone(source) {
  // 此處省略程式
}

module.exports = clone;
```

在 Node.js 環境下，假設上面的程式位於 clone.js 檔案中，那麼在 index.js 檔案中可以像下面程式這樣使用上面程式定義的模組：

```
const clone = require('./clone.js');
const a = { a: 1 };
const b = clone(b); // 使用 clone 函式
```

2.1.5 UMD

UMD 是一種通用模組載入規範，其全稱是 Universal Module Definition，中文名稱是通用模組定義。UMD 想要解決的問題和其名稱所傳遞的意思是一致的，它並不是一種新的規範，而是對前面介紹的 3 種模組規範（原始模組、AMD、CommonJS）的整合，支援 UMD 規範的函式庫可以在任何模組環境中工作。

使用 UMD 規範改寫深拷貝函式庫的範例程式如下：

```
(function (root, factory) {
  var clone = factory(root);
  if (typeof define === 'function' && define.amd) {
    // AMD
    define('clone', function () {
      return clone;
    });
  } else if (typeof exports === 'object') {
    // CommonJS
    module.exports = clone;
  } else {
    // 原始模組
    var _clone = root.clone;
```

```
    clone.noConflict = function () {
      if (root.clone === clone) {
        root.clone = _clone;
      }

      return clone;
    };
    root.clone = clone;
  }
})(this, function (root) {
  function clone(source) {
    // 此處省略程式
  }
  return clone;
});
```

由上述程式可以看到，UMD 規範只是對不同模組規範的簡單整合，稍微不同的是，程式中給原始模組增加了 noConflict 方法，使用 noConflict 方法可以解決全域名稱衝突的問題。

2.1.6 ES Module

ECMAScript 2015 帶來了原生的模組系統——ES Module。目前，部分瀏覽器已經支援直接使用 ES Module，而不相容的瀏覽器則可以透過建構工具來使用。

ES Module 的語法更加簡單，只需要在函式前面加上關鍵字 export 即可。範例程式如下：

```
export function clone(source) {
  // 此處省略程式
}
```

假設上面的程式位於 clone.js 檔案中，那麼在 index.js 檔案中可以像下面程式這樣引用 clone.js 檔案中的 clone 函式：

```
import { clone } from './clone.js';
const a = { a: 1 };
const b = clone(b); // 使用 clone 函式
```

本節介紹了多種前端模組，對於開放原始碼函式庫來說，為了滿足各種模組使用者的需求，需要對每種模組提供支援。開放原始碼函式庫可以提供兩個入口檔案，這兩個入口檔案及其支援的模組如表 2-1 所示。

▼ 表 2-1

入口檔案	支援的模組
index.js	原始模組、AMD 模組、CommonJS 模組、UMD 模組
index.esm.js	ES Module

2.2 技術系統解析

2009 年是前端技術系統發展的分水嶺，以前是“刀耕火種”的時代，而 Node.js 的發佈推動了前端技術系統的快速發展，前端從此邁入工具化時代。本節將介紹開放原始碼函式庫需要支援的不同技術系統，以及在不同技術系統下函式庫開發技術的變遷。

在開始之前先來看一個場景：深拷貝函式庫中有一個 type 函式，用來獲取資料的類型，現在假設還有一個函式庫也要用到這個函式，所以我們決定將其單獨抽象為一個函式庫，現在就有了兩個函式庫，其中 clone 函式庫會相依 type 函式庫，如圖 2-1 所示。

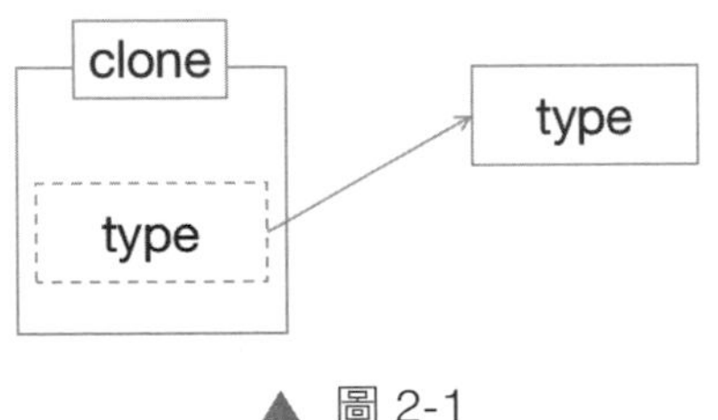

▲ 圖 2-1

一般一個 JavaScript 函式庫都會相依另外一些函式庫，真實的 JavaScript 函式庫的相依關係會更複雜。圖 2-2 所示為 template.js 函式庫的相依關係分析圖①，可以看到，template.js 函式庫直接或間接地相依了 7 個函式庫。

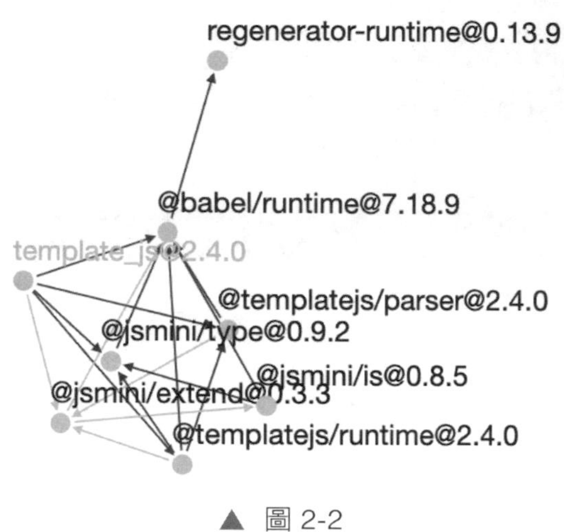

▲ 圖 2-2

下面介紹在不同的技術系統下依賴關係的不同解決方案。

2.2.1 傳統系統

在傳統系統中，一般透過在 HTML 檔案中使用 script 標籤來引入 JavaScript 檔案，這種系統下的每個函式庫都需要提供一個 .js 格式的檔案。下面是傳統系統下的專案目錄結構範例：

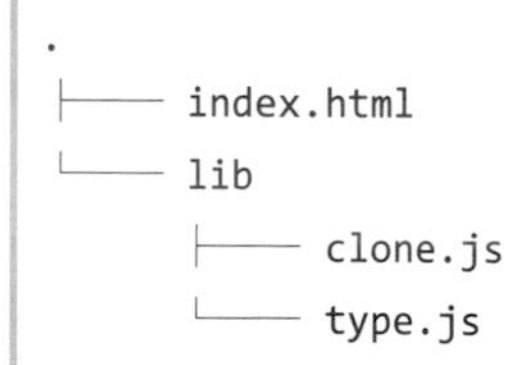

```
.
├── index.html
└── lib
    ├── clone.js
    └── type.js
```

在傳統系統下，如果想使用一個函式庫，就必須在使用之前手動引入要用

① 依賴關係分析圖由開放原始碼工具 anvaka 提供。

到的函式庫及其相依的函式庫。例如，如果想使用 clone 函式庫，就必須在引入 clone 函式庫之前先引入 type 函式庫，否則就會顯示出錯，範例程式如下：

```
<!-- index.html -->
<script src="lib/type.js"></script>
<script src="lib/clone.js"></script>
<script>
  let a = { c: 1 };
  let b = clone(a); // 深拷貝
</script>
```

隨著函式庫規模的擴大，將相依關係交給函式庫的使用者手動維護對函式庫的使用者非常不友善，因為要提供包含全部程式的入口檔案，所以在這種系統下，大部分函式庫都不會相依很多其他的函式庫。

相容傳統系統的函式庫，需要將所有程式及其相依的函式庫的程式合併成一個檔案。但也存在例外情況，例如，jQuery 外掛程式必須依賴 jQuery 才能執行，React 外掛程式必須依賴 React 才能執行，這種情況下可以將 jQuery 或 React 的引入交給外掛程式的使用者來實現。

2.2.2 Node.js 系統

Node.js 的模組系統遵守前面提到的 CommonJS 規範，Node.js 有內建的相依解析系統，如果要相依一個模組，則可以像下面程式這樣使用 require 系統函式直接引用檔案：

```
const clone = require('./clone.js');
```

在使用 require 函式引用檔案時，被引用檔案的路徑需遵循一套複雜的規則，引用支援相對路徑、絕對路徑和協力廠商套件，如果忽略副檔名，則會被當作 Node.js 的模組去解析。

Node.js 模組目錄下需要有一個 package.json 檔案，用於定義模組的一些屬性。如果想要新建模組，則可以使用 Node.js 提供的 npm 工具快速初始化。

透過下面的命令可以在 lib 目錄下新建並初始化 clone 模組：

```
$ mkdir clone
$ cd clone
$ npm init
```

npm 會提示填寫模組的資訊，這裡不做修改，一直保持預設設定即可，執行後會生成一個 package.json 檔案，該檔案包含的欄位如下：

```
{
  "name": "clone",
  "version": "1.0.0",
  "description": "",
  "main": "index.js"
}
```

這裡主要關注 main 欄位，其定義的是當前模組對應的邏輯入口檔案，當該模組被其他模組引用時，Node.js 會找到 main 欄位對應的檔案。

透過同樣的操作完成對 type 模組的初始化。此時，專案的目錄結構如下：

```
.
├── index.js
└── lib
    ├── clone
    │   ├── index.js
    │   └── package.json
    └── type
        ├── index.js
        └── package.json
```

透過以下程式可以在 index.js 檔案中直接引入 clone 模組，Node.js 會自動完成模組解析，並載入好相依項。

```
const clone = require('./lib/clone');

let a = { c: 1 };
let b = clone(a); // 深拷貝
```

在 Node.js 系統下，函式庫只需要提供對 CommonJS 模組或 UMD 模組的支援即可，對相依的函式庫不需要進行特殊處理。

2.2.3 工具化系統

隨著前端專案化的發展，前端建構工具目前已經成為中大型專案的標準配備。建構工具的典型代表是 webpack，webpack 支援 CommonJS 規範。

如果想要使用 webpack，則需要先安裝 webpack，安裝命令如下：

```
$ npm init -y # 在目前的目錄下初始化 package.json 檔案
$ npm install webpack webpack-cli --save-dev # 安裝 webpack
```

在專案的根目錄下增加 webpack.config.js 檔案，並在該檔案中增加如下設定程式，其含義是將目前的目錄下的 index.js 檔案打包輸出為 dist/index.js 檔案。

```
const path = require('path');

module.exports = {
  entry: './index.js',
  output: {
    filename: 'index.js',
    path: path.resolve(__dirname, 'dist'),
  },
};
```

然後執行下面的命令：

```
$ npx webpack
```

如果輸出結果如圖 2-3 所示，就表示完成了打包工作。

```
➜  webpack git:(master) ✗ npx webpack
[webpack-cli] Compilation finished
asset index.js 543 bytes [emitted] [minimized] (name: main)
./index.js 195 bytes [built] [code generated]
./lib/clone/index.js 581 bytes [built] [code generated]
./lib/type/index.js 115 bytes [built] [code generated]
webpack 5.4.0 compiled successfully in 236 ms
```

▲ 圖 2-3

接下來，增加一個 index.html 檔案，引用打包輸出的 dist/index.js 檔案即可。

至此，專案的完整目錄結構如下：

```
.
├── dist
│   └── index.js
├── index.html
├── index.js
├── lib
│   ├── clone
│   │   ├── index.js
│   │   └── package.json
│   └── type
│       ├── index.js
│       └── package.json
├── package.json
└── webpack.config.js
```

最開始，建構工具僅支援 CommonJS 規範，隨著 ECMAScript 2015 的發佈，rollup.js 最先支援 ES Module，現在主流的建構工具均已支援 ES Module。

打包工具在載入一個函式庫時，需要知道這個函式庫是支援 CommonJS 模組的還是支援 ES Module 的，建構工具給的方案是擴充一個新的入口欄位，開放原始碼函式庫可以透過設定這個欄位來標識自己是否支援 ES Module。由於歷史原因，這個欄位有兩個命名，分別是 module 和 jsnext，目前比較主流的是 module 欄位，也可以兩個都設定，只需要在函式庫的 package.json 檔案中增加欄位名稱 module 和 jsnext，並設定為 ES Module 檔案的路徑即可。範例程式如下：

```
{
  "main": "index.js",
  "module": "index.esm.js",
  "jsnext": "index.esm.js"
}
```

在 webpack 中，可以透過設定 mainFields 來支援優先使用 module 欄位，只需要在 webpack.config.js 檔案中增加如下的設定程式即可：

```
module.exports = {
  //...
  resolve: {
    mainFields: ['module', 'main'],
  },
};
```

index.js 檔案提供對 CommonJS 模組的支援，範例程式如下：

```
function clone(source) {
  // 此處省略程式
}
module.exports = clone;
```

index.esm.js 檔案提供對 ES Module 的支援，範例程式如下。可以看到，支援 ES Module 的寫法更加簡潔。

```
export function clone(source) {
  // 此處省略程式
}
```

對於函式庫的使用者來說，不用關心 ES Module 規範和 CommonJS 規範之間的區別，只需要像下面程式這樣引用即可：

```
const clone = require('clone');
```

打包工具會優先查看相依的函式庫是否支援 ES Module[①]，如果不支援，則會遵循 CommonJS 規範。

綜上所述，在這種系統下，開放原始碼函式庫需要同時提供對 ES Module 和 CommonJS 模組的支援，對其相依的函式庫不需要進行特殊處理。

① 此結論來自 rollup.js 文件。

本節介紹了 3 種技術系統，開放原始碼函式庫需要對每種技術系統都提供支援，推薦提供的模組規範和相依函式庫的處理邏輯如表 2-2 所示。

▼ 表 2-2

技術體系	模組標準	相依函式庫的處理邏輯
傳統系統	原始模組	相依打包
Node.js 系統	CommonJS	無須處理
工具化系統	ES Module + CommonJS	無須處理

2.3 打包方案

前面介紹了在不同的模組規範和不同的前端技術系統下，函式庫的調配原理。這部分內容細緻又瑣碎，使用手動調配的方式會相當麻煩，那麼有沒有更好的辦法呢？目前，比較好的辦法就是使用打包工具自動完成打包工作。本節將介紹打包工具的選擇原則及實際應用。

根據前兩節的內容，開放原始碼函式庫需要支援瀏覽器、打包工具和 Node.js 環境，以及不同的模組規範，所以需要提供不同的入口檔案，如表 2-3 所示。

▼ 表 2-3

	瀏覽器（script、AMD、CMD）	打包工具（webpack、rollup.js）	Node.js
入口檔案	index.aio.js	index.esm.js	index.js
模組規範	UMD	ES Module	CommonJS
自身相依	打包	打包	打包
協力廠商相依	打包	不打包	不打包

2.3.1 選擇打包工具

既然已經確定了目標，那麼接下來就需要選擇一款合適的打包工具。JavaScript 社群大多選擇 webpack 和 rollup.js 作為函式庫的打包工具，webpack 是現在非常流行的打包工具，而 rollup.js 則被稱作下一代打包工具，推薦使用 rollup.js 作為函式庫的打包工具。

為什麼不使用我們更熟悉的 webpack 呢？我們透過具體範例來對比 webpack 和 rollup.js。假設有兩個檔案：index.js 和 bar.js。

bar.js 檔案對外曝露一個 bar 函式，程式如下：

```
export default function bar() {
  console.log('bar');
}
```

index.js 檔案引用 bar.js 檔案，程式如下：

```
import bar from './bar';
bar();
```

下面的程式是 webpack 打包輸出的內容，index.js 和 bar.js 檔案的內容在打包內容的最下面，起始處省略的 100 行程式其實是 webpack 生成的簡易模組系統程式。webpack 方案的問題在於會生成很多冗餘碼，這對於業務程式來說問題不大，但是對於函式庫來說就不太友善了。

```
/******/
(function (modules) {
  // 此處省略 webpack 生成的 100 行程式
})([
  /* 0 */
  function (module, __webpack_exports__, __webpack_require__) {
    'use strict';
    Object.defineProperty(__webpack_exports__, '__esModule', {
      value: true,
    });
```

```
    /* harmony import */
    var __WEBPACK_IMPORTED_MODULE_0__bar__ = __webpack_require__(1);
    Object(__WEBPACK_IMPORTED_MODULE_0__bar__['a' /* default */])();
  },
  /* 1 */
  function (module, __webpack_exports__, __webpack_require__) {
    'use strict';
    /* harmony export (immutable) */
    __webpack_exports__['a'] = bar;

    function bar() {
      console.log('bar');
    }
  },
]);
```

注意

上面的程式以 webpack 3 為基礎，而 webpack 4 中增加了 scope hoisting 特性，支援將多個模組合併到一個匿名函式中。

下面的程式是 rollup.js 打包輸出的內容，可以看到模組完全消失了。那麼 rollup.js 如何解決模組之間的相依問題呢？對於打包的程式，rollup.js 巧妙地透過將被相依的模組放在相依模組前面的方法來解決模組相依問題。對比 webpack 打包後的程式，rollup.js 的打包方案對於函式庫的開發者來說是接近完美的方案。

```
'use strict';

function bar() {
  console.log('bar');
}

bar();
```

2.3.2 打包步驟

首先安裝 rollup.js，命令如下[①]：

```
$ npm i --save-dev rollup@0.57.1
```

由於只在開發時才會用到 rollup.js，因此我們透過上面的參數 --save-dev 將其安裝為開發時相依，這樣會將相依增加到 package.json 檔案的 devDependencies 欄位中，程式如下：

```
{
  "devDependencies": {
    "rollup": "^0.57.1"
  }
}
```

rollup.js 的使用方式和 webpack 的使用方式類似，需要透過設定檔告訴 rollup.js 如何打包。根據表 2-3 的結論，存在 3 種入口檔案，因此需要 3 個設定檔，這裡將設定檔統一放到 config 目錄中。打包輸出檔案、設定檔、技術系統和模組規範的對應關係如表 2-4 所示。

▼ 表 2-4

打包輸出檔案	設定檔案	技術體系	模組標準
dist/index.js	config/rollup.config.js	Node.js	CommonJS
dist/index.esm.js	config/rollup.config.esm.js	webpack	ES Module
dist/index.aio.js	config/rollup.config.aio.js	瀏覽器	UMD

接下來，先實現第 1 個設定檔 config/rollup.config.js，範例程式如下：

```
module.exports = {
  input: 'src/index.js',
  output: {
```

① 0.57.1 不是最新版本，但是本書中的範例以此版本為基礎，為了避免遇到版本差異問題，本書建議讀者鎖定版本。

```
    file: 'dist/index.js',
    format: 'cjs',
  },
};
```

input 設定和 output 設定表示將 src/index.js 檔案打包輸出為 dist/index.js 檔案，format 設定表明可以選擇的模組方案，其值 cjs 的含義是輸出模組遵循 CommonJS 規範。接下來，執行下面的命令即可實現打包：

```
$ npx rollup -c config/rollup.config.js

# 輸出內容如下
# src/index.js → dist/index.js...
# created dist/index.js in 13ms
```

打包成功後，打開 dist/index.js 檔案，該檔案中的內容如下：

```
'use strict';

Object.defineProperty(exports, '__esModule', { value: true });

function clone(source) {
  // 此處省略程式
}

exports.clone = clone;
```

接著實現第 2 個設定檔 config/rollup.config.esm.js，範例程式如下。其與實現第 1 個設定檔的程式基本類似，不同點是 format 設定的值，此處為 es，表示輸出模組遵循 ES Module 規範。

```
module.exports = {
  input: 'src/index.js',
  output: {
    file: 'dist/index.esm.js',
    format: 'es',
  },
};
```

打包成功後，打開 dist/index.esm.js 檔案，該檔案中的內容如下：

```
function clone(source) {
  // 此處省略程式
}

export { clone };
```

最後實現第 3 個設定檔 config/rollup.config.aio.js①，為了將相依的函式庫也打包進來，需要使用 rollup-plugin-node-resolve 外掛程式，透過如下命令安裝該外掛程式：

```
$ npm i --save-dev rollup-plugin-node-resolve@3.0.3
```

實現 config/rollup.config.aio.js 檔案的完整程式如下，format 設定的值為 umd，表示輸出模組遵循 UMD 規範，name 設定的值作為全域變數和 AMD 規範的模組名稱，plugins 設定使用 rollup-plugin-node-resolve 外掛程式。

```
var nodeResolve = require('rollup-plugin-node-resolve');
module.exports = {
  input: 'src/index.js',
  output: {
    file: 'dist/index.aio.js',
    format: 'umd',
    name: 'clone',
  },
  plugins: [
    nodeResolve({
      main: true,
      extensions: ['.js'],
    }),
  ],
};
```

① aio 是 all in one 的縮寫，表示將全部模組規範和相依都整合在一起。

打包成功後，打開 dist/index.aio.js 檔案，該檔案中的內容如下：

```
(function (global, factory) {
  typeof exports === 'object' && typeof module !== 'undefined'
    ? factory(exports)
    : typeof define === 'function' && define.amd
    ? define(['exports'], factory)
    : factory((global.clone = {}));
})(this, function (exports) {
  'use strict';
  function type(data) {
    // 此處省略程式
  }
  function clone(source) {
    // 此處省略程式
  }

  exports.clone = clone;
  Object.defineProperty(exports, '__esModule', { value: true });
});
```

每次都執行“rollup -c config/rollup.config.js”命令有些繁瑣，為了簡化建構命令，同時收斂統一建構命令，可以使用 npm 提供的自訂 scripts 功能。在 package.json 檔案中增加下面的程式：

```
"scripts": {
    "build:self": "rollup -c config/rollup.config.js",
    "build:esm": "rollup -c config/rollup.config.esm.js",
    "build:aio": "rollup -c config/rollup.config.aio.js",
    "build": "npm run build:self && npm run build:esm && npm run build:aio"
}
```

直接執行下面的命令就可以完成對所有方案的打包：

```
$ npm run build
```

上面的命令等值於下面的 3 筆命令，可以看到，上面的命令更簡潔。

```
$ npx rollup -c config/rollup.config.js
$ npx rollup -c config/rollup.config.esm.js
$ npx rollup -c config/rollup.config.aio.js
```

由於現在入口檔案位於 dist 目錄下，因此需要修改 package.json 檔案中對應的欄位，指向 dist 目錄下的建構檔案。改動後的內容如下：

```
{
  "main": "dist/index.js",
  "jsnext:main": "dist/index.esm.js",
  "module": "dist/index.esm.js"
}
```

到目前為止，我們的函式庫已經支援了表 2-3 中全部的環境，執行“npm run build”命令建構成功後，會在 dist 目錄下生成 3 個輸出檔案，此時專案的完整目錄結構如下：

```
.
├── config
│   ├── rollup.config.aio.js
│   ├── rollup.config.esm.js
│   └── rollup.config.js
├── dist
│   ├── index.aio.js
│   ├── index.esm.js
│   └── index.js
├── package.json
└── src
    └── index.js
```

2.3.3 增加 banner

一般開放原始碼函式庫檔案的頂部都會提供一些關於函式庫的說明，如協定資訊等，如圖 2-4 所示。

```
/*!
 * clone 1.0.0
 * Licensed under MIT
 */
```

▲ 圖 2-4

下面給我們的函式庫增加統一的說明。現在使用者使用的檔案是自動建構出來的，無法手動增加。其實 rollup.js 支援增加統一的 banner，由於不同的設定檔需要同樣的 banner，因此可以將 banner 資訊統一放到 rollup.js 檔案中。範例程式如下：

```
var pkg = require('../package.json');

var version = pkg.version;

var banner = `/*!
 * ${pkg.name} ${version}
 * Licensed under MIT
 */
`;

exports.banner = banner;
```

然後修改設定檔，增加 banner 設定。以 rollup.config.esm.js 檔案為例，修改後的程式如下：

```
var common = require('./rollup.js');
module.exports = {
  input: 'src/index.js',
  output: {
    file: 'dist/index.esm.js',
    format: 'es',
    banner: common.banner,
  },
};
```

2.3.4 隨選載入

很多時候，在使用一個函式庫時可能只會用到其中的一小部分功能，但是卻要載入整個函式庫的內容，這對於 Node.js 來說問題不大，但對於瀏覽器端應用來說是不能接受的，好在 rollup.js 支援隨選載入。

隨選載入分為兩種情況。

第一種情況是，我們的函式庫要用到另一個函式庫的功能，但只用到其中一小部分功能，如果將其全部打包過來，則會讓打包體積變大，此時透過 rollup.js 提供的 treeshaking 功能可以自動遮蔽未被使用的功能。

例如，假設 index.js 檔案只使用了協力廠商套件 is.js 中的一個 isString 函式，當不使用 treeshaking 功能時，會將 is.js 中的函式全部引用進來，如圖 2-5 所示。

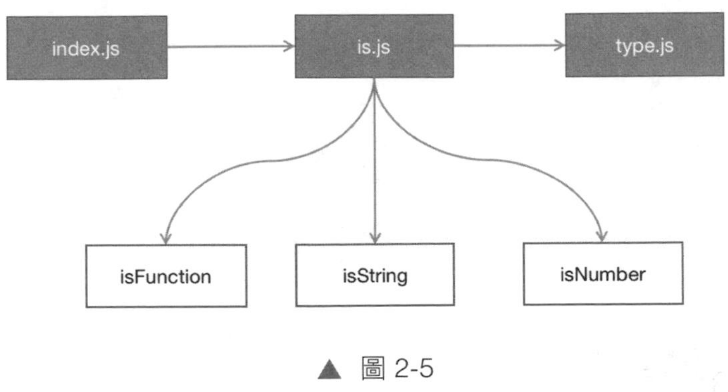

▲ 圖 2-5

而在使用了 treeshaking 功能後，則可以遮蔽 is.js 中的其他函式，僅引用 isString 函式，如圖 2-6 所示。

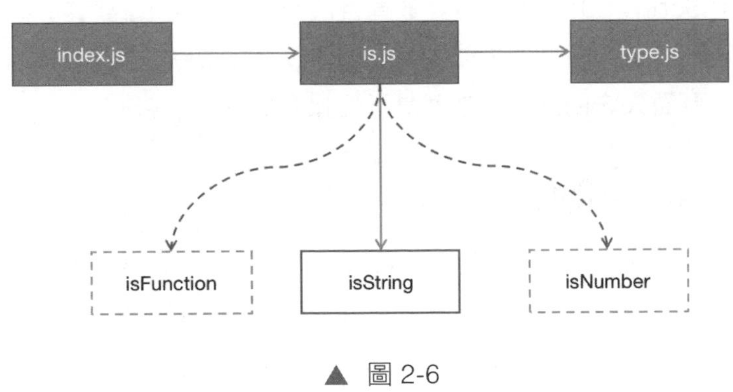

▲ 圖 2-6

第二種情況是要讓使用函式庫的專案能夠隨選載入。一個函式庫如果不進行任何設定，那麼現代打包工具是不會使用 treeshaking 功能對其進行最佳化的，因為打包工具無法知道一個函式庫是否有副作用。假如我們的函式庫中有如下程式，如果引用了該函式庫，就會向 window 下寫入一個變數，打包工具如果把這段程式遮敝，則可能產生 Bug。

```
window.aaa = 1;
```

如果我們的函式庫沒有副作用，則可以向 package.json 檔案中增加 sideEffects 欄位，這樣打包工具就能夠使用 treeshaking 功能進行最佳化了。範例程式如下：

```
{
  "sideEffects": false
}
```

至此，函式庫打包的全部工作就完成了。

2.4 相容方案

當我們的函式庫被用到生產環境時，由於真實使用者的瀏覽器環境不可控，因此會在函式庫用到一些新的語言特性時產生顯示出錯。例如，函式庫程式中使用了 ECMAScript 2015 中新的變數宣告關鍵字 const，此時如果使用者使用 IE9 瀏覽器，則會產生一個語法錯誤。由於 JavaScript 的錯誤是中斷式的①，因此會導致整個頁面失去回應，這顯然是不能接受的。

2.4.1 確定相容環境

想要解決上述問題，需要函式庫的開發者舉出關於函式庫的相容性的明確說明，這樣函式庫的使用者可以根據自己的需求挑選適合的函式庫。對於 JavaScript 函式庫來說，相容性越好，其使用範圍就越廣泛，同時意味著付出的成本會越高。所以，函式庫的開發者需要權衡利弊，做一個折衷的選擇。

① 不同於 JavaScript，HTML 和 CSS 遇到不支援的新屬性時會進行跳過處理，不會中斷後續流程。

那麼都有哪些環境需要相容呢？目前，需要相容的環境主要包括瀏覽器和 Node.js。statcounter 是一款統計全球瀏覽器市佔率的工具，提供了詳細的資料，可以幫助函式庫的開發者確定要相容的環境。對於瀏覽器市佔率資料，可以查看百度流量研究院發佈的資料。

圖 2-7 所示為 statcounter 統計的不同瀏覽器的占比情況，從圖中可以分析出，需要相容的自主核心瀏覽器主要包括 Chrome、Firefox、IE、Edge 和 Safari，行動端瀏覽器的情況會更加複雜，但是相容性和桌面端相比已經非常好了。對於 JavaScript 來說，以桌面端瀏覽器的相容性為標準即可。

Node.js 的相容性情況會好很多，可以參考官方提供的 metrics 資料，包括不同版本的下載資料，如圖 2-8 所示。

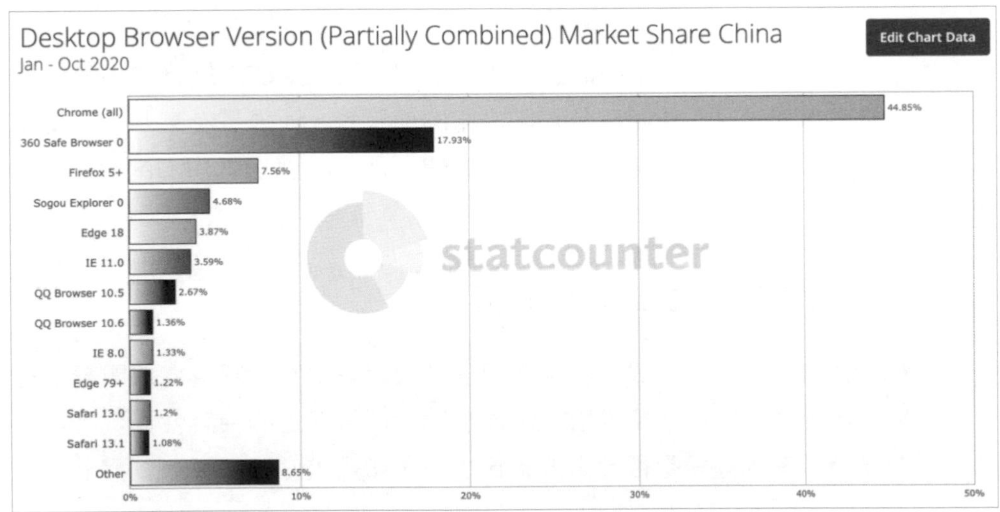

▲ 圖 2-7

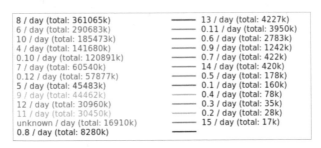

8 / day (total: 361065k)
6 / day (total: 290683k)
10 / day (total: 185473k)
4 / day (total: 141680k)
0.10 / day (total: 120891k)
7 / day (total: 60540k)
0.12 / day (total: 57877k)
5 / day (total: 45483k)
9 / day (total: 44462k)
12 / day (total: 30960k)
11 / day (total: 30450k)
unknown / day (total: 16910k)
0.8 / day (total: 8280k)
13 / day (total: 4227k)
0.11 / day (total: 3950k)
0.6 / day (total: 2783k)
0.9 / day (total: 1242k)
0.7 / day (total: 422k)
14 / day (total: 420k)
0.5 / day (total: 178k)
0.1 / day (total: 160k)
0.4 / day (total: 78k)
0.3 / day (total: 35k)
0.2 / day (total: 28k)
15 / day (total: 17k)

▲ 圖 2-8

根據圖 2-7 和圖 2-8 中的資料，並結合我的經驗，推薦開放原始碼函式庫支援的相容性如表 2-5 所示。其中，Chrome 的版本較低是因為有些殼瀏覽器包裝了 Chromium 的較低版本，而 Chromium 正是 Chrome 的開放原始碼版本。

▼ 表 2-5

環境	版本
Chrome	45+
Firefox	最近兩個版本
IE	8+
Edge	最近兩個版本
Safari	10+
Node.js	0.12+

表 2-5 只是一個參考，不同的函式庫可以選擇更寬泛或更嚴格的相容性要求，但請進行嚴格測試，並明確告知函式庫的使用者。如果是為某些特殊場景服務的函式庫，比如與 Canvas 相關的函式庫，那麼其相容性與 Canvas 對齊即可。

2.4.2 ECMAScript 5 相容方案

如何知道自己撰寫的程式是否存在相容性問題呢？原來解決這種問題都是依靠開發者的經驗，掌握前端常用的特性在不同瀏覽器上的相容性情況，是評判一個前端開發者的經驗是否豐富的指標之一，如是否知道 IE8 瀏覽器上缺少 Array.prototype.indexOf 方法。

當遇到不熟悉的語法或方法時，可以在 MDN 網站[①]上查看語法或方法的詳細相容性資訊。圖 2-9 所示為從 MDN 網站上截取的 indexOf 方法的相容性資訊。

① MDN 網站由 Mozilla 及社群維護，提供專業的前端技術文件。

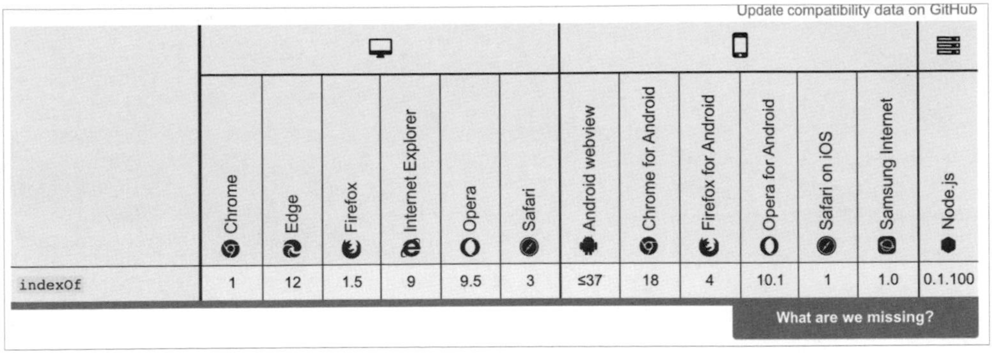

Update compatibility data on GitHub

	Chrome	Edge	Firefox	Internet Explorer	Opera	Safari	Android webview	Chrome for Android	Firefox for Android	Opera for Android	Safari on iOS	Samsung Internet	Node.js
indexOf	1	12	1.5	9	9.5	3	≤37	18	4	10.1	1	1.0	0.1.100

What are we missing?

▲ 圖 2-9

除了 MDN，還可以透過 caniuse 網站查詢更詳細的相容性資訊。圖 2-10 所示為 indexOf 方法在 caniuse 網站上的相容性資訊。

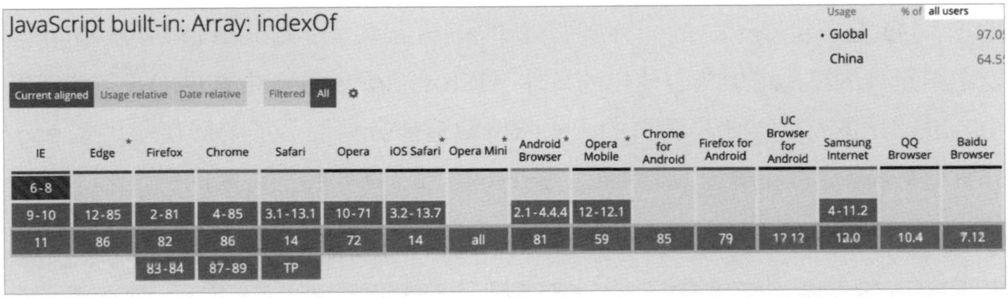

JavaScript built-in: Array: indexOf

Usage % of all users
• Global 97.0
China 64.5

Current aligned | Usage relative | Date relative | Filtered | All

IE	Edge *	Firefox	Chrome	Safari	Opera	iOS Safari *	Opera Mini *	Android * Browser	Opera * Mobile	Chrome for Android	Firefox for Android	UC Browser for Android	Samsung Internet	QQ Browser	Baidu Browser
6-8															
9-10	12-85	2-81	4-85	3.1-13.1	10-71	3.2-13.7		2.1-4.4.4	12-12.1				4-11.2		
11	86	82	86	14	72	14	all	81	59	85	79	12.12	13.0	10.4	7.12
		83-84	87-89	TP											

▲ 圖 2-10

下面我們來系統分析目前 JavaScript 語言不同特性的相容性情況。整體來說，JavaScript 語言可以分為 ECMAScript 5 之前的版本、ECMAScript 5 和 ECMAScript 5 之後的版本，ECMAScript 5 之前的特性是非常安全的。

使用 ECMAScript 5 及之後的版本可能存在相容性問題，compat-table 網站記錄了 JavaScript 語言不同版本的相容性情況。圖 2-11 所示為 ECMAScript 5 的相容性情況，由於篇幅限制，行動端和 Node.js 的相容性情況並沒有在圖中顯示，可以看到，只有 IE8 瀏覽器上存在相容性問題。

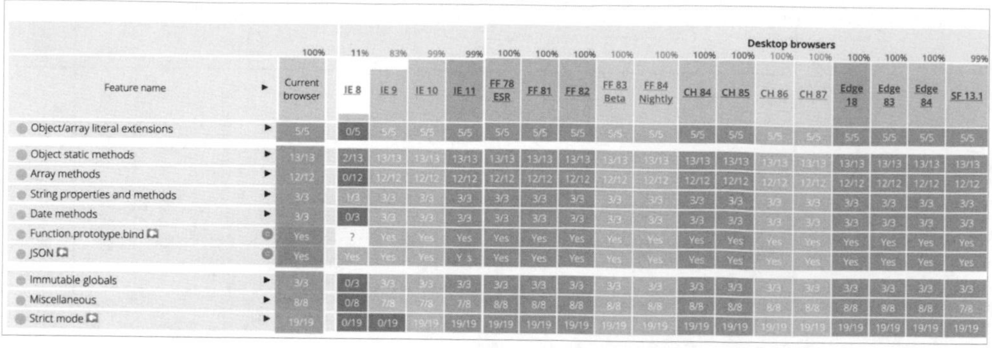

																		Desktop browsers
	100%	11%	83%	99%	99%	100%	100%	100%	100%	100%	100%	100%	100%	100%	100%	100%	100%	99%
Feature name	Current browser	IE 8	IE 9	IE 10	IE 11	FF 78 ESR	FF 81	FF 82	FF 83 Beta	FF 84 Nightly	CH 84	CH 85	CH 86	CH 87	Edge 18	Edge 83	Edge 84	SF 13.1
Object/array literal extensions	5/5	0/5	5/5	5/5	5/5	5/5	5/5	5/5	5/5	5/5	5/5	5/5	5/5	5/5	5/5	5/5	5/5	5/5
Object static methods	13/13	2/13	13/13	13/13	13/13	13/13	13/13	13/13	13/13	13/13	13/13	13/13	13/13	13/13	13/13	13/13	13/13	13/13
Array methods	12/12	0/12	12/12	12/12	12/12	12/12	12/12	12/12	12/12	12/12	12/12	12/12	12/12	12/12	12/12	12/12	12/12	12/12
String properties and methods	3/3	1/3	3/3	3/3	3/3	3/3	3/3	3/3	3/3	3/3	3/3	3/3	3/3	3/3	3/3	3/3	3/3	3/3
Date methods	3/3	0/3	3/3	3/3	3/3	3/3	3/3	3/3	3/3	3/3	3/3	3/3	3/3	3/3	3/3	3/3	3/3	3/3
Function.prototype.bind	Yes	?	Yes	Yes	Yes	Yes	Yes	Yes	Yes	Yes	Yes	Yes	Yes	Yes	Yes	Yes	Yes	Yes
JSON	Yes	Yes	Yes	Yes	Y s	Yes	Yes	Yes	Yes	Yes	Yes	Yes	Yes	Yes	Yes	Yes	Yes	Yes
Immutable globals	3/3	0/3	3/3	3/3	3/3	3/3	3/3	3/3	3/3	3/3	3/3	3/3	3/3	3/3	3/3	3/3	3/3	3/3
Miscellaneous	8/8	0/8	7/8	7/8	7/8	8/8	8/8	8/8	8/8	8/8	8/8	8/8	8/8	8/8	8/8	8/8	8/8	7/8
Strict mode	19/19	0/19	0/19	19/19	19/19	19/19	19/19	19/19	19/19	19/19	19/19	19/19	19/19	19/19	19/19	19/19	19/19	19/19

▲ 圖 2-11

下面看一下如何解決 ECMAScript 5 在 IE8 瀏覽器上的相容性問題。ECMAScript 5 帶來的更新並不大，並且基本都是 API 層面的，只需要簡單引入 polyfill 程式即可安全使用。目前，比較常用的函式庫是 es5-shim，es5-shim 提供了兩個 JavaScript 檔案，分別是 es5-shim.js 和 es5-sham.js。es5-shim.js 檔案中提供的都是可以放心使用的特性，es5-sham.js 檔案中提供的是可能存在相容性問題的特性，如果開發的函式庫依賴這部分特性，那麼即使引用了 es5-sham.js 檔案也可能解決不了問題。表 2-6 舉出了需要特別注意的特性。

▼ 表 2-6

特性	可能存在的問題
Object.create	其第二個參數依賴 Object.defineProperty 特性
Object.defineProperty	writable、enumerable、configurable、setter、getter 的設定都不會生效
Object.defineProperties	同 Object.defineProperty 特性
Object.seal	不會生效
Object.freeze	不會生效
Object.preventExtensions	不會生效
Object.getPrototypeOf	相依 Fn.prototype.constructor.prototype 的指向是正確的

2.4.3 ECMAScript 2015 相容方案

目前，ECMAScript 2015 及後續版本的相容性情況還不容樂觀，不過每一個 ECMAScript 2015 的特性都可以用 ECMAScript 5 實現，最簡單的方法就是直接使用 ECMAScript 5 來實現函式庫程式。但是這種依賴於經驗的手動方式效率低下，為此，JavaScript 社群提供了更好的方案，即透過轉換器將 ECMAScript 2015 程式自動編譯為 ECMAScript 5 程式。

常用的 ECMAScript 2015 轉換工具是 Babel，下面給我們的函式庫增加 Babel。首先需要安裝 Babel，由於已經使用了 rollup.js，因此還需要安裝對應的 rollup.js 外掛程式。安裝命令如下：

```
$ npm install --save-dev rollup-plugin-babel@4.0.3 @babel/core@7.1.2 @babel/
preset-env@7.1.0
```

Babel 為每個 ECMAScript 2015 的特性都提供了一個外掛程式，這樣可以讓開發者自己選擇要轉換哪些屬性。手動維護需要轉換的特性是比較繁瑣的，這裡推薦使用 Babel 的 preset-env 外掛程式，使用 preset-env 外掛程式，只要簡單設定需要相容的環境即可，preset-env 外掛程式會自動幫助開發者選擇對應的外掛程式。在 rollup.js 中使用 Babel，需要設定 plugins，由於 3 個檔案都需要設定，因此將其提取到 rollup.js 檔案中，程式如下：

```
// rollup.js
function getCompiler(opt) {
  return babel({
    babelrc: false,
    presets: [
      [
        '@babel/preset-env',
        {
          targets: {
            browsers:
              'last 2 versions, > 1%, ie >= 8, Chrome >= 45, safari >= 10',
            node: '0.12',
          },
          modules: false,
```

```
          loose: true,
        },
      ],
    ],
    exclude: 'node_modules/**',
  });
}

exports.getCompiler = getCompiler;
```

這裡不使用獨立的 Babel 設定檔，所以將 babelrc 和 modules 都設定為 false；loose 代表鬆散模式，將 loose 設定為 true 能夠更好地相容 IE8 瀏覽器。下面是一個範例，由於 IE8 瀏覽器不支援 Object.defineProperty 特性，因此當 loose 為 true 時會避免使用 Object.defineProperty 特性。

```
// 原始程式碼
const aaa = 1;
export default aaa;

// 當 loose 為 false 時
Object.defineProperty(exports, '__esModule', {
  value: true,
});
var aaa = 1;
exports.default = 1;

// 當 loose 為 true 時
exports.__esModule = true;
var aaa = 1;
exports.default = 1;
```

使用下面的命令可以查看 targets 設定對應的瀏覽器列表：

```
$ npx browserslist "last 2 versions, > 1%, ie >= 8, Chrome >= 45, safari >= 10"
# 輸出內容如下
chrome 86
chrome 85
firefox 82
```

```
firefox 81
ie 8
...
```

接下來，分別在 3 個設定檔中增加如下的設定程式：

```
var common = require('./rollup.js');

module.exports = {
  plugins: [common.getCompiler()],
};
```

重新建構，範例程式如下，可以看到 ECMAScript 2015 程式被編譯成了 ECMAScript 5 程式。

```
// 原始程式碼
const t = type(source);

// 編譯後的程式
var t = type(source);
```

現在我們已經解決了 ECMAScript 2015 新語法的相容性問題，但是如果用到了 ECMAScript 2015 的 API，還是會存在相容性問題，平時我們在自己的專案中可以引入全域的 polyfill 解決這個問題，但對於函式庫來說這種方法並不友善，會污染全域環境，這對於函式庫來說是難以接受的。

core-js 是一個 ECMAScript 2015+ 的 polyfill 函式庫，提供了不污染全域環境的使用方式。首先需要安裝 core-js，安裝命令如下：

```
$ npm i --save core-js
```

如果想使用 ECMAScript 2015 的 Array.from 功能，可以透過下面的範例程式引入一個本地函式 from，這樣不會污染全域環境中的 Array.from 函式。

```
import from from 'core-js-pure/features/array/from';

from('abc'); // ['a', 'b', 'c']
```

如果還想使用其他的 API，則只需要分別引入即可，不過這種方式雖然能夠解決問題，但是需要手動引入相依。而 Babel 整合了 core-js，可以透過編譯自動將我們用到的 API 轉換為上面的 core-js 方式。要使用這個功能，首先需要安裝兩個外掛程式。安裝命令如下：

```
$ npm i --save-dev @babel/plugin-transform-runtime
$ npm i --save @babel/runtime-corejs2
```

然後修改 rollup.js 檔案中的 Babel 設定，增加下面的程式：

```
{
  plugins: [
    [
      '@babel/plugin-transform-runtime',
      {
        corejs: 2,
      },
    ],
  ];
}
```

現在直接在原始程式碼中使用 Array.from 函式，程式如下：

```
Array.from('abc'); // ['a', 'b', 'c']
```

重新建構，編譯完成後的程式如下，可以看到 Array.from 函式被替換了，編譯結果和上面手動使用 core-js 的結果一樣。

```
import _Array$from from '@babel/runtime-corejs2/core-js/array/from';

_Array$from('abc'); // ['a', 'b', 'c']
```

至此，我們就可以使用 ECMAScript 2015+ 的新語法和 API 了，透過編譯將 ECMAScript 2015+ 程式轉換為 ECMAScript 5 程式，再結合 2.4.2 節介紹的 ECMAScript 5 相容方案，就可以實現完美的相容性。

2.5 完整方案

透過以上幾節的介紹，我們解決了函式庫的開發者和函式庫的使用者之間的矛盾。

- 函式庫的開發者撰寫 ECMAScript 2015 新特性程式。
- 函式庫的使用者能夠在各種瀏覽器（IE6 ～ IE11）和 Node.js（0.12 ～ 18）中執行我們的函式庫。
- 函式庫的使用者能夠使用 AMD、CommonJS 或 ES Module 模組規範。
- 函式庫的使用者能夠使用 webpack、rollup.js 或 PARCEL 等打包工具。

目前，深拷貝函式庫專案的完整目錄結構如下。其中，config 目錄下的是我們增加的 4 個設定檔，dist 目錄下的是透過打包工具建構的 3 個入口檔案。

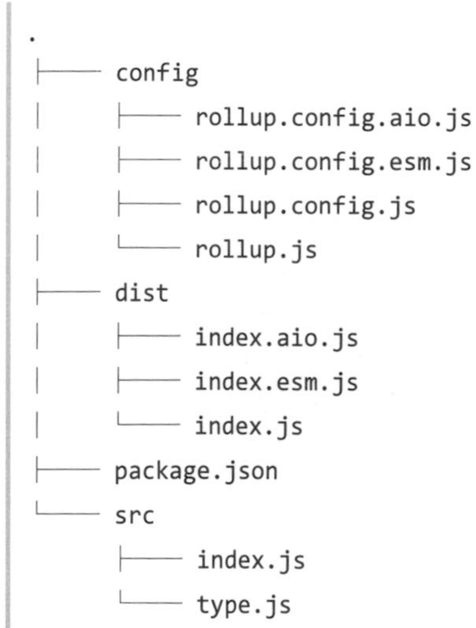

```
.
├── config
│   ├── rollup.config.aio.js
│   ├── rollup.config.esm.js
│   ├── rollup.config.js
│   └── rollup.js
├── dist
│   ├── index.aio.js
│   ├── index.esm.js
│   └── index.js
├── package.json
└── src
    ├── index.js
    └── type.js
```

本章安裝了多款工具，並修改了 npm 提供的自訂 scripts，目前，package.json 檔案中的完整內容如下：

```
{
  "name": "@jslib-book/clone",
  "version": "1.0.0",
  "description": "",
  "main": "dist/index.js",
  "jsnext:main": "dist/index.esm.js",
  "module": "dist/index.esm.js",
  "sideEffects": false,
  "scripts": {
    "build:self": "rollup -c config/rollup.config.js",
    "build:esm": "rollup -c config/rollup.config.esm.js",
    "build:aio": "rollup -c config/rollup.config.aio.js",
    "build": "npm run build:self && npm run build:esm && npm run build:aio",
  },
  "devDependencies": {
    "@babel/core": "^7.1.2",
    "@babel/plugin-transform-runtime": "^7.1.0",
    "@babel/preset-env": "^7.1.0",
    "rollup": "^0.57.1",
    "rollup-plugin-babel": "^4.0.3",
    "rollup-plugin-commonjs": "^8.3.0",
    "rollup-plugin-node-resolve": "^3.0.3"
  },
  "dependencies": {
    "@babel/runtime-corejs2": "^7.12.5",
    "@babel/runtime-corejs3": "^7.12.5",
    "core-js": "^3.7.0"
  }
}
```

完整的編譯與打包流程和入口檔案調配環境複習如圖 2-12 所示。

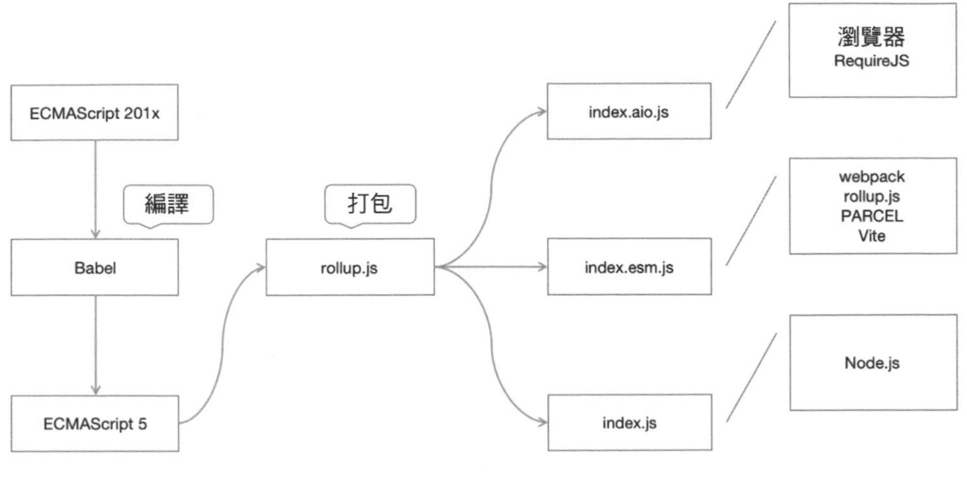

▲ 圖 2-12

2.6 本章小結

本章介紹了現代 JavaScript 函式庫的建構與打包知識，並透過實踐給我們的深拷貝函式庫增加了現代建構流程。本章的主要內容如下：

- 現代 JavaScript 函式庫需要支援的模組。
- 現代 JavaScript 函式庫需要支援的前端技術系統。
- 現代 JavaScript 函式庫的建構方案。
- 現代 JavaScript 函式庫的相容方案。

第 3 章 測試

JavaScript 函式庫會被很多專案使用，這一特殊性使得我們對程式品質的要求更加嚴格，在對外發佈前需要進行嚴格的測試。一個函式庫如果沒有被測試，漏洞百出，那麼這對於函式庫的開發者和使用者來説都將是災難。

測試可以包含多個維度，如單元測試、相容性測試、黑盒測試等。本章主要介紹單元測試，測試驅動開發可以幫助函式庫的開發者找到遺漏的邏輯，從而更好地完成開發，同時在函式庫的後續迭代中也能保證不會引入缺陷。

3.1 第一個單元測試

隨著程式行數的增多，Bug 在所難免，而避免 Bug 最好的方法就是進行測試。對於函式庫來説，每次改動程式都要進行全面的測試。特別是當要對函式庫程式進行重構時，測試能夠降低重構的風險。但是，如果每次都透過人工進行測試，則既浪費時間又容易出錯，更好的做法是撰寫程式來測試程式，因為程式能夠快速多次執行，並且穩定可靠，這種方法被稱作單元測試。

單元測試比較適合函式庫開發場景，其提倡邊寫測試邊寫程式，透過測試來確保和提升程式品質。設計單元測試使用案例的方法有兩種，分別是測試驅動開發（Test Driven Development，TDD）和行為驅動開發（Behavior Driven Development，BDD），這裡不詳細說明兩者之間的區別，本書採用 BDD 方法來增加單元測試。

JavaScript 中的單元測試有很多技術方案，每種方案都有自己的優點和適應場景。類似 React 之類的框架都提供了預設的測試方案，如果要寫 React 的元件函式庫，那麼直接使用框架推薦的測試方案即可。

stateofjs 網站提供了一份公開的前端社群調查報告，其旨在確定 Web 開發生態中即將出現的趨勢，以幫助開發人員做出技術選擇，其中的測試框架資料可以作為我們選擇測試技術方案的參考。圖 3-1 所示為 stateofjs 網站統計的常用測試框架排行榜（截至本書定稿時）。

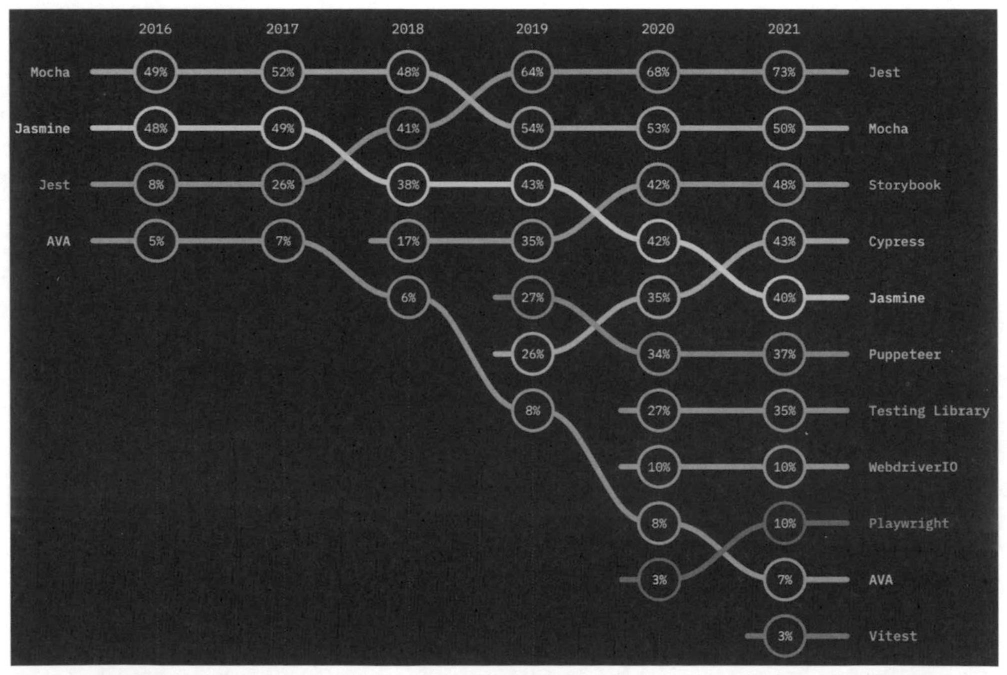

▲ 圖 3-1

Mocha 是歷史比較悠久的測試框架，其相對比較成熟，並且使用範圍廣泛，相容性能夠滿足我們的要求①，所以我們選擇 Mocha 作為測試框架。雖然 Mocha 可以提供組織和執行單元測試並輸出測試報告的功能，但是要進行單元測試還需要一個斷言函式庫，Mocha 推薦使用 Chai 作為斷言函式庫。由於 Chai 不能夠相容 IE8 瀏覽器，因此這裡使用另一個斷言函式庫——expect.js。expect.js 是一個 BDD 系統的斷言函式庫，相容性非常好，甚至可以支援 IE6 瀏覽器。

確定了方案，我們使用下面的命令架設環境。首先安裝 Mocha 和 expect.js，然後新建一個 test 目錄，並在 test 目錄下新建 test.js 檔案。

```
$ npm install --save-dev mocha@3.5.3
$ npm install --save-dev expect.js@0.3.1

$ mkdir test
$ touch test/test.js
```

接下來，在 test.js 檔案中增加如下程式。在 Mocha 中使用 describe 來組織測試結構，describe 可以嵌套，describe 的語義也可以自訂；it 代表一個測試使用案例，一個測試使用案例中可以有多個 expect 斷言。

```
var expect = require('expect.js');

describe(' 單元測試 ', function () {
  describe('test hello', function () {
    it('hello', function () {
      expect(1).to.equal(1);
    });
  });
});
```

透過下面的命令執行測試。其中，npx 首碼表示尋找當前路徑下的 node_modules 目錄下的 mocha 命令並執行，如果不使用 npx，則需要透過路徑來引用。下面兩行命令的效果是等值的，推薦使用 npx 方式來執行。

① 相容環境詳見本書 2.4 節。

```
$ npx mocha
$ ./node_modules/mocha/bin/mocha
```

將執行命令增加到 package.json 檔案的 scripts 欄位中，在 scripts 欄位中可以省略前面的 npx。範例程式如下：

```
{
  "scripts": {
    "test": "mocha"
  }
}
```

然後就可以透過以下命令來執行測試了：

```
$ npm test
```

如果輸出結果如圖 3-2 所示，就表示單元測試運行成功了，但是這個測試並沒有實際的意義。

```
→ clone git:(master) npm test

> clone@1.0.0 test /Users/yan/jslib-book/jslib-book-code/cp3/clone
> mocha



  單元測試
    test hello
      ✓ hello


  1 passing (8ms)
```

▲ 圖 3-2

3.2 設計測試使用案例

上一節完成了測試環境的架設，本節將繼續完善單元測試。在撰寫程式之前需要先設計測試使用案例，測試使用案例要盡可能全面地覆蓋各種情況，這樣才能保證品質；在覆蓋全面的同時，數量要盡可能少，這樣能夠提高測試效率。

3.2.1 設計思路

本節介紹一種我複習的設計測試使用案例的方法，遵循這種方法，可以兼顧測試覆蓋率和效率。對於函式的測試，可以按照參數分組，每個參數一組，在對一個參數進行測試時，保證其他參數無影響。例如，要測試以下的 leftpad 函式：

```
// 當字串 str 的長度小於 count 時，在字串的左側填充指定字元
function leftpad(str, count, ch = '0') {
  return `${[...Array(count)].map((v) => '0')}${str}`.slice(-count);
}

leftpad('1', 2); // '01'
```

由於 leftpad 函式有 3 個參數，因此可以分為 3 組。在對每個參數進行測試時，測試使用案例可以分為正確的測試使用案例和錯誤的測試使用案例，並且對於存在邊界值情況的參數，還需要對邊界值設計測試使用案例。需要注意的是，每個分組下面可以採用等值類劃分方法，對於同一個類型的輸入，只需要設計一個使用案例即可。表 3-1 所示為按照上面的方法為 leftpad 函式設計的測試使用案例。

▼ 表 3-1

分組	正確的測試使用案例	錯誤的測試使用案例	邊界值測試使用案例
str	任意字串	非字串	空白字串
count	1 ～ N	非數字	0；負數
ch	任意字串	非字串	空白字串

接下來，用上述方法來為我們的深拷貝函式庫設計測試使用案例。下面是深拷貝函式庫中 clone 函式的範例程式：

```
function clone(data) {
   // 此處省略程式實作
}
```

由於只有一個參數，因此只有一個分組，但是因為基本類型態資料和參考類型資料的拷貝行為不一致，所以要分別測試。表 3-2 所示為對 clone 函式設計的測試使用案例。

▼ 表 3-2

分組	正確的測試使用案例	錯誤的測試使用案例	邊界值測試使用案例
data	基底資料型別；物件；陣列	無	空參數；undefined；null

3.2.2 撰寫程式

本節我們將在 test.js 檔案中撰寫測試程式，因為測試程式是在 Node.js 中執行的，所以可以直接引用 dist/index.js 檔案。

下面的程式會用到 expect.js 中一些新的斷言介面，下面先進行簡單介紹。

在斷言中增加 not 即可對結果進行取非轉換，範例程式如下：

```
expect(1).to.equal(1);
expect(1).not.to.equal(2);
```

equal 相當於完全相等，而 eql 則表示值相等，對於深拷貝後的參考類型資料，需要用 eql 來驗證深拷貝結果的正確性。例如，下面程式中 arr 和 cloneArr 的值都是 [1, 2, 3]，但是兩個變數並不相等。

```
var arr = [1, 2, 3];
var cloneArr = [...arr];

expect(arr).to.equal(cloneArr); // false
expect(arr).to.eql(cloneArr); // true
```

完整的測試程式如下。外層的 describe 用來區分函式，這裡只有一個函式；內層的 describe 用來區分函式的不同參數，這裡只有一個參數 data，內部有正確的測試使用案例和邊界值測試使用案例。

```
var expect = require('expect.js');
var clone = require('../dist/index.js').clone;

describe('function clone', function () {
  describe('param data', function () {
    it(' 正確的測試使用案例 ', function () {
      // 基底資料型別
      expect(clone('abc')).to.equal('abc');

      // 陣列
      var arr = [1, [2]];
      var cloneArr = clone(arr);
      expect(cloneArr).not.to.equal(arr);
      expect(cloneArr).to.eql(arr);

      // 物件
      var obj = { a: { b: 1 } };
      var cloneObj = clone(obj);
      expect(cloneObj).not.to.equal(obj);
      expect(cloneObj).to.eql(obj);
    });

    it(' 邊界值測試使用案例 ', function () {
      expect(clone()).to.equal(undefined);

      expect(clone(undefined)).to.equal(undefined);

      expect(clone(null)).to.equal(null);
    });
  });
});
```

完成測試程式的撰寫後，在控制台中輸入 "npm test" 命令即可執行測試，驗證結果，不出意外會看到如圖 3-3 所示的執行結果。

```
→ clone git:(master) × npm test

> clone@1.0.0 test /Users/yan/jslib-book/jslib-book-code/cp3/clone
> mocha



  function clone
    param data
      ✓ 正確的測試用例
      ✓ 邊界值測試用例


  2 passing (9ms)
```

▲ 圖 3-3

3.3 驗證測試覆蓋率

在撰寫單元測試時，如何確保所有程式都能夠被測試到呢？上一節介紹的設計測試使用案例的方法基本可以保證主流程的測試，但依然存在人為的疏忽和一些邊界情況可能漏測的問題。程式覆蓋率是衡量測試是否嚴謹的指標，檢查程式覆蓋率可以幫助單元測試查漏補缺。

3.3.1 程式覆蓋率

Istanbul 是 JavaScript 中十分常用的程式覆蓋率檢查工具，其提供的 npm 套件叫作 nyc。可以使用下面的命令安裝 nyc：

```
$ npm install --save-dev nyc@13.1.0
```

然後修改一下 package.json 檔案中的 scripts 欄位，在“mocha”前面加上“nyc”，透過 nyc 來執行 mocha 命令即可獲得程式覆蓋率。修改後的程式如下：

```
{
  "scripts": {
    "test": "nyc mocha"
  }
}
```

再次執行“npm test”命令，在原來測試結果的最下面會增加程式覆蓋率的檢查結果，如圖 3-4 所示。

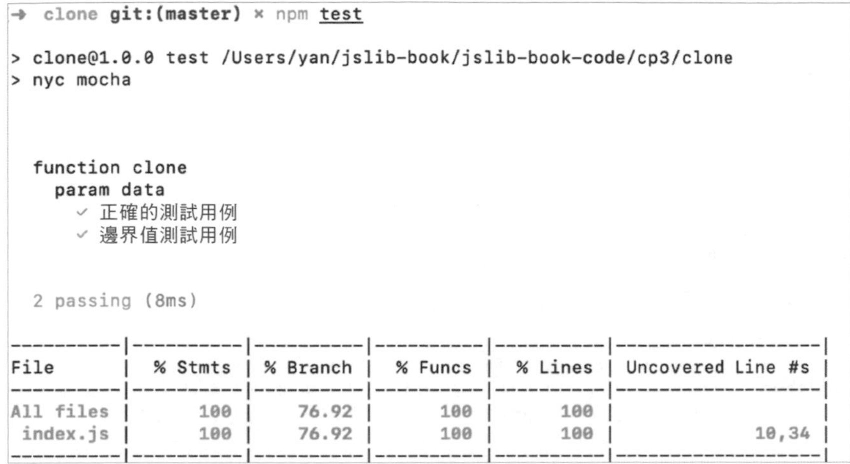

→ clone git:(master) ✗ npm test
> clone@1.0.0 test /Users/yan/jslib-book/jslib-book-code/cp3/clone
> nyc mocha
function clone
param data
✓ 正確的測試用例
✓ 邊界值測試用例
2 passing (8ms)
File | % Stmts | % Branch | % Funcs | % Lines | Uncovered Line #s |
All files | 100 | 76.92 | 100 | 100 |
index.js | 100 | 76.92 | 100 | 100 | 10,34 |

▲ 圖 3-4

Istanbul 支援從以下 4 個維度來衡量程式覆蓋率，需要注意敘述和行的區別，由於一行中可能有多行敘述，因此敘述覆蓋率資訊更精確。

- 敘述覆蓋率（Statement Coverage）。
- 分支覆蓋率（Branch Coverage）。
- 函式覆蓋率（Function Coverage）。
- 行覆蓋率（Line Coverage）。

控制台的輸出中會報告 4 種覆蓋率，同時會報告沒有被覆蓋到的行號，這個資訊一般能夠幫助找到漏測的邏輯。此外，Istanbul 支援輸出多種格式的報告，其提供的可以透過瀏覽器查看的報告能夠使測試人員更直觀地查看程式覆蓋情況。我們使用下面的命令在專案的根目錄下新建一個 .nycrc 檔案：

```
$ touch .nycrc
```

在 .nycrc 檔案中增加下面的程式，其格式是前端人員熟悉的 JSON 格式。text 就是我們在控制台中看到的輸出，html 會生成一個可以透過瀏覽器查看的頁面。

```
{
  "reporter": ["html", "text"]
}
```

重新執行 "npm test" 命令，會在根目錄下生成一個 coverage 目錄，打開 coverage/index.js.html 檔案就可以看到生成的報告了，其中第 10 行中未被覆蓋的敘述被突顯標記了（陰影效果），如圖 3-5 所示。

All files index.js

100% Statements 19/19 **76.92%** Branches 10/13 **100%** Functions 3/3 **100%** Lines 18/18

Press *n* or *j* to go to the next uncovered block, *b*, *p* or *k* for the previous block.

```
1        /*!
2         * clone 1.0.0
3         * Licensed under MIT
4         */
5
6        'use strict';
7
8    1x  Object.defineProperty(exports, '__esModule', { value: true });
9
10   1x  function _interopDefault (ex) { return (ex && (typeof ex === 'object') && 'default' in ex) ? ex['default'] : ex; }
11
12   1x  var _Array$from = _interopDefault(require('@babel/runtime-corejs2/core-js/array/from'));
13
14       function type(data) {
15  11x    return Object.prototype.toString.call(data).slice(8, -1).toLowerCase();
16       }
17
18   1x  _Array$from('abc'); // ['a', 'b', 'c']
19
```

▲ 圖 3-5

3.3.2 原始程式碼覆蓋率

上節提到的未被覆蓋的程式可能看起來有些陌生，這是因為顯示的並不是原始程式碼，而是建構工具自動生成的程式。這裡測試的是 dist 目錄下的程式，建構工具會生成很多相容程式，但這一部分程式只有在特殊環境下才能被執行，這就會導致其無法被覆蓋，進而導致程式覆蓋率降低。

如果能夠測試原始程式碼就好了，這樣的測試程式覆蓋率才是真實的覆蓋率，但是原始程式碼中有很多 ECMAScript 新版本的語法，低版本的 Node.js 可能不支援，那麼是否有兩全其美的辦法呢？ Istanbul 支援引入 Babel 這樣的建構工具，其原理是先向原始程式碼中插入測試程式覆蓋率的程式，再呼叫 Babel 進行建構，將建構好的程式傳給 Mocha 進行測試，這樣就獲得了原始程式碼的測試覆蓋率。

下面根據 Istanbul 官網提供的設定步驟修改測試流程。首先，使用下面的命令安裝幾個外掛程式（後面用到時再解釋其用途）：

```
$ npm i --save-dev @babel/register@7.0.0 babel-plugin-istanbul@5.1.0 cross-env@
5.2.0
```

接下來，修改 .nycrc 檔案，增加 require 設定，這樣在 test.js 檔案中透過 require 引用的檔案都會經過 Babel 的即時編譯。而使用 Babel 編譯後就不再需要 nyc 的 sourceMap 了，可以將 sourceMap 設定的值設定為 false；對原始程式碼覆蓋率的檢測透過後面介紹的 babel-plugin-istanbul 外掛程式來實現，所以，要將 instrument 設定的值設定為 false 來關閉 nyc 的插值檢測。

```
{
  "require": ["@babel/register"],
  "reporter": ["html", "text"],
  "sourceMap": false,
  "instrument": false
}
```

因為之前對 rollup.js 進行設定時沒有使用獨立的 .babelrc 設定檔，所以需要給 nyc 單獨增加一個 Babel 設定檔。在專案的根目錄下增加 .babelrc 檔案，並在該檔案中增加如下程式，跟之前的區別是增加了 env.test.plugin.istanbul 設定。babel-plugin-istanbul 外掛程式用來對原始程式碼進行覆蓋率測試。

```
{
  "presets": [
    [
      "@babel/preset-env",
```

```
      {
        "targets": {
          "browsers": "last 2 versions, > 1%, ie >= 8, Chrome >= 45, safari >= 10",
          "node": "0.12"
        },
        "modules": "commonjs",
        "loose": false
      }
    ]
  ],
  "env": {
    "test": {
      "plugins": ["istanbul"]
    }
  }
}
```

上面設定的 babel-plugin-istanbul 外掛程式只有在環境變數中包含 test 時才會被載入，為了能夠跨平臺使用，可以透過 cross-env 來設定環境變數。修改 package.json 檔案中的 test 欄位，程式如下：

```
{
  "scripts": {
    "test": "cross-env NODE_ENV=test nyc mocha"
  }
}
```

最後，還需要修改 test/test.js 檔案中的程式，將對 dist/index 的引用修改為對 src/index 的引用。範例程式如下：

```
// var clone = require("../dist/index").clone;
var clone = require('../src/index').clone; // 將上面的程式修改為這樣
```

再次執行 "npm test" 命令，打開 coverage/index.js.html 檔案，可以發現其中的內容變成了原始程式碼的測試覆蓋率程式，如圖 3-6 所示。

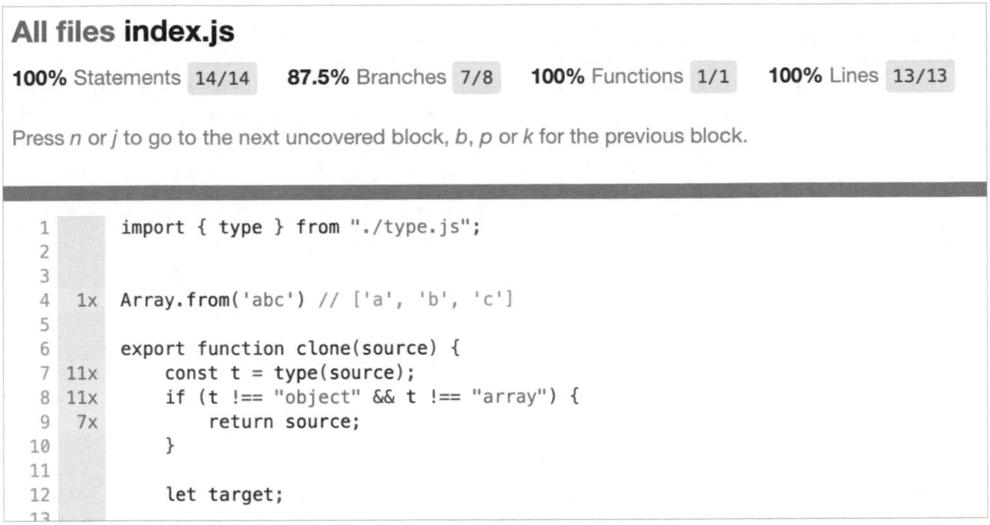

All files index.js

100% Statements 14/14 **87.5%** Branches 7/8 **100%** Functions 1/1 **100%** Lines 13/13

Press *n* or *j* to go to the next uncovered block, *b*, *p* or *k* for the previous block.

```
    import { type } from "./type.js";


1x  Array.from('abc') // ['a', 'b', 'c']

    export function clone(source) {
11x     const t = type(source);
11x     if (t !== "object" && t !== "array") {
7x          return source;
        }

        let target;
```

▲ 圖 3-6

3.3.3 驗證覆蓋率

Istanbul 除了可以查看程式覆蓋率，還可以對程式覆蓋率進行驗證，當程式覆蓋率低於某個百分比時會顯示出錯提示。修改 .nycrc 檔案，增加下面的程式。將 check-coverage 屬性的值設定為 true，打開覆蓋率檢查；同時設定 4 種覆蓋率的百分比設定值，當實際覆蓋率低於這個設定值時就會顯示出錯。

```
{
  "check-coverage": true,
  "lines": 100,
  "statements": 100,
  "functions": 100,
  "branches": 100
}
```

再次執行“npm test”命令，由於 Branch 覆蓋率不滿足要求，因此測試失敗了，如圖 3-7 所示。

```
ERROR: Coverage for branches (87.5%) does not meet global threshold (100%)
----------|-----------|----------|----------|----------|-------------------|
File      |  % Stmts  | % Branch |  % Funcs |  % Lines | Uncovered Line #s |
----------|-----------|----------|----------|----------|-------------------|
All files |     100   |    87.5  |     100  |     100  |                   |
 index.js |     100   |    87.5  |     100  |     100  |                17 |
 type.js  |     100   |     100  |     100  |     100  |                   |
----------|-----------|----------|----------|----------|-------------------|
npm       Test failed.  See above for more details.
```

▲ 圖 3-7

一般不要求 100% 的覆蓋率，可以將設定值修改為 75%，此時再次執行測試就不會顯示出錯了，如圖 3-8 所示。

```
----------|-----------|----------|----------|----------|-------------------|
File      |  % Stmts  | % Branch |  % Funcs |  % Lines | Uncovered Line #s |
----------|-----------|----------|----------|----------|-------------------|
All files |     100   |    87.5  |     100  |     100  |                   |
 index.js |     100   |    87.5  |     100  |     100  |                17 |
 type.js  |     100   |     100  |     100  |     100  |                   |
----------|-----------|----------|----------|----------|-------------------|

        New patch version of npm available! 6.14.8 → 6.14.9
     Changelog: https://github.com/npm/cli/releases/tag/v6.14.9
                   Run npm install -g npm to update!
```

▲ 圖 3-8

3.4 瀏覽器環境測試

目前，單元測試程式只能在 Node.js 中執行，但函式庫的使用者更大機率會使用瀏覽器環境，而在一些相容性問題上，Node.js 和瀏覽器並不相同。如果撰寫的函式庫會對瀏覽器特有的屬性進行操作，如 DOM、cookie 等，但是 Node.js 並不存在對應的執行時期環境，那麼在 Node.js 中存取瀏覽器屬性就會直接顯示出錯，從而導致單元測試無法執行。本節將介紹如何在瀏覽器環境中執行單元測試。

3.4.1 模擬瀏覽器環境

在 Node.js 中模擬瀏覽器環境比較突出的當屬 jsdom，jsdom 提供了對 DOM 和 BOM 的模擬。如果測試一些簡單的情況，那麼 jsdom 會是一種性價比極高的方案。

假設有一個 getUrlParam 函式，其功能是獲取 URL 中指定參數的值。範例程式如下：

```
function getUrlParam(key) {
    const query = location.search[0] === '?' location.search.slice(1) : location.
search;
    const map = query.split('&').reduce((key, data) => {
        const arr = key.split('=');
        data[arr[0]] = arr[1];
        return data;
    }, {});

    return map[key]
}

// url https://***.com/?a=1
getUrlParam('a') // 1
```

由於 getUrlParam 函式相依瀏覽器中的全域變數 location，但是 Node.js 中並沒有這個全域變數，因此可以使用 jsdom 來模擬。首先使用下面的命令安裝 jsdom，由於使用的是 Mocha 框架，因此需要安裝 mocha-jsdom。

```
$ npm i --save-dev mocha-jsdom
```

然後修改測試程式。在最前面初始化 JSDOM 函式，當再次執行 getUrlParam 函式時即可獲取模擬的 location 值。範例程式如下：

```
const JSDOM = require('mocha-jsdom');

describe(' 獲取當前 URL 中的參數 ', function () {
  JSDOM({ url: 'https://***.com/?a=1' });
```

```
  it('參數 (id) 的值', function () {
    expect(getUrlParam('a')).to.be.equal('1');
  });
});
```

3.4.2 真實瀏覽器測試

雖然 jsdom 可以模擬瀏覽器環境，但是模擬的瀏覽器環境畢竟不是真實的瀏覽器環境，其自身可能存在缺陷，而且 jsdom 也不可能模擬全部環境。那麼有沒有辦法在真實瀏覽器中執行我們的單元測試呢？

其實 Mocha 是支援在瀏覽器環境中執行的。在 test 目錄下增加一個 browser/index.html 檔案，並在該檔案中增加下面的程式，這樣就架設好了瀏覽器環境框架。

```
<!DOCTYPE html>
<html>
  <head>
    <title>Mocha</title>
    <meta http-equiv="Content-Type" content="text/html; charset=UTF-8" />
    <link rel="stylesheet" href="../../node_modules/mocha/mocha.css" />
  </head>
  <body>
    <div id="mocha"></div>
    <script src="../../node_modules/mocha/mocha.js"></script>
    <script src="../../node_modules/expect.js/index.js"></script>
    <script src="../../dist/index.aio.js"></script>
    <!-- 預留位置 -->
    <script>
      mocha.setup('bdd');
    </script>
    <script src="../test.js"></script>
    <script>
      mocha.run();
    </script>
  </body>
</html>
```

但是在瀏覽器中打開上述檔案時會顯示出錯，這是因為瀏覽器環境中沒有 require 函式。為了盡可能簡單地解決這個問題，沒有必要引入一個模組載入工具，只需要提供一個 require 函式，在上面程式中的預留位置增加下面的程式即可。require 函式只是簡單傳回 window 上的變數 clone，我們的函式庫在 window 上提供了全域變數可供使用。

```
<script>
  var libs = {
    'expect.js': expect,
    '../src/index.js': window['clone'],
  };
  var require = function (path) {
    return libs[path];
  };
</script>
```

再次更新 test/browser/index.html 檔案，就可以看到瀏覽器上的測試結果了，如圖 3-9 所示，和命令列中顯示的結果大同小異。我們可以在任意瀏覽器中開啟這個頁面，從而測試不同瀏覽器的相容性情況。

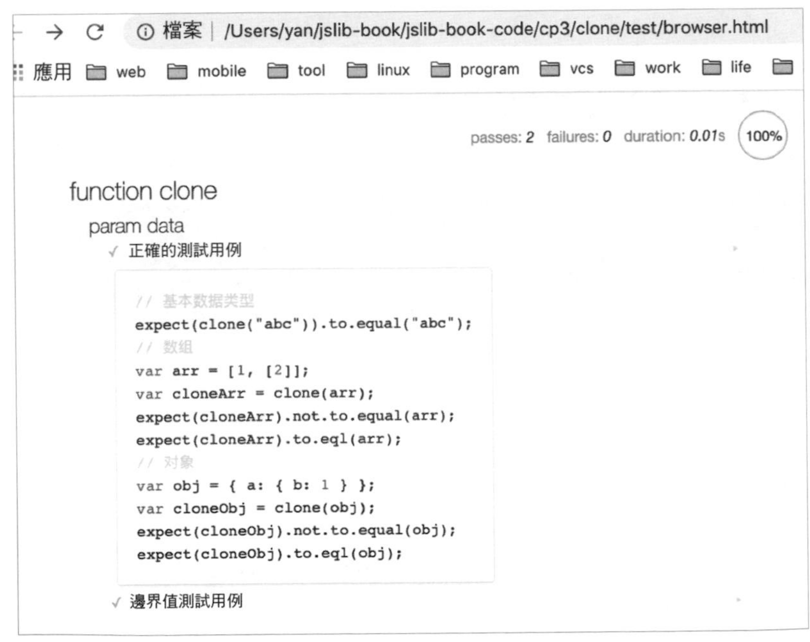

▲ 圖 3-9

3.4.3 自動化測試

上節介紹的真實瀏覽器測試方案，需要手動在瀏覽器中打開並查看結果，如果能夠透過程式控制瀏覽器自動載入單元測試頁面會更好。目前，有一些方案可以實現這個設想，最早的方案是使用 PhantomJS，但現在 PhantomJS 已經失去維護。

現在流行的方案是使用 Chrome 的 Headless 特性，目前 Chrome 瀏覽器支援透過命令啟動一個沒有介面的處理程序來執行，除了沒有介面，其和真實瀏覽器沒有差異。想要在 Node.js 中使用 Chrome Headless，需要借助 Puppeteer 這款工具，Puppeteer 對 Chrome Headless 進行了封裝，呼叫起來非常簡單方便。

首先使用下面的命令安裝 Puppeteer：

```
$ npm i --save-dev puppeteer@5.5.0
```

然後增加 test/browser/puppeteer.js 檔案，並在該檔案中增加如下程式。以下程式首先啟動 Puppeteer，然後打開一個空白頁面載入 browser/index.html 檔案，為了查看結果，呼叫了 Puppeteer 的截圖功能。

```
const puppeteer = require('puppeteer');

(async () => {
  const testPath = `file://${__dirname}/index.html`;

  const browser = await puppeteer.launch();

  const page = await browser.newPage();

  await page.goto(testPath);

  // 抓圖並儲存
  const pngPath = `${__dirname}/browser.png`;
  await page.screenshot({ path: pngPath, fullPage: true });

  /* --- 預留位置 --- */
```

```
  await browser.close();
})();
```

最後執行“node test/browser/puppeteer.js”命令，查看執行結果。

我們透過上面的命令成功開啟了頁面，並獲得了執行截圖，下面研究如何透過程式獲取測試結果。透過在瀏覽器開發者工具中觀察到的測試頁面，可以發現執行成功的測試使用案例的 class 中會有“pass”，而執行失敗的測試使用案例的 class 中會有“error”，如圖 3-10 所示。

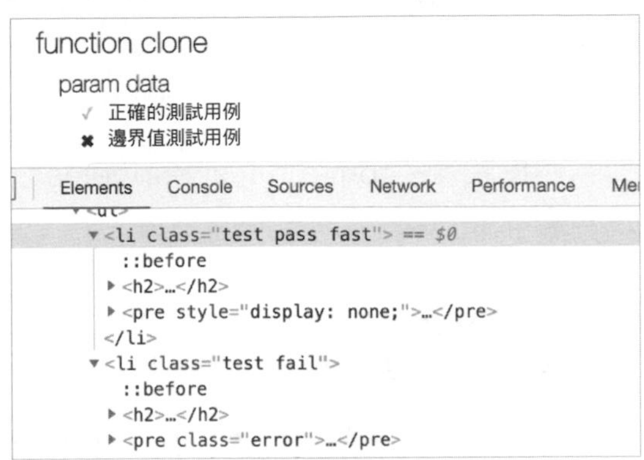

▲ 圖 3-10

在頁面載入成功後，只要獲取頁面中通過和失敗的 class 數量，就可以驗證測試結果了。在上面程式中的預留位置增加如下程式，當檢測到失敗時，退出程式並傳回大於 0 的狀態碼，就可以在控制台顯示出錯了。

```
await page.waitFor('.suite');
// 通過
const passNode = await page.$$('.pass');
// 失敗
const failNode = await page.$$('.fail');

if (passNode && passNode.length) {
  console.log(` 通過 ${passNode.length} 項 `);
}

if (failNode && failNode.length) {
  console.log(` 失敗 ${failNode.length} 項 `);
  await browser.close();
  process.exit(1);
}

await browser.close();
```

接下來，在 package.json 檔案的 scripts 欄位中增加如下內容，方便使用 Puppeteer 執行單元測試。

```
{
  "scripts": {
    "test:puppeteer": "node test/browser/puppeteer.js"
  }
}
```

然後執行 "npm run test:puppeteer" 命令，查看執行結果。測試通過的結果如圖 3-11 所示。

```
➜ clone git:(master) ✗ npm run test:puppeteer

> clone@1.0.0 test:puppeteer /Users/yan/jslib-book/jslib-book-code/cp3/clone
> node test/browser/puppeteer.js

[browser] start browser test...waitFor is deprecated and will be removed in a future release. See
https://github.com/puppeteer/puppeteer/issues/6214 for details and how to migrate your code.
[browser] 通過 2 項
[browser] 🎉 使用案例全部通過瀏覽器測試 🎉
```

▲ 圖 3-11

至此，瀏覽器測試方案就全部介紹完了。目前還不支援在任意瀏覽器下自動化測試，比較流行的方案是使用 Selenium，但是其設定比較麻煩，而且要安裝各種瀏覽器環境和 WebDriver，一般在單元測試中使用不多，比較常見的使用場景是 UI 自動化測試，感興趣的讀者可以自行探索。

3.5 本章小結

本章介紹了單元測試相關的整套方案，其中涉及不少工具，讀者不必一次掌握，設定好環境後關注自己的測試使用案例即可。此外，目前單元測試領域有了一些更新的技術值得關注，包括但不限於單元測試框架 Jest 和 UI 自動化測試框架 Cypress。在測試不同的函式庫時可以用不同的測試方案，但單元測試是確保品質必不可少的流程，設計良好的測試使用案例和檢查程式覆蓋率是確保測試品質的方法。

第 4 章 開放原始碼

目前，程式層面的工作已經完成，接下來就需要將函式庫發佈給使用者了，但是要想使我們的函式庫成為一個標準開放原始碼函式庫，還需要完成一些額外的工作。本章將介紹開放原始碼方面的知識，比如，如何將我們的函式庫開放原始碼到 GitHub 上，以便開發者找到我們的函式庫，以及如何將建構後的程式發佈到 npm 上，方便開發者下載、使用我們的函式庫。

4.1 選擇開放原始碼協定

在開放原始碼之前，需要先選擇一個開放原始碼協定，增加開放原始碼協定的主要目的是明確宣告自己的權利。如果沒有開放原始碼協定，則會有兩種可能：一種可能是會被認為放棄所有權利，此時可能會被有心人有機可趁，如惡意剽竊、抄襲等，這會損害函式庫開發者的利益；另一種可能是會被認為協定不明，一般商業專案都會很小心地選擇使用的函式庫，如果缺少協定，則一般不會使用，這會讓我們的函式庫損失一部分使用者。

除此之外，如果開放原始碼庫存在缺陷，並因此讓函式庫的使用者造成了損失，則可能會有法律糾紛，這對於函式庫的開發者來說是非常不利的，但是透過協定可以提前避開這些問題。綜上所述，建議一定要增加開放原始碼協定。

開始原始碼專案常用的開放原始碼協定有 5 個，分別是 GPL、LGPL、MIT、BSD 和 Apache，前端專案使用最多的開放原始碼協定是 MIT、BSD 和 Apache。關於這 3 個開放原始碼協定的詳細內容，本書不做詳細說明，感興趣的讀者可以自行深入了解。需要特別說明的是，BSD 協定有多種版本，這裡特指 BSD 2-Clause "Simplified" License。

表 4-1 簡單對比了 MIT、BSD 和 Apache 這 3 個開放原始碼協定之間的區別[1]，✓ 代表協定中允許的內容，✕ 代表協定中禁止的內容，空白代表協定中未提到此項內容。

▼ 表 4-1

	MIT	BSD	Apache
商業用途	✓	✓	✓
可以修改	✓	✓	✓
可以分發	✓	✓	✓
授予專利許可			✓
私人使用	✓	✓	✓
商標使用			✕
承擔責任	✕	✕	✕

透過表 4-1 中的對比可以發現，MIT 協定和 BSD 協定比較相似，而 Apache 協定的要求則更多。表 4-2 所示為我整理的使用這 3 個開放原始碼協定在 GitHub 上名列前矛的專案，可以看到，在影響力較大的專案中，使用 MIT 和 Apache 協定的專案更多一些。

① 簡單對比，免責，詳細責任請閱讀協定內容。

▼ 表 4-2

協議	專案
MIT	jQuery、React、Lodash、Vue.js、Angular、ESLint
BSD	Yeoman、node-inspector
Apache	ECharts、Less.js、math.js、TypeScript

一般的函式庫建議選擇 MIT 協定，如果涉及專利技術，則可以選擇 Apache 協定，這裡為我們撰寫的深拷貝函式庫選擇 MIT 協定。首先，使用下面的命令在根目錄下新建一個 LICENSE 檔案：

```
$ touch LICENSE
```

接下來，在 LICENSE 檔案中增加如下內容，這個協定內容可以在網路上找到，需要注意的是，要修改“當前年份”，並將“開發者的名字”替換為自己的名字。

```
MIT License

Copyright (c) 當前年份 開發者的名字

Permission is hereby granted, free of charge, to any person obtaining a copy
of this software and associated documentation files (the "Software"), to deal
in the Software without restriction, including without limitation the rights
to use, copy, modify, merge, publish, distribute, sublicense, and/or sell
copies of the Software, and to permit persons to whom the Software is
furnished to do so, subject to the following conditions:

The above copyright notice and this permission notice shall be included in all
copies or substantial portions of the Software.

THE SOFTWARE IS PROVIDED "AS IS", WITHOUT WARRANTY OF ANY KIND, EXPRESS OR
IMPLIED, INCLUDING BUT NOT LIMITED TO THE WARRANTIES OF MERCHANTABILITY,
FITNESS FOR A PARTICULAR PURPOSE AND NONINFRINGEMENT. IN NO EVENT SHALL THE
AUTHORS OR COPYRIGHT HOLDERS BE LIABLE FOR ANY CLAIM, DAMAGES OR OTHER
LIABILITY, WHETHER IN AN ACTION OF CONTRACT, TORT OR OTHERWISE, ARISING FROM,
OUT OF OR IN CONNECTION WITH THE SOFTWARE OR THE USE OR OTHER DEALINGS IN THE
SOFTWARE.
```

對協定內容感興趣的讀者可以認真閱讀一下，MIT 協定是比較寬鬆的協定，對使用者的唯一要求就是保留協定即可，但也宣告了不承擔任何責任，是對函式庫的開發者的保護。

4.2 完善文件

當使用一個函式庫時，我們希望有清晰完整的文件，那麼一個合格的函式庫文件應該包含哪些內容呢？文件應該如何書寫呢？下面一步步講解文件應該包含哪些內容，並為我們的函式庫增加文件。

文件的格式推薦使用 Markdown 語法，Markdown 是一種輕量級標記語言，其思想是透過所見即所得的標記來擴充 Text 語法。和前端熟悉的 HTML 相比，Markdown 更容易書寫和閱讀。例如，如果想讓文字粗體表示強調，那麼在 Markdown 中只需要像下面這樣增加星號即可：

```
正常文字 ** 強調文字 ** 正常文字
```

上面 Markdown 內容的繪製效果如圖 4-1 所示，注意“強調文字”字樣的粗體效果。

正常文字 **強調文字** 正常文字

▲ 圖 4-1

一般常用的語法包括標題、段落、清單和程式，本書不再詳細說明，如果不了解 Markdown 語法，建議讀者先自行學習。

一個標準的前端函式庫文件應該包含如下內容，下面的章節將分別介紹具體內容。

- README。
- 待辦清單。

- 變更日誌。
- API 文件。

4.2.1 README

README 是函式庫的使用者最先看到的內容，README 的好壞在一定程度上直接影響函式庫的使用者選擇。README 的書寫原則是主題清晰、內容簡潔。一個合格的 README 應該包括如下內容：

- 函式庫的介紹——概括介紹函式庫解決的問題。
- 使用者指南——幫助使用者快速了解如何使用。
- 貢獻者指南——方便社群為開放原始碼函式庫做貢獻。

首先在根目錄下新建一個 README.md 檔案，並在該檔案中增加下面的 Markdown 程式：

````
# clone
實現 JavaScript 參考類型資料的深拷貝功能

## 使用者指南
透過 npm 下載安裝程式
```bash
$ npm install clone
```

如果使用 Node.js 環境
```js
var { clone } = require('clone');
clone({ a: 1 });
```

如果使用 webpack 等環境
```js
import { clone } from 'clone';
clone({ a: 1 });
````
````

````
```

如果使用瀏覽器環境
```html
<script src="node_modules/clone/dist/index.aio.js"></script>
<script>
  clone({ a: 1 });
</script>
```

## 貢獻者指南
第一次執行需要先安裝相依
```bash
$ npm install
```

一鍵打包生成生產程式
```bash
$ npm run build
```

執行單元測試
```bash
$ npm test
```
````

4.2.2 待辦清單

待辦清單用來記錄即將發佈的內容或未來的計畫。待辦清單的主要目的有兩個：一個是告訴函式庫的使用者當前函式庫未來會支援的功能；另一個是讓函式庫的開發者將其作為備忘，提醒自己將來要交付的功能。

在專案的根目錄下增加 TODO.md 檔案，其內容格式如下所示，分別記錄已經完成的待辦事項和未完成的待辦事項。

```
# 待辦清單
這裡列出會在未來增加的新功能和已經完成的功能
```
```

```
- [x] 完成基本 clone 函式
- [ ] 支援巨量資料拷貝
- [ ] 支援保留引用關係
```

GitHub 的 Markdown 語法支援使用 [X] 和 [ ] 分別代表選取狀態和未選取狀態的核取方塊。需要注意的是，表示未選取狀態的 [ ]，括弧中間的空格不能缺少。上述 Markdown 內容在 GitHub 上的繪製效果如圖 4-2 所示。

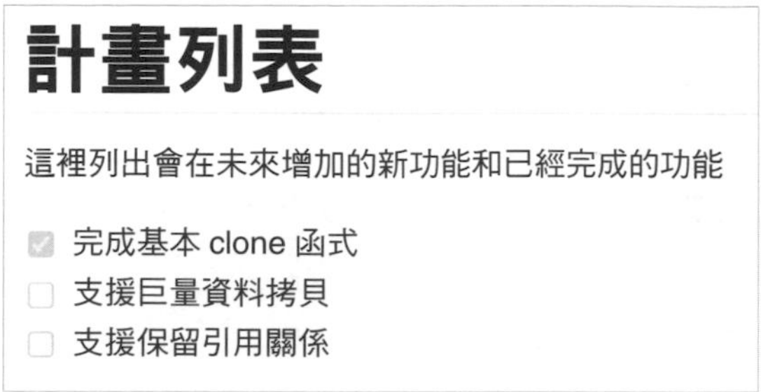

計畫列表

這裡列出會在未來增加的新功能和已經完成的功能

- [x] 完成基本 clone 函式
- [ ] 支援巨量資料拷貝
- [ ] 支援保留引用關係

▲ 圖 4-2

4.2.3 變更日誌

變更日誌用來記錄每次更新詳細的變更內容。變更日誌的主要目的有兩個：一個是方便函式庫的使用者升級版本時了解升級的內容，從而避免升級可能帶來的風險；另一個是方便函式庫的開發者記錄變更備忘。變更日誌一般會記錄版本編號、變更時間和具體的變更內容，變更內容要盡量做到簡潔明瞭。

在專案的根目錄下增加 CHANGELOG.md 檔案，該檔案中的內容如下，每次發佈新版本時都要在這裡記錄更新資訊。

```
# 變更日誌

## 0.1.1 / 2020.12-8
- 修復 C 缺陷
- 修復 D 缺陷

## 0.1.0 / 2020.11-8
- 新增功能 A
- 新增功能 B
```

4.2.4 API 文件

API 文件用來提供更詳細的內容，包括每個函式的參數、傳回值和使用範例。根據函式庫的功能多少，建立 API 文件時可以選擇以下 3 種方案：

- 功能較少，可以直接寫在 README.md 檔案中。
- 內容較多，可以單獨寫一個檔案。
- API 的數量許多，可能要考慮專門做個網站來提供詳細的文件功能。建立文件站的範例詳見 10.3 節中的內容。

這裡選擇第 2 種方案，在專案的根目錄下增加 doc/api.md 檔案，該檔案中的內容如下：

````
# 文件
這是一個深拷貝函式庫


## clone
實現資料的深拷貝
- param {any} data 待拷貝的資料
- return {any} 拷貝成功的資料

舉個例子（要包含程式使用案例）
```js
const data = { a: { b: 1 } };
const cloneData = clone(data);
```
特殊說明，如特殊情況下會顯示出錯等
````

4.3 發佈

前面章節已經準備好了程式，並完成了開放原始碼準備工作。本節將介紹如何把函式庫發佈到 GitHub 和 npm 上，以便使用者使用。

4.3.1 發佈到 GitHub 上

GitHub 是最大的開放原始碼協作平臺，大部分前端函式庫都透過 GitHub 列管碼，如前端三大框架、建構工具 Babel 和打包工具 webpack 等。

想要將開放原始碼函式庫發佈到 GitHub 上，首先需要註冊 GitHub 帳號，然後給要建立的倉庫起一個名字，其他資訊可以都不填寫，直接點擊 "Create repository" 按鈕即可，如圖 4-3 所示。

Owner * Repository name *

jslib-book / clone

Great repository names are short and memorable. Need inspiration? How about improved-waddle?

Description (optional)

Public
Anyone on the internet can see this repository. You choose who can commit.

Private
You choose who can see and commit to this repository.

Initialize this repository with:
Skip this step if you're importing an existing repository.

Add a README file
This is where you can write a long description for your project. Learn more.

Add .gitignore
Choose which files not to track from a list of templates. Learn more.

Choose a license
A license tells others what they can and can't do with your code. Learn more.

Create repository

▲ 圖 4-3

可以將倉庫託管在自己的帳號下，也可以透過 GitHub 提供的組織（Organization）功能託管在組織下，如本書的程式都託管在 jslib-book 這個組織下面。

倉庫建立好後，會跳躍到倉庫的詳情頁，新建立的倉庫中還沒有任何內容，此時是一個空倉庫。GitHub 空倉庫的詳情頁會顯示將程式推送到 GitHub 的步驟，將程式推送到 GitHub 上需要用到 Git，本書預設讀者已經掌握了基礎的 Git 知識。

在推送程式前，需要完成最後的檢查工作。有一些程式並不需要提交到 GitHub 中，如 node_modules 檔案中的程式，可以透過 Git 提供的功能忽略這些檔案。在專案的根目錄下增加 .gitignore 檔案，並在該檔案中增加需要忽略的檔案和目錄即可。範例程式如下：

```
node_modules
# dist 目錄下存放建構程式
dist
# coverage 和 .nyc_output 存放測試生成的暫存檔案
coverage
.nyc_output
```

然後使用下面的命令提交程式，並按照 GitHub 提示的推送步驟進行推送，即可推送成功。

```
$ git add .
$ git commit -m "first commit"

# 下面的位址需要替換為自己的 GitHub 位址
$ git remote add origin git@github.com:jslib-book/clone1.git
$ git push -u origin master
```

更新 GitHub 頁面，如果看到推送上去的程式，就表示推送成功了。至此，就完成了開放原始程式碼到 GitHub 上的工作。

4.3.2 發佈到 npm 上

函式庫的使用者透過 GitHub 可以獲得開放原始碼函式庫的很多資訊，但如果想直接使用 GitHub 上的開放原始碼函式庫，則只能透過手動下載程式的方式[①]，而手動下載程式的方式效率比較低下。npm 解決了函式庫分發下載的各種

① 目前，GitHub 推出了自己的套件託管功能，感興趣的讀者可以自行了解。

問題，npm 是全球最大的套件託管平臺，提供了開放原始碼函式庫託管、檢索和下載功能。將開放原始碼函式庫發佈到 npm 上後，使用者只需要一個命令即可完成函式庫的下載工作。

首先需要註冊一個 npm 帳號，npm 支援將函式庫發佈到全域空間和使用者空間下兩種方式，推薦讀者將函式庫發佈到自己的帳號下，因為全域空間命名衝突的機率很大。此外，npm 也提供了組織（Organization）功能，本書所有程式均發佈在 jslib-book 這個組織下面。

完成帳號註冊後，如果想要透過命令列將函式庫發佈到 npm 上，則首先需要在命令列中登入帳號，登入成功後可以透過 whoami 命令查看當前的登入帳號。範例如下：

```
$ npm login
# 輸入帳號、密碼、電子郵件等資訊

$ npm whoami
> yanhaijing # 此處顯示登入的使用者名稱，yanhaijing 是我的使用者名稱
```

在將函式庫發佈之前，需要做一些準備工作。並不是所有程式都需要發佈到 npm 上的，無用的程式發佈到 npm 上不僅會浪費儲存空間，也會影響使用者下載函式庫的速度。從理論上來說，只需要發佈 dist 目錄和 LICENSE 檔案即可，因為 README.md、CHANGELOG.md 和 package.json 檔案是預設發佈的。

npm 提供了黑名單和白名單兩種方式過濾檔案，先來介紹黑名單的方式。npm 不僅會自動忽略 .gitignore 檔案中的檔案，還會忽略 node_modules 目錄和 package-lock.json 檔案。如果還需要忽略其他檔案，則可以在根目錄下增加一個 .npmignore 檔案，該檔案的格式和 .gitignore 檔案的格式是一樣的，內容範例如下，.npmignore 檔案中的規則匹配的檔案都會被 npm 忽略。

```
# .npmignore
config
doc
src
test
```

對於黑名單的方式，在新增不需要發佈的檔案時，容易因為忘記修改 .npmignore 檔案而導致誤上傳一些無用檔案，因此推薦使用白名單的方式。如果在 package.json 檔案中增加 files 欄位，則只有在 files 中的檔案才會被發佈，範例程式如下。如果兩種方式同時存在，則 npm 會忽略黑名單的設定。

```
{
  "files": ["/dist", "LICENSE"]
}
```

設定好要發佈的檔案後，執行“npm pack --dry-run”命令可以驗證哪些檔案會被發佈。透過上面的設定，會被發佈的檔案列表如圖 4-4 所示。

```
➜ clone git:(master) ✗ npm pack --dry-run
npm notice
npm notice 📦  @jslib-book/clone1@1.0.0
npm notice === Tarball Contents ===
npm notice 1.1kB  LICENSE
npm notice 21.9kB dist/index.aio.js
npm notice 743B   dist/index.esm.js
npm notice 963B   dist/index.js
npm notice 1.3kB  package.json
npm notice 123B   CHANGELOG.md
npm notice 642B   README.md
```

▲ 圖 4-4

每次開放原始碼函式庫有更新都會向 npm 發佈新的套件，npm 透過版本編號來管理一個函式庫的不同版本。發佈到 npm 上的套件需要遵循語義化版本，其格式為“主版本編號 . 次版本編號 . 修訂號 - 先行版本編號”，可以簡寫為“x.y.z-prerelease”，每一位的含義如下：

- x 代表不相容的改動。
- y 代表新增了功能，向下相容（當 x 為 0 時，y 的變更也可以不向下相容）。
- z 代表修復 Bug，向下相容。
- prerelease 是可選的，可以是被“.”分割的任意字元。

prerelease 一般用來發佈測試版本，在程式尚未穩定時，可以先發佈測試版本，穩定後再發佈正式版本。下面是一組測試版本編號和正式版本編號的範例：

```
# 測試版本編號
1.0.0-alpha.1
1.0.0-beta.1

# 正式版本編號
1.0.0
1.0.1
```

介紹完了版本編號的知識，下面開始發佈版本。在發佈新版本前，首先需要修改版本編號，同時要同步更新 CHANGELOG.md 檔案，增加變更記錄，然後直接執行 publish 命令即可。正式套件的發佈很簡單，而測試套件則需要借助 npm 提供的標籤功能，如果不增加標籤，則預設會發佈到 latest 標籤，發佈到其他標籤（如 beta）的套件需要指定版本編號才能安裝。下面是發佈測試套件和正式套件的範例：

```
$ npm publish --tag=beta # 發佈測試套件
$ npm publish # 發佈正式套件
```

如果是位於 scope 下的套件，如位於 jslib-book 這個組織下面的套件 @jslib-book/clone1，那麼直接使用 npm 發佈會遇到如下顯示出錯：

```
$ npm publish
npm ERR! code E402
npm ERR! 402 Payment Required - PUT https://registry.npmjs.org/@jslib-book%2fclone1 -
You must sign up for private packages
```

這是因為npm命令在發佈scope下的套件時，會預設將其發佈為私有套件，然而只有付費使用者才可以發佈私有套件。此時只需要給 npm 命令增加參數 --access public，將套件發佈為公開套件即可。範例如下：

```
$ npm publish --access public # 發佈成功
```

如果不想每次發佈套件時都增加參數，則可以修改 package.json 檔案，在該檔案中增加 publishConfig 欄位，publishConfig 欄位的設定如下，這樣在發佈套件時就可以在 npm 命令中省略參數 --access public 了。

```
{
  "publishConfig": {
    "registry": "https://registry.npmjs.org",
    "access": "public"
  }
}
```

在套件發佈成功後，還需要增加 Git tag。如果沒有 Git tag，那麼當想要找到歷史上某個版本對應的原始程式碼時，就需要翻找 Git 歷史才能找到，既麻煩，又容易出錯。一個比較常見的場景就是當給歷史版本修復 Bug 時，Git tag 會變得非常有用。使用 Git 增加 tag 的命令如下：

```
$ git tag 1.0.0 # 增加指定版本的 tag
$ git push --tags # 將 tag 推送到遠端，這裡的遠端是 GitHub
```

npm 提供的 version 命令也可以修改版本編號。和手動修改版本編號相比，npm 除了可以修改版本編號，還可以自動增加 Git tag。npm 提供了 4 個子命令，分別用來修改版本編號的 4 個位置。使用範例如下：

```
# 初始版本編號是 1.0.0
$ npm version prerelease --preid=beta # 1.0.0-beta.0
$ npm version prerelease --preid=beta # 1.0.0-beta.1

$ npm version patch # 1.0.1
$ npm version minor # 1.1.0
$ npm version major # 2.0.0
```

4.3.3 下載安裝套件

在套件發佈完成後，可以使用 npm 命令安裝測試。需要注意的是，對於測試版本的套件，需要顯示指定版本編號才可以安裝成功。安裝命令如下：

```
$ npm i @jslib-book/clone1 # 安裝最新正式版本
$ npm i @jslib-book/clone1@1.0.0-beta.1 # 安裝 beta 版本
```

4.4 統計資料

經歷前面的步驟，終於發佈了我們的函式庫，發佈後可以關注函式庫的使用情況，即時了解函式庫的使用資料，以及函式庫的受歡迎程度。本節將介紹如何透過 GitHub 和 npm 查看函式庫的使用資料。

4.4.1 GitHub 資料

GitHub 提供的最直接資料就是 Star 數了，如果使用者對開放原始碼函式庫感興趣，或者覺得日後可能會用到，就會直接“start”，start 行為在社群裡被翻譯為“加星”。除了 Star 數，還有 Watch 數和 Fork 數。Watch 數反映了對函式庫開發感興趣的人及有潛力成為貢獻者的人的數量；Fork 數則反映了自己的程式被其他人複製的次數，Fork 數背後的很大一部分人都是對原始程式碼感興趣的，可能是學習原理的，也可能是要貢獻程式的。

圖 4-5 所示為我維護的一個開放原始碼函式庫 template.js 的 GitHub 截圖，圖中包含上面的 3 類資料。

▲ 圖 4-5

此外，GitHub 還提供了倉庫最近 14 天被複製（clone）和被存取的次數。查看“Insights”面板下的“Traffic”子面板，裡面提供了更詳細的頁面存取資訊和存取來源資訊，如圖 4-6 所示。

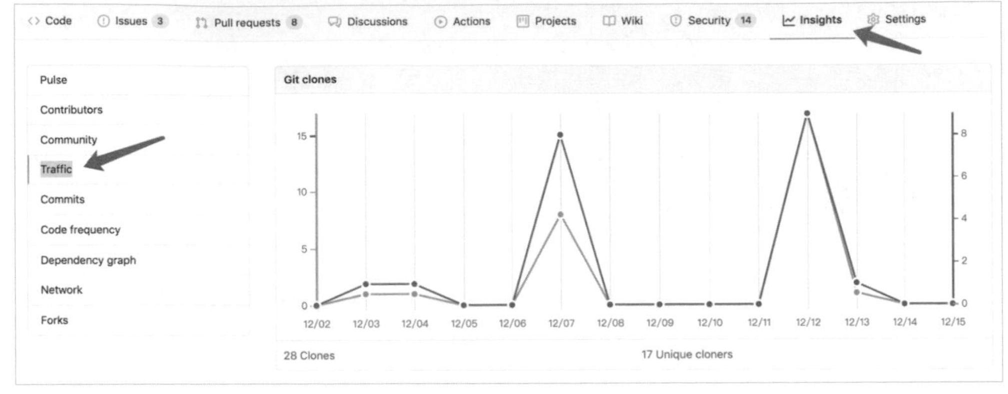

▲ 圖 4-6

在 GitHub 上還能查看我們的倉庫被哪些其他倉庫相依了。如果某個倉庫的 package.json 檔案的 dependencies 欄位中包含了我們倉庫的名字，則表示我們的倉庫被該倉庫相依了。查看“Insights”面板下的“Dependency graph”子面板，可以看到有哪些專案相依了我們的倉庫，如圖 4-7 所示。

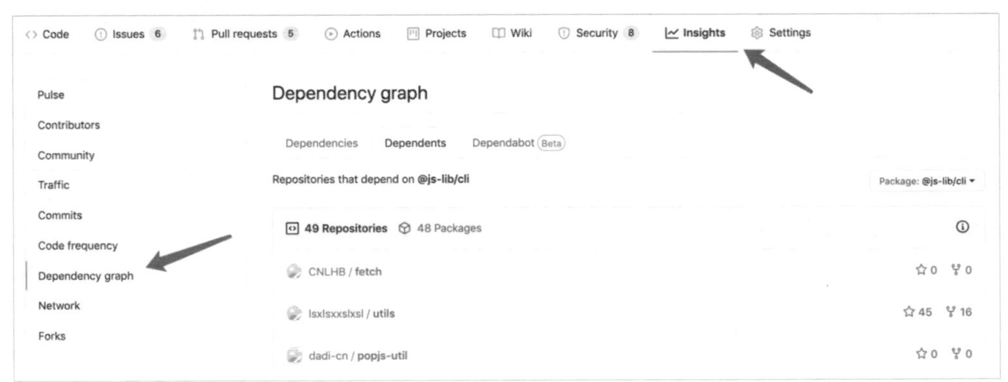

▲ 圖 4-7

4.4.2 npm 資料

在 npm 上可以查看某個套件最近 40 週的週下載量，這些資料會被顯示為一個折線圖，在折線圖上移動滑鼠指標，可以查看任意一週的下載量資料。在 npm 上搜尋“template_js”，打開函式庫的詳情頁即可看見資料截圖，如圖 4-8 所示。

Install
> npm i template_js
2020-12-05 to 2020-12-11
426

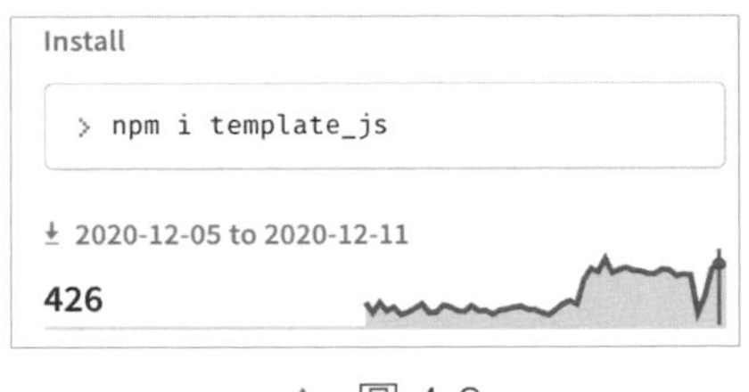

▲ 圖 4-8

下載量可以反映函式庫的實際使用情況，但是 npm 官網提供的資料僅能統計直接從 npm 上下載函式庫的數量。速度較慢的使用者可能會使用鏡像下載，一般鏡像提供的資料細微性比較粗，包括今天、本週、本月、前一天、上週和上個月的下載量，如圖 4-9 所示。如果是公司內的函式庫，則可以查看公司內部的鏡像資料。

Downloads	
Today	0
This Week	40
This Month	66
Last Day	9
Last Week	16
Last Month	48

▲ 圖 4-9

除了下載量，npm 還提供了相依關係資料，其位於詳情頁的 “Dependencies” 和 “Dependents” 面板中。“Dependencies” 面板顯示我們的函式庫相依的函式庫，“Dependents” 面板顯示相依我們函式庫的函式庫。“Dependents” 面板中的範例資料如圖 4-10 所示。

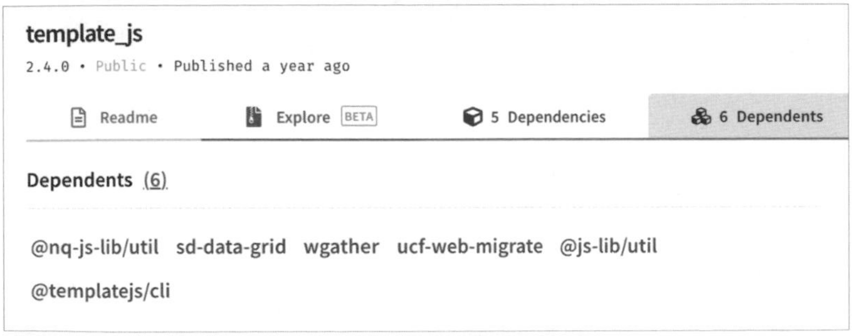

template_js
2.4.0 • Public • Published a year ago
Readme
Explore BETA
5 Dependencies
6 Dependents
Dependents (6)
@nq-js-lib/util sd-data-grid wgather ucf-web-migrate @js-lib/util
@templatejs/cli

▲ 圖 4-10

4.4.3 自訂資料

npm 命令列為每個執行的命令都提供了 pre 和 post 鉤子，分別代表命令執行之前和執行之後。例如，在執行“npm install”命令時，npm 實際上會執行下面 3 筆命令：

```
$ npm run preinstall
$ npm install
$ npm run postinstall
```

透過 npm 提供的 postinstall 鉤子，即可實現自訂統計資料。首先修改 package.json 檔案，註冊 postinstall 鉤子。範例程式如下：

```
{
  "scripts": {
    "postinstall": "node postinstall.js"
  }
}
```

當使用者安裝我們的函式庫時，會自動使用 Node.js 執行 postinstall.js 檔案中的內容。需要注意的是，如果使用者在安裝我們的函式庫時使用了參數 --ignore-scripts，則跳過執行 postinstall 鉤子。二者的區別範例如下：

```
$ npm install xxx # 執行 postinstall.js 檔案
$ npm install --ignore-scripts xxx # 不執行 postinstall.js 檔案
```

在專案的根目錄下增加 postinstall.js 檔案，該檔案中的內容如下。其中，相依協力廠商函式庫 axios 來發送資料，不要忘記將 axios 增加為相依項，然後將下面的介面修改為自己的統計介面。這樣就實現了一個簡單的統計安裝資料的功能。

```
const axios = require('axios').default;

axios.get('/tongji/install_count').then(function (response) {
  // 請求成功，列印一個日誌
  console.log(response);
});
```

對於一般公司內部的專案，可以透過上述方式來收集更詳細的資訊，如倉庫位址等。而對於公開的專案，則應該謹慎使用上述方式來統計資料，使用 postinstall 鉤子來統計資料在開放原始碼函式庫中比較少見，postinstall 鉤子常見的用法是安裝完後做一些初始化工作。

4.5 本章小結

本章介紹了將一個函式庫開放原始碼的必要工作，涵蓋開放原始碼前後的完整流程，包括如下內容：

- 如何選擇開放原始碼協定。
- 如何將函式庫發佈到 GitHub 上。
- 如何將函式庫發佈到 npm 上。
- 如何統計開放原始碼後的各種資料。

本章的內容屬於開放原始碼實踐指南，讀者在將自己的函式庫開放原始碼的過程中，可以參考本章的內容多做練習，熟能生巧，在成功開放原始碼幾個函式庫後，就能夠對本章的內容了然於胸了。

第 5 章 維護

函式庫的開放原始碼不是一勞永逸的事情，需要持續迭代和持續維護。當我們把函式庫向社群開放原始碼時，便會收到使用者的回饋，以及社群成員的貢獻。本章將介紹如何和社群交流協作，以及如何維護一個開放原始碼函式庫。

5.1 社群協作

一個流行的開放原始碼函式庫會有許多使用者，同時會有社群參與貢獻和維護。圖 5-1 所示為 2022 年 1 月份流行的前端工具函式庫 Lodash 的 GitHub 截圖，圖中顯示其有 1300 萬關注者和 310 位貢獻者。由此可見，一個流行的開放原始碼函式庫會涉及多人協作和維護。

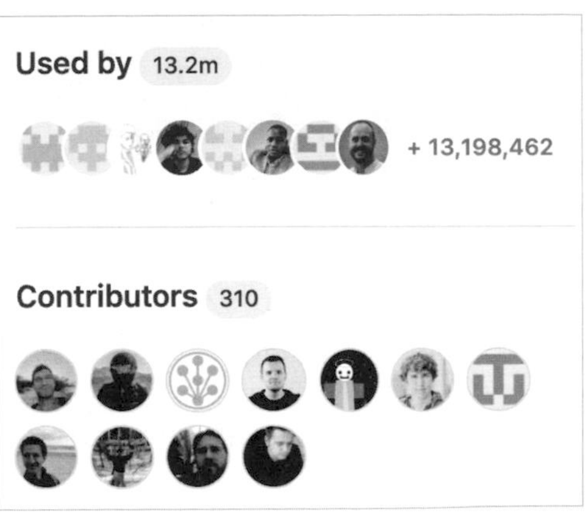

▲ 圖 5-1

5.1.1 社群回饋

社群使用者可以透過 GitHub 的 Issue 回饋資訊，函式庫的開發者需要對 Issue 進行回復，並對 Issue 進行管理。為了方便對 Issue 進行維護，GitHub 提供了對 Issue 分類的功能，在 Issue 詳情頁可以為 Issue 增加 Label，如圖 5-2 所示。

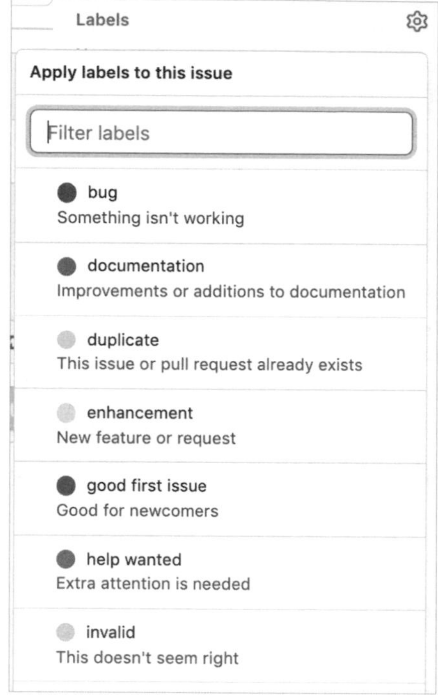

▲ 圖 5-2

Issue 可以分為 3 類，分別是求助類、故障類和建議類。分類和 GitHub Label 的對應關係如下：

- 求助類——help wanted。
- 故障類——bug。
- 建議類——enhancement。

為了更好地解答 Issue 回饋的問題，就需要了解一些使用者的環境資訊，從而能夠快速重現問題。社群使用者在提問時由於習慣各異，大機率不會提供完整的資訊，為了避免反覆溝通，可以規範 Issue 的輸入內容。透過 GitHub 的 Issue 範本可以實現這個訴求，只需要在專案的根目錄下增加 .github/ISSUE_TEMPLATE.md 檔案即可。下面是一個範例範本中的內容：

```
### 問題是什麼
問題的具體描述，盡量詳細


### 環境
- 手機： 小米 6
- 系統：Android 7.1.1
- 瀏覽器：chrome 61
- jslib 版本：0.2.0
- 其他版本資訊

### 線上範例
如果有，則請提供線上範例

### 其他
其他資訊
```

在新建 Issue 時，GitHub 會預設展示 ISSUE_TEMPLATE.md 範本中的內容，如圖 5-3 所示。如果沒有此檔案，則預設填充為空。

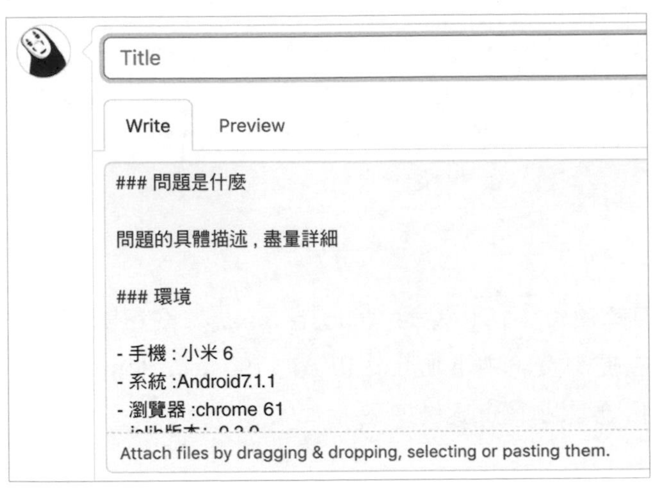

▲ 圖 5-3

一般對於求助類 Issue，Issue 系統自身就可以完成整個過程的流轉；而對於故障類 Issue，則還需要修復 Bug，提交程式，發佈新版本。那麼如何將程式提交資訊和 Issue 連結起來呢？其實每個 Issue 都有一個 ID，位於 Issue 標題的旁邊，如圖 5-4 中顯示的 Issue ID 是“#3”。

▲ 圖 5-4

在提交資訊中增加 Issue ID，即可讓提交資訊和 Issue 產生聯繫，GitHub 會在 Issue 下面自動顯示和當前 Issue 連結的提交資訊。下面的命令會建立一個連結 Issue ID 為 #3 的提交資訊：

```
$ git commit -m "測試修改程式 #3"
```

再次查看 GitHub Issue 頁面，結果如圖 5-5 所示，可以看到提交資訊自動連結了過來。

▲ 圖 5-5

Issue 問題解決後，可以點擊“Close Issue”按鈕關閉 Issue。除了手動關閉，還可以在提交資訊中增加 fix、fixed、close、closed 等關鍵字自動關閉 Issue，關鍵字不分大小寫。範例如下：

```
$ git commit -m "測試修改程式 fixed #3"
```

透過提交資訊關閉的 Issue 在 GitHub 上會有特殊的連結顯示，如圖 5-6 所示。

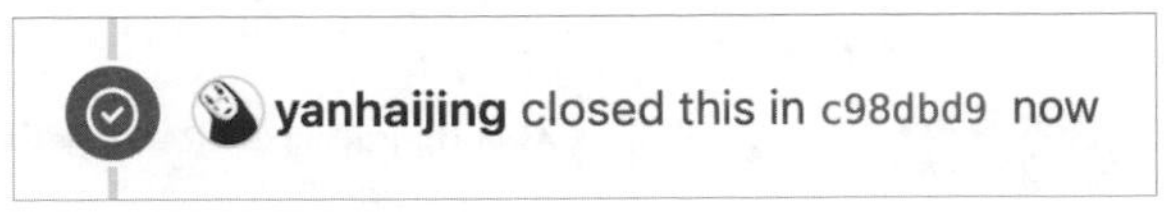

▲ 圖 5-6

Pull request 是一種特殊形式的社群回饋，回饋內容是原始程式碼。對於建議類和故障類 Issue，可以由社群來貢獻程式；因為 Pull request 的 ID 和 Issue 是打通的，所以可以相互連結，連結的方式很簡單，只需要在評論框中輸入 "#" 符號即可，效果如圖 5-7 所示。

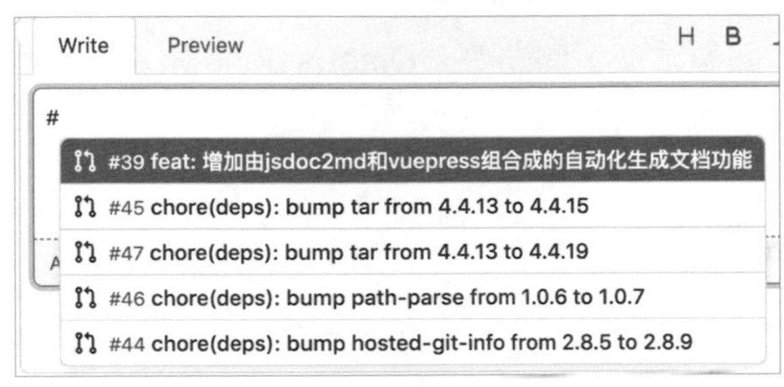

▲ 圖 5-7

對於建議類的問題，使用 Issue 並不是最合適的方式。大一點的開放原始碼專案一般會有自己的社群，為了方便使用者交流互動，需要一個討論區，Issue 不應該承擔此功能。之前社群會有不同的社群討論工具，如 Gitter、Discord、Slack 等，現在可以使用 GitHub 的 Discussions。由於 Discussions 尚未完全成熟，因此新建專案的 Discussions 預設是關閉的，需要在 "Settings" 面板中打開，打開後的效果如圖 5-8 所示。

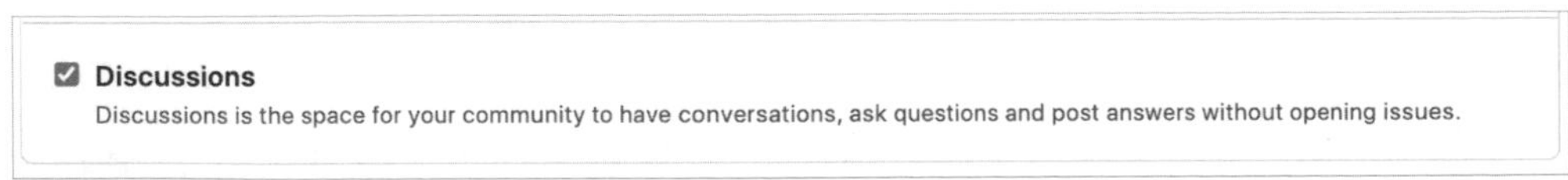

▲ 圖 5-8

圖 5-9 所示為 create-react-app 專案的 Discussions 截圖，左側可以有分類，右側是主題清單。

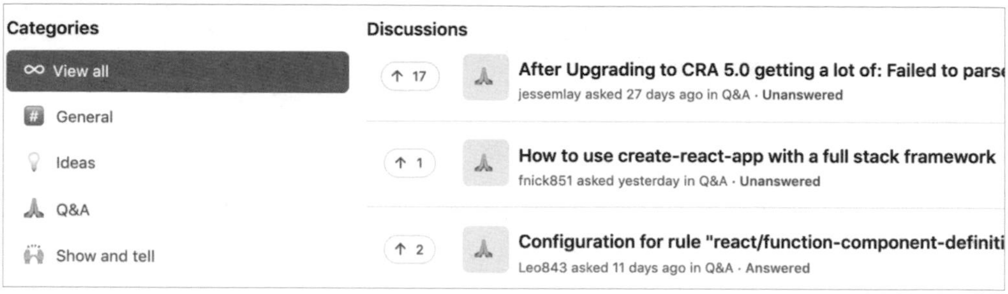

▲ 圖 5-9

Issue 和 Discussions 的功能不同，因此需要注意二者之間的區別，並合理使用。Issue 用來回饋求助、問題等；Discussions 則用來進行社群討論，包括計畫、草案、希望的新特性等。

5.1.2 社群協作

開放原始碼可以給社群中函式庫的使用者帶來方便，同時社群中函式庫的使用者也會給開發者帶來反哺，群眾智慧往往大於個體智慧，開放原始碼函式庫會得到社群的共建。在 GitHub 上多人共建一個開放原始碼函式庫有 3 種方法，下面逐一介紹。

Git 被設計為去中心化的分散式版本管理系統，其可以有多個遠端（Remote），這個特性非常適合社群共建。社群貢獻者可以複製倉庫，修改程式後，將其推送到自己的遠端，然後通知函式庫的開發者合併自己的修改。最早是透過郵件等方式通知函式庫的開發者的。

在 GitHub 上，上述這一套流程叫作 Fork+Pull request。社群貢獻者可以 Fork 一個函式庫，Fork 其實就是拷貝一份原始程式到自己的倉庫，修改程式後，可以建立一個 Pull request，函式庫的開發者在收到 Pull request 後，可以進行程式審查、評論等操作，沒有問題後可以合併程式。上面的步驟完成了一次社群協作的流程。

Fork+Pull request 模式適合社群貢獻者，人人都可以貢獻，由函式庫的開發者決定是否合併社群貢獻者提供的修改。這種模式可以協調陌生人一起工作，卻沒有安全問題。

如果函式庫的貢獻者是可以信賴的，那麼 Fork 模式就顯得效率有些低下了，此時讓多個貢獻者都可以直接操作同一個專案是更好的選擇。GitHub 支援給函式庫設定開發者，首先選擇“Settings”面板，然後選擇“Collaborators”標籤，可以給函式庫增加共同開發者，如圖 5-10 所示。

多人都對同一個專案有開發許可權，這種模式被稱作函式庫開發者模式，這種模式比較適合單一專案，並且有少量核心開發者的情況。

如果有多個專案都需要協作開發，或者有很多人一起開發，希望對許可權有更細微的控制，那麼函式庫開發者模式就捉襟見肘了。此時可以使用由 GitHub 提供的 Organization（組織）功能建立一個 Organization，並將一組功能相關的函式庫都放到一個 Organization 下。Organization 對開發者許可權的管理也很好用，可以控制不同開發者擁有不同的許可權，很多前端專案都是使用 Organization 來管理的。圖 5-11 所示為前端框架 Vue.js 的 Organization 截圖。

▲ 圖 5-10

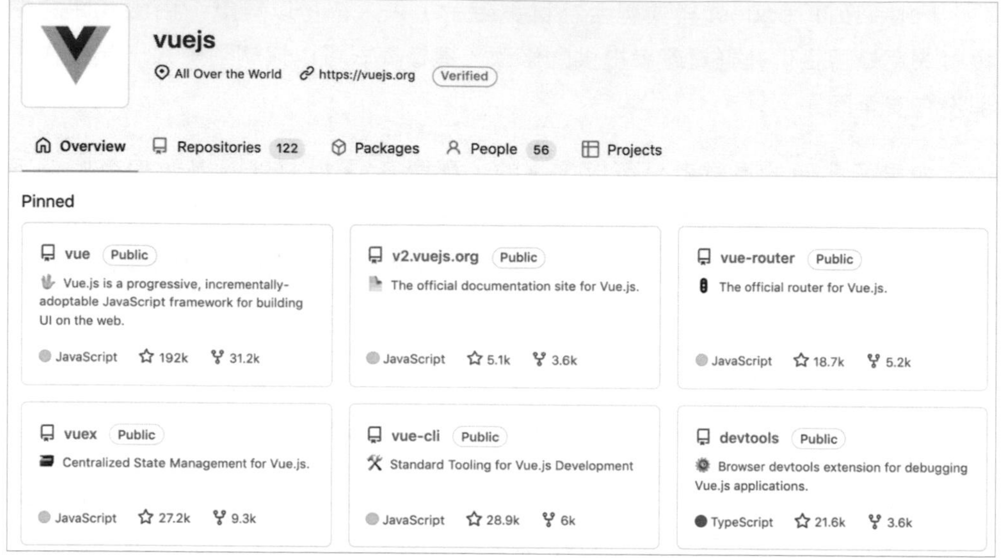

▲ 圖 5-11

Organization 適合有多個專案的情況。公司、開放原始碼機構等都可以使用 Organization 來對專案進行管理。

5.1.3 社群營運

捐贈是社群對函式庫的開發者最好的評價。GitHub 支援捐贈功能，但預設是關閉的。可以在 "Settings" 面板中控制是否開啟，開啟後的效果如圖 5-12 所示。

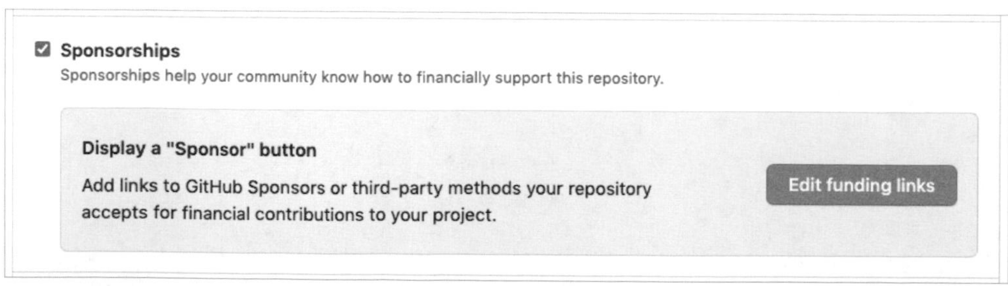

▲ 圖 5-12

開啟捐贈功能後，還需要設定打賞途徑，可以透過點擊圖 5-12 中的 “Edit funding links” 按鈕來完成設定；則可以設定為收款二維碼，但是需要提供一個落地頁面。除了點擊上述按鈕，也可以直接增加 .github/FUNDING.yml 檔案。下面是我常用的 FUNDING.ym 檔案中的內容（記得替換裡面的落地頁面連結）：

```
# These are supported funding model platforms

custom: ['https://***.com/mywallet/']
```

設定完成後，在 GitHub 的倉庫頁面中會顯示 “Sponsor” 按鈕，點擊該按鈕即可看見設定的連結，如圖 5-13 所示。

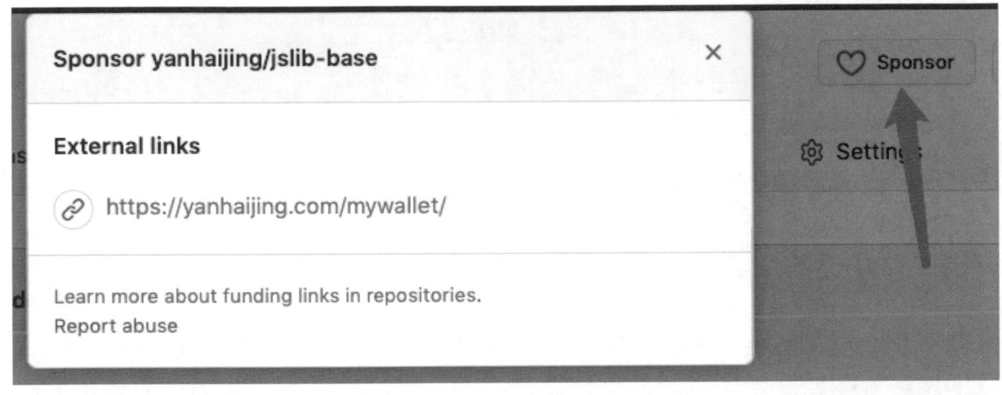

▲ 圖 5-13

當函式庫的開發者從社群得到回饋和幫助時，在 GitHub 上可以看到所有給函式庫貢獻過程式的人員，此時函式庫的開發者也應該反應社群。對於核心貢獻者，函式庫的開發者可以在首頁舉出特別感謝。對於社群貢獻者來說，榮譽感是最好的獎勵。圖 5-14 所示為流行前端框架 Vue.js 的 GitHub 截圖。

Contribution
Please make sure to read the Contributing Guide before making a pull request. If you have a Vue-related project/component/tool, add it with a pull request to this curated list!
Thank you to all the people who already contributed to Vue!

▲ 圖 5-14

5.2 規範先行

上一節介紹了社群協作，在一個多人協作的專案裡，統一的規範對確保開發效率和程式品質非常重要。關於統一規範，社群已經存在最佳實踐和相關工具，讀者在平常專案中應該多少接觸過一些。本節將從函式庫開發的角度系統性地介紹函式庫開發規範，主要包括編輯器、格式化、程式 Lint 和提交資訊等方面。

5.2.1 編輯器

不同的編輯器有不同的預設行為，同一款編輯器在不同的作業系統上也會有不同的表現，不同的開發者也會有自己的個人喜好。範例如下：

- 早年間，Windows 中文系統的編碼是 BIG5，Linux 系統的編碼是 UTF-8，當時大部分中文網站的編碼都是 BIG5。
- 有的人習慣使用 Tab 鍵縮排，有的人習慣使用空白鍵縮排。

- 縮排間距有的人習慣使用 2 個空格，有的人習慣使用 4 個空格。
- Windows 系統中的分行符號是 \r\n，Linux 系統中的分行符號是 \n。

這些差異給社群協作帶來了很大麻煩，為了解決編輯器之間的差異問題，推薦使用 EditorConfig。EditorConfig 可以在不同平臺的不同編輯器之間維護一致的公共設定。使用 EditorConfig 需要在專案中提供 .editorconfig 檔案，在根目錄和子目錄下可以同時存在 .editorconfig 檔案，子目錄的優先順序更高，而位於根目錄中的 .editorconfig 檔案則需要將 root 設定為"true"。

下面是 EditorConfig 官網中的範例程式，其中包括多個設定項，每個設定項包括檔案匹配符號和對檔案的設定。

```
# 根目錄的設定
root = true

# Unix-style newlines with a newline ending every file
[*]
end_of_line = lf
insert_final_newline = true

# Set default charset
[*.{js}]
charset = utf-8
```

EditorConfig 支援的設定項和建議如表 5-1 所示。

▼ 表 5-1

設定項	說明	建議
charset	指定字元集	建議設定
end_of_line	指定分行符號，可選 lf、cr、crlf	建議設定
indent_style	縮排風格設定為空格，可選 space、tab	建議設定
indent_size	縮排的空格數設定為 2 個	建議設定
trim_trailing_whitespace	去除行尾空格	可選設定
insert_final_newline	檔案結尾插入新行	可選設定

下面給我們的函式庫增加 EditorConfig 支援。首先在專案的根目錄下增加 .editorconfig 檔案，需要設定以下檔案：

- .html 檔案，HTML 原始程式碼。
- .js 檔案，JavaScript 原始程式碼。
- .json 檔案，如 package.json 檔案等。
- .yml 檔案，YAML 是專門用來寫設定檔的語言，比 JSON 格式方便。
- .md 檔案，如 Markdown 檔案、README.md 檔案等。

.editorconfig 檔案具體的設定如下：

```
# 根目錄的設定
root = true

[*]
charset = utf-8
end_of_line = lf
insert_final_newline = true

[*.{html}]
indent_style = space
indent_size = 2

[*.{js}]
indent_style = space
indent_size = 2

[*.{yml}]
indent_style = space
indent_size = 2

[*.{md}]
indent_style = space
indent_size = 4
```

有些編輯器預設支援 EditorConfig，如 WebStorm；而有些編輯器則需要安裝外掛程式後才能支援，如 VS Code 和 Sublime Text 等。EditorConfig 官網有支援的編輯器列表。以 VS Code 為例，需要安裝 EditorConfig for VS Code 外掛程式，外掛程式下載介面截圖如圖 5-15 所示。

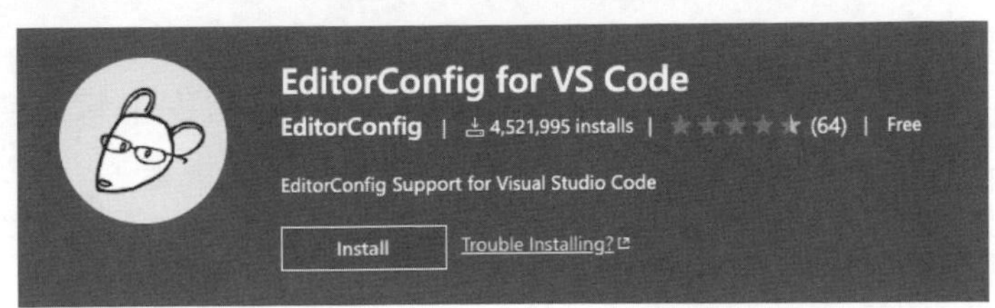

▲ 圖 5-15

安裝好外掛程式後，再次打開編輯器，就可以看到 EditorConfig 的設定生效了。

5.2.2 格式化

EditorConfig 只解決了少數基本風格問題，而對於一段程式來說，程式風格包括更多內容，如大括弧的位置、逗點後面的空格等。例如，下面兩段程式內容一樣，但是程式風格卻不一樣。

```
// 風格 1
foo(reallyLongArg(), omgSoManyParameters(), IShouldRefactorThis(),
isThereSeriouslyAnotherOne());

// 風格 2
foo(
  reallyLongArg(),
  omgSoManyParameters(),
  IShouldRefactorThis(),
  isThereSeriouslyAnotherOne()
);
```

試想一下，如果協作開發的兩個人使用的程式風格不一樣，那麼在合併程式時就會帶來很多麻煩，雖然在使用 git diff 對比程式時可以忽略空白元素，能夠解決空格不統一的問題，但是上面範例中的情況無法解決。

良好的程式風格可以讓程式結構清晰，容易閱讀，而對於什麼程式風格是好的，不同的人有不同的理解和偏好，但是當大家協作時，統一的程式風格是非常必要的。可以用工具來統一程式風格，本書推薦使用社群的 Prettier 工具。

Prettier 是一款“有主見”（Opinionated）的程式格式化工具，Opinionated 意味著程式風格是設定好的，不能自訂，至於 Prettier 為什麼這樣設計，以及 Prettier 如何抉擇預置的程式風格，可以查看 Prettier 官網了解。使用 Prettier 可以統一程式風格，並且將 Prettier 連線至已有專案非常簡單。

首先使用下面的命令安裝 Prettier：

```
$ npm install --save-dev --save-exact prettier
```

然後執行下面的命令，即可格式化目前目錄下的程式。

```
$ npx prettier --write .
```

Prettier 的安裝和使用非常簡單，但是如果直接執行上面的命令，則會將全部檔案格式化，而有些檔案可能並不希望被格式化，如建構的暫存檔案等，此時可以在專案的根目錄下增加一個 .prettierignore 檔案，該檔案的格式和 .gitignore 檔案的格式類似，在該檔案中增加不希望格式化的檔案和路徑。範例如下：

```
# .prettierignore
dist
coverage
.nyc_output
package-lock.json
```

儘管 Prettier 是開箱即用的，也不鼓勵自訂樣式，但還是提供了少量的設定項可以更改。常見的設定項如表 5-2 所示。

▼ 表 5-2

設定項	描述	預設值
tabWidth	縮排的寬度	預設 2
useTabs	縮排使用 Tab 鍵	預設空格
singleQuote	使用單引號	預設使用雙引號
bracketSpacing	括弧兩側插入空格	預設插入
endOfLine	分行符號	預設 lf
trailingComma	多行結構，尾部增加逗點	es5

這裡介紹一下 trailingComma，先來介紹背景知識。在 ECMAScript 3 中，在陣列的最後面增加逗點，並不會在尾端增加一個空元素，尾端逗點不會影響陣列的值。下面兩種寫法是等值的：

```
[1, 2] // [1, 2]
[1, 2, ] // [1, 2]
```

這種尾端的逗點，學名叫作尾後逗點。對於多行格式的陣列來說，尾後逗點可以讓在後面增加元素變得更簡單，在使用 git diff 對比程式時也更清晰。例如，下面兩種寫法，當需要為陣列增加元素時，使用寫法 1 還需要修改上一行。

```
// 寫法 1
const a = [
  1,
  2
];

// 寫法 2
const b = [
  1,
  2,
];
```

ECMAScript 5 給物件也帶來了尾後逗點。在 ECMAScript 5 之前，下面的寫法是錯誤的，而在 ECMAScript 5 之後則是正確的。

```
const object = {
  a: '1',
  b: '2',
};
```

ECMAScript 2017 支援函式參數中的尾後逗點。以下兩種寫法是等值的，當函式參數多行顯示時，使用寫法 2 增加參數更簡單。

```
// 寫法 1
function f1(
  a,
  b
) {}

// 寫法 2
function f2(
  a,
  b,
) {}
```

Prettier 的設定項 trailingComma 有 3 個值，分別是 none、es5 和 all，預設值是 es5。各個值的行為如下，建議使用預設值即可，如果有相容性問題，則可以使用 none。

- none：不增加尾後逗點。
- es5：給多行陣列和物件增加尾後逗點。
- all：給多行陣列、物件、函式增加尾後逗點。

需要注意的是，Prettier 中的部分設定和 EditorConfig 中的部分設定是重疊的，所以要確保兩款工具的設定是一致的，否則會互相影響，上面的設定基本使用預設值就可以。由於我習慣使用單引號，下面來看一下如何設定自訂設定。

在專案的根目錄下增加 .prettierrc.json 檔案，並在該檔案中增加如下內容，再次執行 "npx prettier --write ." 命令，即可看到雙引號變成單引號了。

```
{
  "singleQuote": true
}
```

上面我們一直使用命令列完成格式化，除了在命令列中使用 Prettier，Prettier 也能和編輯器整合，下面介紹 VS Code 如何整合 Prettier。其他編輯器可以查看 Prettier 官網，VS Code 透過外掛程式支援 Prettier，點擊 VS Code 的外掛程式面板，搜尋 "prettier-vscode" ，然後點擊 "Install" 按鈕即可安裝，如圖 5-16 所示。

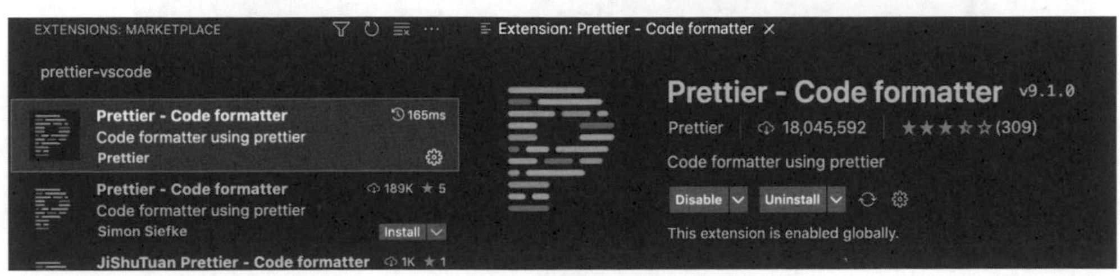

▲ 圖 5-16

安裝好外掛程式後，透過快速鍵 "CMD/CTRL + Shift + P" 打開命令模式（也可以透過選擇 "View" → "Command Palette…" 命令打開），輸入 "Format Document" ，如圖 5-17 所示，按 Enter 鍵即可格式化了。

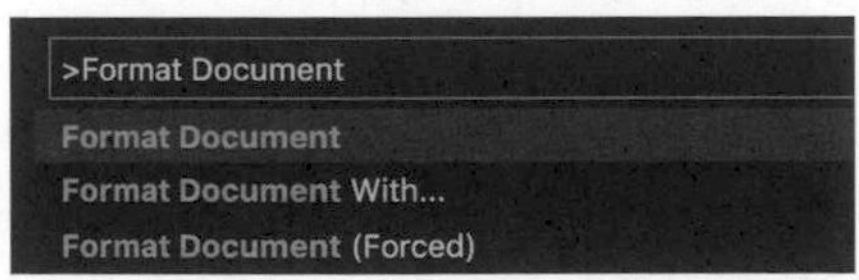

▲ 圖 5-17

如果本地有多款格式化工具，則可能還會有個確認步驟，需要選擇預設的格式化工具，如圖 5-18，選擇剛剛安裝的 prettier-vscode 即可。第一次選擇後，再次格式化時不會再提示。

▲ 圖 5-18

VS Code 編輯器支援儲存時自動格式化，在功能表列中選擇“File”→“Preferences”→“Settings”命令，選擇“Workspace”標籤（Workspace 表示設定專案等級的設定，不影響其他專案），搜尋“format”，選取“Editor:Format On Save”下面的核取方塊，如圖 5-19 所示。

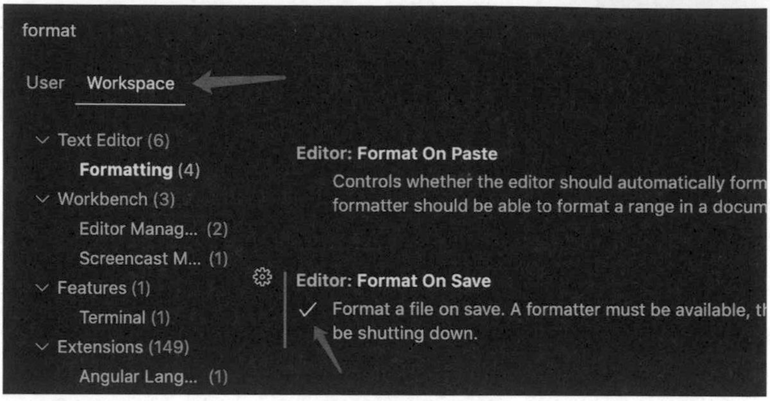

▲ 圖 5-19

再次修改程式，儲存時即可自動格式化。現在專案目錄下會多出一個 .vscode/settings.json 檔案，該檔案中的內容如下，如果要共用編輯器設定，則需要將其跟隨 Git 提交。

```
{
  "editor.formatOnSave": true
}
```

還可以在上述檔案中增加預設格式化工具的設定，這樣格式化時就不會提示選擇格式化外掛程式了。範例程式如下：

```
{
  "editor.formatOnSave": true,
  "editor.defaultFormatter": "esbenp.prettier-vscode"
}
```

雖然編輯器自動格式化可以提升程式設計體驗，但是不能保證程式風格一致，存在編輯器可能不支援 Prettier 的情況，如使用者未安裝外掛程式，或者使用者使用的編輯器和設定的不一樣等。除了可以和編輯器整合，Prettier 還可以和 Git 整合，在使用 Git 提交時，可以將提交檔案自動格式化。

其原理是 Git 自身提供的 hook 功能。每次在提交之前，Git 都會檢查是否存在 pre-commit hook，如果存在，則會自動執行其中的命令。在 pre-commit hook 中加入格式化的命令，就可以實現提交時自動格式化了。但是現在存在以下兩個問題：

其一，直接執行"npx prettier --write ."命令會將整個專案格式化。比較好的做法是只格式化本次提交的檔案，pretty-quick 工具可以實現選擇性格式化，其有很多參數，--staged 可以實現只格式化待提交的檔案。

其二，需要增加 pre-commit hook，並加入格式化的程式，這可能需要對 hook 和命令列有一些了解，還要處理跨平臺的問題，同時需要將寫好的 hook 讓每一名使用者都安裝。husky 是一個 npm 套件，只需要簡單安裝，就可以給 JavaScript 專案帶來使用 hook 的功能。

首先安裝 husky。husky 4.x 和 7.x 的安裝方式有非常大的差異，本書使用的是 7.x 版本。husky 支援自動和手動兩種安裝方式。

自動安裝只需要像下面這樣執行一筆快捷安裝命令即可：

```
$ npx husky-init
```

手動安裝則需要 3 個步驟。範例如下：

```
# 1. 安裝相依
$ npm install husky --save-dev

# 2. 初始化 husky 設定
$ npx husky install

# 3. 設定 prepare，這樣就會自動執行 2
$ npm set-script prepare "husky install"
```

選擇上面任意一種安裝方式完成 husky 的安裝後，會在 package.json 檔案中增加如下程式：

```
{
  "scripts": {
    "prepare": "husky install"
  }
}
```

同時會多出一個 .husky 目錄，其中的 pre-commit 就是我們要用到的 Git hook，husky 會將 Git 的 hooksPath 設定從 .git/hook 修改為 .husky。如果其他流程也依賴 Git hook，則可能需要注意 hook 的路徑變化問題，透過執行 “cat .git/config” 命令可以看到 hooksPath 的設定。範例如下：

```
$ cat .git/config

[core]
    hooksPath = .husky
```

接下來安裝 pretty-quick，安裝命令如下：

```
$ npm install --save-dev pretty-quick
```

透過如下命令將 pretty-quick 增加到 hook 中：

```
$ npx husky set .husky/pre-commit "npx pretty-quick --staged"
```

此時開啟 .husky/pre-commit 檔案，該檔案中的內容如下，也可以不使用 “husky set” 命令，直接修改這個檔案。

```
#!/bin/sh
. "$(dirname "$0")/_/husky.sh"


npx pretty-quick --staged
```

接下來，試著修改程式，提交程式，即可體驗提交時自動格式化的效果。

5.2.3 程式 Lint

同樣的邏輯，其實現方式可以有很多種，如定義一個變數在 JavaScript 中就有 3 種方式，如下所示。從經驗來說，當變數不會被二次賦值時，使用 const 定義變數是最佳實踐。

```
var a1 = 1;
let a2 = 2;
const a3 = 3;
```

對於類似的最佳實踐，社群中做了很多探索和沉澱。ESLint 是社群中流行的程式驗證工具，其透過外掛程式的方式提供了對 JavaScript 程式最佳實踐的驗證功能。下面為深拷貝函式庫增加 ESLint。

首先安裝 ESLint，安裝命令如下：

```
$ npm install eslint --save-dev
```

安裝好後，使用如下命令初始化，執行後會透過詢問的方式完成初始化，參考如下的設定選擇即可。

```
$ npx eslint --init
You can also run this command directly using 'npm init @eslint/config'.
npx: 40 安裝成功，用時 1.815 秒
✓ How would you like to use ESLint? · problems
✓ What type of modules does your project use? · esm
✓ Which framework does your project use? · none
✓ Does your project use TypeScript? · No / Yes
✓ Where does your code run? · browser, node
✓ What format do you want your config file to be in? · JavaScript
Successfully created .eslintrc.js file in /Users/yan/jslib-book/clone1
```

初始化成功後，會在專案的根目錄下生成一個 .eslintrc.js 檔案，該檔案中的內容如下：

```
module.exports = {
  env: {
    browser: true,
```

```
    es2021: true,
    node: true,
  },
  parserOptions: {
    ecmaVersion: 'latest',
    sourceType: 'module',
  },
  extends: 'eslint:recommended',
  rules: {},
};
```

下面介紹上面設定的含義。parserOptions 告訴 ESLint 我們希望支援的 ECMAScript 語法，在預設情況下，ESLint 僅支援 ECMAScript 5，如果程式中使用的語法和設定的語法不一致，那麼 ESLint 在解析時就會顯示出錯。例如，將上面設定中的“ecmaVersion: ‘latest’ ”改為“6”，現在使用 ECMAScript 2021 引入的新語法時就會顯示出錯。圖 5-20 所示為在 VS Code 中查看顯示出錯的結果。

```
Parsing error: Unexpected token ? eslint
View Problem (⌘K N)   No quick fixes available
const a = a ?? 1;
```

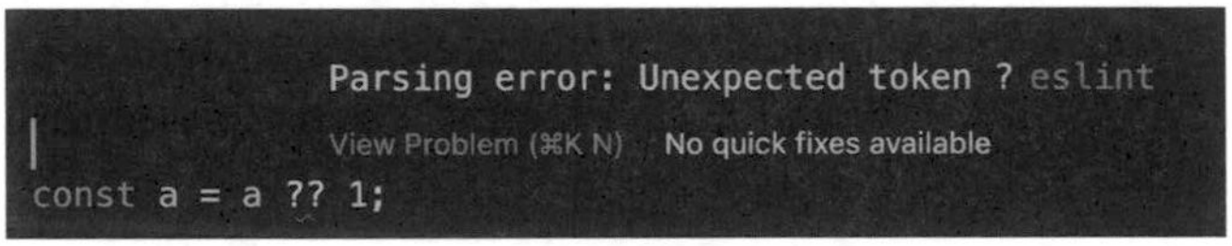

▲ 圖 5-20

env 設定環境預置的全域變數。例如，在 env 中設定“browser: true”，ESLint 就會支援在程式中使用瀏覽器環境的全域變數，而在把 browser 設定刪除後，在程式中使用瀏覽器環境變數時，ESLint 就會顯示出錯。圖 5-21 所示為在 VS Code 中查看顯示出錯的結果。

```
var document: Document
'document' is not defined. eslint(no-undef)
View Problem (⌘K N)   Quick Fix... (⌘.)
document.getElementById('a')
```

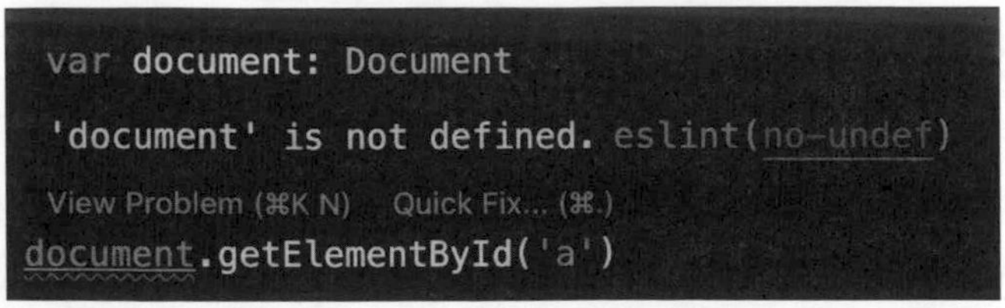

▲ 圖 5-21

使用 VS Code 打開 test/test.js 檔案會發現如圖 5-22 所示的顯示出錯，這是因為 ESLint 不支援 describe 全域函式。

```
var describe: Mocha.SuiteFunction
(title: string, fn: (this: Mocha.Suite) => void) => Mocha.Suite (+1 overload)
[bdd, tdd] Describe a "suite" with the given title and callback fn
containing nested suites.
• Only available when invoked via the mocha CLI.
Click to show 2 definitions.
'describe' is not defined. eslint(no-undef)
View Problem (⌘K N)   Quick Fix... (⌘.)
describe('function clone', function () {
```

▲ 圖 5-22

解決辦法也很簡單，由於我們的單元測試使用的是 Mocha 測試框架，因此為 ESLint 增加 Mocha 環境即可。範例設定如下：

```
module.exports = {
  env: {
    mocha: true,
  },
};
```

ESLint 是可組裝的檢查工具，內建上百個驗證規則，但預設都是關閉的。如果想要使用某個驗證規則，就需要設定 rules 手動開啟。每個檢驗規則有 3 個顯示出錯等級，0 代表關閉，1 代表警告，2 代表錯誤。如下設定開啟了兩個規則，一個是警告，另一個是顯示出錯：

```
module.exports = {
  rules: {
    quotes: 1,
    eqeqeq: 2,
  },
};
```

自己選擇要使用的規則並手動設定 rules 會比較麻煩，可以直接使用社群成熟的規則集。目前，使用較多的是 ESLint 官方的規範和 Airbnb 的規範，這裡我使用的是 ESLint 的規範。ESLint 的規範在安裝 ESLint 時就已經安裝好了，像下面這樣使用關鍵字 extends 引入即可：

```
module.exports = {
  extends: ['eslint:recommended'],
};
```

設定好 .eslintrc.js 檔案後，執行如下的“npx eslint .”命令即可對程式進行驗證：

```
$ npx eslint .
/Users/yan/jslib-book/clone1/dist/index.aio.js
    8:35  error  'define' is not defined
no-undef

/Users/yan/jslib-book/clone1/dist/index.esm.js
  28:18  error  Do not access Object.prototype method 'hasOwnProperty' from target
object  no-prototype-builtins

/Users/yan/jslib-book/clone1/dist/index.js
  34:18  error  Do not access Object.prototype method 'hasOwnProperty' from target
object  no-prototype-builtins

/Users/yan/jslib-book/clone1/src/index.js
  16:18  error  Do not access Object.prototype method 'hasOwnProperty' from target
object  no-prototype-builtins
m
✕ 10 problems (10 errors, 0 warnings)
```

由上面的結果可以發現，dist 目錄顯示出錯較多。dist 目錄存放編譯後的程式，並不需要被檢測，解決辦法包括白名單和黑名單兩種，先來介紹白名單方法。ESLint 支援目錄驗證，修改命令，只驗證指定檔案即可。範例如下：

```
$ npx eslint src test config
/Users/yan/jslib-book/clone1/src/index.js
```

```
  16:18  error  Do not access Object.prototype method 'hasOwnProperty' from target
object  no-prototype-builtins

✕ 1 problem (1 error, 0 warnings)
```

ESLint 也支援黑名單方法。新建一個 .eslintignore 檔案，將 dist 增加其中，ESLint 驗證時將會忽略和 .eslintignore 檔案中規則匹配的檔案。因為 ESLint 預設會忽略 node_modules/* 中的檔案，所以在 .eslintignore 檔案中無須設定 node_modules 目錄。.eslintignore 檔案的設定範例如下：

```
# .eslintignore
dist
```

上面的程式還有一個錯誤，no-prototype-builtins 規則禁止直接在物件上面呼叫方法，原因是 Object.create(null) 建立的物件上沒有 hasOwnProperty 方法，直接呼叫可能會出現顯示出錯的情況。範例如下：

```
var foo = Object.create(null);
// 顯示出錯，foo 上沒有 hasOwnProperty 方法
var hasBarProperty1 = foo.hasOwnProperty('bar');

// ESLint 推薦將上面的程式改成下面的形式
var hasBarProperty2 = Object.prototype.hasOwnProperty.call(foo, 'bar');
```

如果程式沒有上面的問題，則可以直接關閉這個規則，修改 .eslintrc.js 檔案，在該檔案中增加如下設定即可：

```
module.exports = {
  rules: {
    'no-prototype-builtins': 0,
  },
};
```

下面將 ESLint 的命令增加到 npm 提供的自訂 scripts 中，方便後續使用。修改 package.json 檔案，在該檔案中增加如下程式：

```
{
  "scripts": {
```

```
    "lint": "eslint src config test"
  }
}
```

接下來，可以使用如下命令執行 ESLint：

```
$ npm run lint
> @jslib-book/clone1@1.0.0 lint /Users/yan/jslib-book/clone1
> eslint src config test
```

ESLint 的驗證規則可以分為兩類，分別是程式風格和程式品質。範例如下：

- 程式風格：max-len、no-mixed-spaces-and-tabs、keyword-spacing、comma-style。
- 程式品質：no-unused-vars、no-extra-bind、no-implicit-globals、prefer-promise-reject-errors。

關於程式風格，我們已經使用了 Prettier 工具，由於 Prettier 和 ESLint 都可以處理程式風格，兩者的規則可能會衝突，如修改 ESLint 的規則等。開啟 quotes 設定，如下所示：

```
module.exports = {
  rules: {
    quotes: 2,
  },
};
```

現在 ESLint 和 Prettier 的引號規則是衝突的。在儲存時 Prettier 會自動將程式中的雙引號替換為單引號，而 ESLint 的 quotes 規則預設需要使用雙引號。此時執行命令執行 ESLint 驗證，會提示如下錯誤：

```
$ npm run lint
/Users/yan/jslib-book/clone1/src/index.js
   1:22  error  Strings must use doublequote  quotes
   3:12  error  Strings must use doublequote  quotes
```

想要解決上述問題，需要將 ESLint 中和 Prettier 的規則衝突的規則關閉，不需要自己手動寫設定關閉規則。下面介紹兩款可以解決規則衝突的 ESLint 外掛程式，分別是 eslint-plugin-prettier 和 eslint-config-prettier。

eslint-plugin-prettier 可以讓 ESLint 對 Prettier 的程式風格進行檢查，如果發現不符合 Prettier 程式風格的地方就會顯示出錯，其原理是先使用 Prettier 對程式進行格式化，然後與格式化之前的程式進行對比，如果不一致，就會顯示出錯。

首先安裝 eslint-plugin-prettier，安裝命令如下：

```
$ npm install --save-dev eslint-plugin-prettier
```

接下來，修改 ESLint 設定檔 .eslintrc.js，在該檔案中增加如下內容：

```
module.exports = {
  plugins: ['prettier'],
  rules: {
    'prettier/prettier': 'error',
  },
};
```

接下來，故意將程式風格改錯，如增加一行雙引號字串" 1"，關閉編輯器自動格式化功能後儲存程式，再次使用 ESLint 對程式進行驗證，會提示不符合 Prettier 程式風格錯誤。範例如下：

```
$ npm run lint
/Users/yan/jslib-book/clone1/src/index.js
  3:2  error  Replace `"1"` with `'1'`  prettier/prettier

✕ 1 problem (1 error, 0 warnings)
  1 error and 0 warnings potentially fixable with the `--fix` option.
```

eslint-config-prettier 是一個規則集，其作用是把 ESLint 中和 Prettier 的規則衝突的規則都關閉。使用如下命令安裝 eslint-config-prettier：

```
$ npm install --save-dev eslint-config-prettier
```

修改 ESLint 設定，使用關鍵字 extends 引入 eslint-config-prettier 規則集。完整的設定如下：

```
// .eslintrc.js
module.exports = {
  plugins: ['prettier'],
  extends: ['eslint:recommended', 'prettier'],
  rules: {
    'prettier/prettier': 'error',
  },
};
```

除了上面的設定方法，eslint-config-prettier 還提供了另一種簡潔設定。下面的一行設定和上面的設定等值：

```
module.exports = {
  extends: ['eslint:recommended', 'plugin:prettier/recommended'],
};
```

透過命令列手動驗證程式的效率低下，除了在命令列中使用 ESLint，ESLint 也能和編輯器整合，VS Code 可以安裝如圖 5-23 所示的外掛程式，安裝好後，再次打開 JavaScript 檔案，可以在修改程式時即時看到 ESLint 的顯示出錯。

▲ 圖 5-23

如果能夠在 Git 提交時自動執行 ESLint，就可以多一層程式品質保證，直接使用前面提到的 husky，如果在 ./.husky/pre-commit 檔案中增加 "npm run lint" 命令，就可以在每次提交時都驗證整個專案。但是如果專案較大，則執行驗證會非常緩慢，從而導致提交時會卡住很久，而且不在本次提交的程式可能還未開發完成，這時解決 ESLint 問題是沒有意義的。

如果只對本次提交的程式進行驗證呢？可以使用 LintStaged 工具，LintStaged 不僅可以對指定檔案執行指定命令，還可以根據命令結果終止提交。使用如下命令安裝 LintStaged：

```
$ npm install --save-dev lint-staged
```

在專案的根目錄下新建 LintStaged 設定檔 .lintstagedrc.js，並在該檔案中增加如下內容：

```
module.exports = {
  '**/*.js': ['eslint --cache'],
};
```

修改 ./.husky/pre-commit 檔案，在該檔案中增加 lint-staged 驗證命令。範例如下：

```
#!/bin/sh
. "$(dirname "$0")/_/husky.sh"

npx pretty-quick --staged
npx lint-staged
```

修改 src/index.js 檔案，程式如下所示，這行程式有兩個問題：一個是定義的變數 a 未被使用；另一個是雙引號，應該使用單引號。

```
const a = "1";
```

關閉編輯器的儲存自動格式化功能後，提交程式，控制台中的輸出如下：

```
$ g ci --amend
🔍  Finding changed files since git revision 5ad8084.
🎯  Found 1 changed file.
✍️  Fixing up src/index.js.
✅  Everything is awesome!
✔ Preparing lint-staged...
⚠ Running tasks for staged files...
  ❯ .lintstagedrc.js — 1 file
```

```
    ❯ **/*.js — 1 file
      ✕ eslint --cache [FAILED]
↓ Skipped because of errors from tasks. [SKIPPED]
✓ Reverting to original state because of errors...
✓ Cleaning up temporary files...

✕ eslint --cache:

/Users/yan/jslib-book/clone1/src/index.js
  3:7  error  'a' is assigned a value but never used  no-unused-vars

✕ 1 problem (1 error, 0 warnings)

husky - pre-commit hook exited with code 1 (error)
```

由上面的輸出結果可以知道，提交失敗了，並提示 ESLint 驗證失敗，此時開啟 src/index.js 檔案，可以看到雙引號被自動格式化為單引號了。

5.2.4 提交資訊

Git 每次提交程式，都要寫提交資訊。一般來説，提交資訊需要清晰明瞭，説明本次提交的目的，但是不同的人對“清晰明瞭”會有不同的理解和習慣，對於多人協作的專案來説，這可能會成為一個挑戰。

統一提交資訊格式可以帶來很多好處。範例如下：

- 規範的約束作用，避免出現毫無意義的提交資訊，如 update、commit、temp 等。
- 規範的提交資訊，在對 log 分類、檢索時更方便。
- 當生成變更日誌時，可以直接從提交資訊中提取。

統一提交資訊，首先需要有一個統一規範。規範來自實踐，社群中存在一些最佳實踐，使用比較多的是 Conventional Commits，中文叫作約定式提交，是一種用於給提交資訊增加可讀含義的規範。

約定式提交規範是一種以提交資訊為基礎的輕量級約定，它提供了一組簡單規則來建立清晰的提交記錄。約定式提交規範推薦的提交資訊的結構如下：

```
<type>[optional scope]: <description>

[optional body]

[optional footer(s)]
```

上述規範中常用的部分包括 type、description 和 body。一個典型的提交資訊範例如下：

```
feat: 增加 ESLint 驗證

1. 增加 ESLint
2. 支援 VS Code ESLint 外掛程式
3. 支援 Git 提交時自動執行 ESLint
```

type 用來對提交進行分類，Conventional Commits 規範只提到了 fix 和 feat，@commitlint/config-conventional 是 Angular 團隊在使用的以 Conventional Commits 規範為基礎的擴充規則，其中帶來了具有更多語義的 type 值。我常用的 type 值如下：

```
- feat：開發新的功能
- fix: 修復 Bug，不改變功能
- docs: 修改文件
- style: 修改程式樣式，不修改邏輯
- refactor: 重構程式邏輯，不修改功能
- test: 修改測試程式
```

Conventional Commits 規範和語義化版本（SemVer）是相容的，對應關係如表 5-3 所示。

▼ 表 5-3

SemVer	Conventional Commits
Patch（修訂號），向下相容的問題修正	type 的值為 fix
Minor（次版本編號），向下相容的功能性新增	type 的值為 feat
Major（主版本編號），不相容的 API 修改	type 的值最後加！或註腳中包含 BREAKING CHANGE

修改 Patch 版本編號，對應的提交資訊範例如下：

```
fix: 修復深拷貝迴圈 Bug
```

修改 Minor 版本編號，對應的提交資訊範例如下：

```
feat: 深拷貝函式增加參數控制行為
```

修改 Major 版本編號，對應的提交資訊範例如下：

```
# 範例 1
feat!: 深拷貝變為淺拷貝

# 範例 2
feat: 功能修改
BREAKING CHANGE: 深拷貝變為淺拷貝
```

有了規範，大家都遵守才有意義，為了確保規範的執行，最好的方式是增加驗證環境。commitlint 提供了一系列驗證相關工具。下面介紹如何使用 commitlint 驗證提交資訊。

使用如下命令安裝 commitlint：

```
$ npm install --save-dev @commitlint/config-conventional @commitlint/cli
```

安裝好後，在專案的根目錄下增加設定檔 commitlint.config.js，該檔案中的內容如下：

```
module.exports = {
  extends: ['@commitlint/config-conventional'],
};
```

設定好後，可以使用如下命令測試 commitlint 驗證結果：

```
$ echo aaa | npx commitlint
⧗   input: test
✖   subject may not be empty [subject-empty]
✖   type may not be empty [type-empty]

✖   found 2 problems, 0 warnings
ⓘ   Get help: https://github.com/conventional-changelog/commitlint/#what-is-
commitlint
```

執行下面的命令，可以將 commitlint 和 husky 整合。

```
$ npx husky add .husky/commit-msg 'npx --no -- commitlint --edit $1'
```

現在執行 git commit 命令時會自動使用 commitlint 驗證提交資訊，如果驗證不通過，則不能提交。提交失敗範例如下：

```
$ git commit -m 非法資訊
⧗   input: 非法資訊
✖   subject may not be empty [subject-empty]
✖   type may not be empty [type-empty]

✖   found 2 problems, 0 warnings
ⓘ   Get help: https://github.com/conventional-changelog/commitlint/#what-is-
commitlint

husky - commit-msg hook exited with code 1 (error)
```

輸入提交資訊後再驗證，雖然能夠保證提交資訊符合規範，但是體驗並不好，而如果能夠在輸入時舉出友善的提示，這樣不僅可以提高通過率，還可以提高提交效率。commitlint 提供了 @commitlint/prompt-cli 互動式輸入命令，安裝命令如下：

```
$ npm install --save-dev @commitlint/prompt-cli
```

接下來，修改 package.json 檔案中的 scripts 欄位，增加如下內容：

```
{
  "scripts": {
    "ci": "commit"
  }
}
```

使用“npm run ci”命令替換“git commit”命令，再次提交時會有結構化的提醒和驗證提示資訊，提交結果如圖 5-24 所示。

commitlint 的互動提示雖然勉強夠用，但不是特別好用，而 commitizen 是一款專注於互動式輸入提交資訊的工具，因此可以結合使用這兩款工具，讓 commitizen 專注於提交資訊的輸入，讓 commitlint 專注於提交資訊的驗證。

```
Please enter a type: [required] [tab-completion] [header]
<type> holds information about the goal of a change.

<type>(<scope>): <subject>
<body>
<footer>

[? type: feat
Please enter a scope: [optional] [header]
<scope> marks which sub-component of the project is affected

feat(<scope>): <subject>
<body>
<footer>

[? scope:
Please enter a subject: [required] [header]
<subject> is a short, high-level description of the change

feat: <subject>
<body>
<footer>

[? subject: █
>> ⚠ subject may not be empty.
```

▲ 圖 5-24

使用如下命令安裝 commitizen：

```
$ npm install --save-dev @commitlint/cz-commitlint commitizen
```

修改package.json檔案，在該檔案中增加commitizen欄位和scripts欄位。範例程式如下：

```
{
  "scripts": {
    "cz": "git-cz"
  },
  "config": {
    "commitizen": {
      "path": "@commitlint/cz-commitlint"
    }
  }
}
```

使用"npm run cz"命令進行提交，commitizen提供了更豐富、友善的互動介面，提交結果如圖5-25所示。

```
➜  clone1 git:(master) ✗ npm run cz

> @jslib-book/clone1@1.0.0 cz /Users/yan/jslib-book/clone1
> git-cz

cz-cli@4.2.4, @commitlint/cz-commitlint@16.1.0

? Select the type of change that you're committing: (Use arrow keys)
❯ feat:       A new feature
  fix:        A bug fix
  docs:       Documentation only changes
  style:      Changes that do not affect the meaning of the code (white-space, formatting, missing s
emi-colons, etc)
  refactor:   A code change that neither fixes a bug nor adds a feature
  perf:       A code change that improves performance
(Move up and down to reveal more choices)
```

▲ 圖5-25

每次發佈新版本時都需要記錄變更日誌。歷史提交資訊是記錄變更日誌時的重要參考，在發佈新版本之前需要手動查閱提交記錄，整理變更日誌。符合Conventional Commits規範的提交資訊，可以使用Standard Version工具自動生成變更日誌。

下面安裝Standard Version，安裝命令如下：

```
$ npm i --save-dev standard-version
```

假設 Git 倉庫的提交記錄如下：

```
$ git log --oneline
6eb8a03 (HEAD -> master, origin/master) feat: 🎸 增加 commitlint
daec8b5 feat: 增加 eslint
2c80ac0 feat: add prettier
e3e6a11 feat: add .editorconfig
4850770 feat: 增加打賞
c98dbd9 測試 issue fixed #3
2842ac7 測試修改程式 #3
d666107 feat: up
cdffc46 init
```

執行如下 standard-version 命令查看效果，參數 --dry-run 代表測試運行，並不會修改 CHANGELOG.md 檔案中的內容，控制台會輸出 standard-version 命令整理的變更日誌。

```
$ npx standard-version --dry-run
✓ bumping version in package.json from 1.0.0 to 1.1.0
✓ bumping version in package-lock.json from 1.0.0 to 1.1.0
✓ outputting changes to CHANGELOG.md

---
## 1.1.0 (2022-01-27)
### Features
* 🎸 增加 commitlint ([6eb8a03](https://github.com/jslib-book/clone1/commit/
6eb8a03bb72a49fd1d97b52df05e026d33053cb2))
* 增加打賞 ([4850770](https://github.com/jslib-book/clone1/commit/
485077098000c244146021360f3fe051710deaaf))
* 增加 eslint ([daec8b5](https://github.com/jslib-book/clone1/commit/daec8b52ec17
ee73ea412c59b1d2d2a79e4210a4))
* add .editorconfig ([e3e6a11](https://github.com/jslib-book/clone1/commit/
e3e6a1163b541fcd6817dcaa8692b465d36eb708))
* add prettier ([2c80ac0](https://github.com/jslib-book/clone1/commit/
2c80ac073e1ba2b260b746370809a01439708797))
* up ([d666107](https://github.com/jslib-book/clone1/commit/d666107042d479d1d409f90193
63dab0a948940a))
---
```

```
✓ committing package-lock.json and package.json and CHANGELOG.md
✓ tagging release v1.1.0
i Run 'git push --follow-tags origin master && npm publish' to publish
```

如果不加參數 --dry-run，那麼 standard-version 命令會進行的操作如下：

（1）修改版本編號。

- 修改 package.json 和 package-lock.json 檔案。
- 會根據 type 來決定升級哪個版本編號。
- 因為有 feat，所以將版本從 1.0.0 升級到 1.1.0。

（2）修改 CHANGELOG.md 檔案。

（3）提交內容。

（4）增加 Git tag。

對我們最有用的是操作（2），需要注意的是，CHANGELOG.md 檔案中只包含符合 Conventional Commits 規範的提交資訊，不符合 Conventional Commits 規範的提交資訊會被自動過濾。

5.3 持續整合

上一節引入了很多規範，規範需要和檢查配合才能發揮更大作用。目前是在本地進行的驗證，依賴 Git hook 功能，然而使用 Git hook 驗證存在被繞過的風險；本地驗證的另一個問題是，協作時無法知道對方提交的程式是否符合規範，只有將程式下載到本地執行驗證才可以獲得驗證結果。

Git 提交時會執行 hook 驗證，如果增加參數 --no-verify，則可以跳過 hook 驗證。二者之間的區別範例如下：

```
$ git commit
🔍 Finding changed files since git revision a19a294.
🎯 Found 1 changed file.
✅ Everything is awesome!
✔ Preparing lint-staged...
✔ Running tasks for staged files...
✔ Applying modifications from tasks...
✔ Cleaning up temporary files...

$ git commit --no-verify
# 跳過所有 hook 驗證
```

如果能夠在伺服器上執行驗證，就解決了 Git hook 驗證可能被繞過的問題。社群中有很多在伺服器上執行測試和驗證的服務，社群提供的服務叫作持續整合服務。

持續整合（Continuous Integration，CI）是一種軟體開發實踐，即團隊開發成員經常整合他們的工作，通常每個成員每天至少整合一次，也就意味著每天可能會發生多次整合。每次整合都透過自動化的建構（包括編譯、發佈、自動化測試）來驗證，從而儘早地發現整合錯誤。

CI 可以帶來很多好處。目前，開放原始碼社群常用的 CI 工具有 3 款，分別是 GitHub Actions、CircleCI 和 Travis CI，這 3 款工具都能滿足開放原始碼函式庫的需求，讀者可以根據自己的需要或習慣選擇。

5.3.1 GitHub Actions

GitHub Actions 是 GitHub 官方提供的自動化服務，下面是官網上的介紹：

> 在 GitHub Actions 的倉庫中自動化、自訂和執行軟體開發工作流程。您可以發現、建立和共用操作以執行您喜歡的任何作業（包括 CI/CD），並將操作合併到完全自訂的工作流程中。

對於開始原始碼專案來說，相較於其他工具，GitHub Actions 具有如下優勢：

- 和 GitHub 整合更容易。
- 支援重複使用其他人的腳本片段。

GitHub Actions 的連線非常簡單，GitHub 提供了快捷連線步驟。選擇倉庫頁面中的“Actions”標籤，然後點擊“New workflow”按鈕，如圖 5-26 所示。

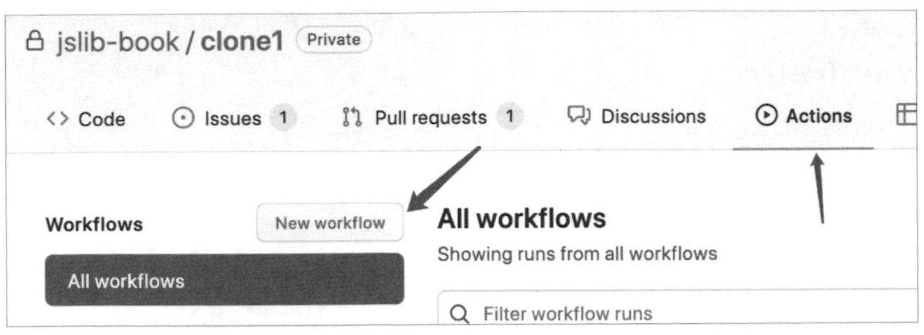

▲ 圖 5-26

GitHub 提供了不同場景的範本，我們選擇 Node.js 範本，如果找不到的話，則可以直接搜尋。在選擇範本後，會打開如圖 5-27 所示的頁面，在該頁面中點擊最下面的“Start commit”按鈕，就建立好了 CI 工作流。

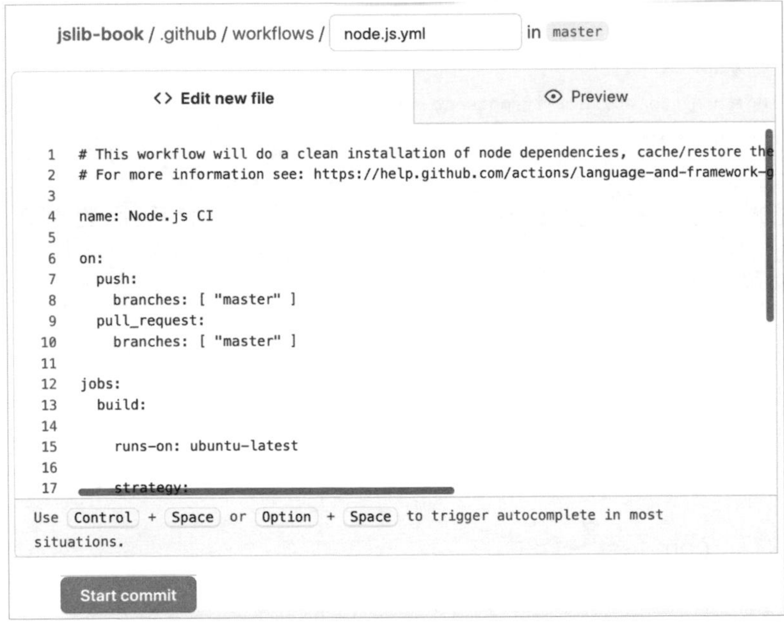

▲ 圖 5-27

上面操作的原理是在 .github/workflows 目錄下增加一個新檔案 ci.yml，該檔案的名字可以自訂，該檔案中的內容預設如下：

```
name: Node.js CI
on:
  push:
    branches: [master]
  pull_request:
    branches: [master]

jobs:
  build:
    runs-on: ubuntu-latest
    strategy:
      matrix:
        node-version: [12.x, 14.x, 16.x]
    steps:
      - uses: actions/checkout@v2
      - name: Use Node.js ${{ matrix.node-version }}
        uses: actions/setup-node@v2
        with:
          node-version: ${{ matrix.node-version }}
          cache: 'npm'
      - run: npm ci
      - run: npm run build --if-present
      - run: npm test
```

上面的設定會分別在 Node.js 12、14、16 版本上執行下面的步驟：

- 複製倉庫。
- 安裝 Node.js 環境。
- 安裝 npm 相依。
- 執行 “npm run build” 命令。
- 執行 “npm test” 命令。

為了更好地理解上面的設定檔，下面介紹背景知識。GitHub Actions 中包含以下 4 個基礎概念：

- workflow。
- job。
- step。
- action。

持續整合一次執行的過程就是一個 workflow，一個專案可以有多個 workflow。例如，一個開放原始碼函式庫可能有如下 3 個 workflow：

- 持續整合 workflow，每次執行 git push 命令時自動執行 lint 和 test，保證驗證通過。
- 發送封包 workflow，每次檢測到 Git tag，則自動發一個 npm 套件。
- 部署文件站，每次在 master 分支上執行 git push 命令時，都部署文件站到 gh-pages[①]。

在 GitHub Actions 中，每個 workflow 都是 .github/workflows 目錄下的一個檔案，上面的 3 個 workflow 就是 3 個檔案，目錄結構如下：

```
.github
    - workflows
        - ci.yml
        - publish.yml
        - deploy.yml
```

workflow 的設定欄位非常多，常用的欄位及含義如下：

```
# workflow 的名稱，預設為當前 workflow 的檔案名稱
name: ci
# 指定觸發 workflow 的條件
on:
```

① GitHub 提供的靜態網站功能，可以向 gh-pages 分支提交靜態檔案。

```
  push:
    branches: [master] # 限定分支
  pull_request:
    branches: [master]
```

一個 workflow 可以包含多個 job，多個 job 預設是併發執行的，可以使用 needs 指定 job 之間的相依關係，從而達到串聯執行的效果。在我們的函式庫中，lint 只需要在一種版本的 Node.js 環境下執行，而 test 則需要在多個版本的 Node.js 環境下執行，對於這種情況，可以在 workflow 下建立兩個 job，lint job 預設只在一個 Node.js 環境下執行，將 test job 設定為在多個版本的 Node.js 環境下執行，設定 test job 相依 lint job。範例程式如下：

```
jobs:
  lint:
    runs-on: ubuntu-latest # 指定執行環境
  test:
    needs: lint # 相依關係
    runs-on: ubuntu-latest
    strategy:
      matrix:
        node-version: [12.x, 14.x, 16.x] # 指定多個版本都要執行
```

job 中具體的執行由 step 指定，一個 job 可以包含多個 step。step 中執行的命令叫作 action，如下範例包含一個 step、一個 action：

```
steps:
    - name: test # step 名字
    env: # 環境變數
      PROD: 1
    run: echo $PROD
```

目前，深拷貝函式庫可以實現自動化的流程包括：

- commitlint：驗證提交資訊是否符合規範。
- prettier check：驗證程式風格是否統一。
- eslint：驗證程式是否符合最佳實踐。

- build：驗證建構的程式是否成功。
- test：執行單元測試。

其中，build 流程和 test 流程是需要在不同版本的 Node.js 上測試的，所以將 build 流程和 test 流程拆成一個 job，將 lint 流程拆成另一個 job。當執行 lint 流程失敗時執行 test 流程是多餘的，所以 lint 流程和 test 流程是串列執行的。

package.json 檔案中的 scripts 欄位的設定如下：

```
{
  "scripts": {
    "build:self": "rollup -c config/rollup.config.js",
    "build:esm": "rollup -c config/rollup.config.esm.js",
    "build:aio": "rollup -c config/rollup.config.aio.js",
    "build": "npm run build:self && npm run build:esm && npm run build:aio",
    "test": "cross-env NODE_ENV=test nyc mocha",
    "lint": "eslint src config test",
    "lint:prettier": "prettier --check ."
  }
}
```

ci.yml 檔案中的完整設定如下：

```
name: CI
on:
  push:
    branches: [master]
  pull_request:
    branches: [master]

jobs:
    commitlint:
    runs-on: ubuntu-latest
    steps:
      - uses: actions/checkout@v2
        with:
          fetch-depth: 0
      - uses: wagoid/commitlint-github-action@v4
```

```
  lint:
    needs: commitlint
    runs-on: ubuntu-latest
    steps:
      - uses: actions/checkout@v2
      - name: Use Node.js 16.x
        uses: actions/setup-node@v2
        with:
          node-version: '16.x'
          cache: 'npm'
      - run: npm ci
      - run: npm run lint:prettier
      - run: npm run lint
  test:
    needs: lint
    runs-on: ubuntu-latest
    strategy:
      matrix:
        node-version: [12.x, 14.x, 16.x]
    steps:
      - uses: actions/checkout@v2
      - name: Use Node.js ${{ matrix.node-version }}
        uses: actions/setup-node@v2
        with:
          node-version: ${{ matrix.node-version }}
          cache: 'npm'
      - run: npm ci
      - run: npm run build
      - run: npm run test
```

在上面的設定中，commitlint 的驗證被單獨拆成了一個 job，因為 commitlint 的驗證需要完整的 Git 提交記錄，其他流程都不需要。在 GitHub Actions 中要拿到完整的提交記錄，需要給 actions/checkout@v2 增加特殊參數 fetch-depth。範例設定如下：

```
jobs:
  commitlint:
  runs-on: ubuntu-latest
```

```
steps:
  - uses: actions/checkout@v2
    with:
      fetch-depth: 0
  - uses: wagoid/commitlint-github-action@v4
```

commitlint 的驗證用到了社群提供的 action，原因是在 GitHub Actions 中直接使用下面的命令是會顯示出錯的，在 GitHub Actions 中使用 HEAD~1 拿不到正確的引用。

```
$ npx commitlint --from=HEAD~1
```

需要使用 GitHub 提供的特殊環境變數才可以拿到 HEAD~1 的引用，此外，還需要考慮 push 和 pull_request 等多種情況，比較複雜，因此建議直接使用社群提供的 wagoid/commitlint-github-action。範例如下：

```
$ npx commitlint --from HEAD~${{ github.event.pull_request.commits }} --to HEAD
```

再次提交程式，GitHub Actions 便會自動執行，執行結果如圖 5-28 所示。

▲ 圖 5-28

點擊圖 5-28 中的“lint”超連結，會進入 job 的詳情頁，查看 job 的 step 資訊，如圖 5-29 所示，選擇圖 5-29 中的“Run npm run lint”選項，可以查看 step 中的 action 的執行過程。

除了推送程式時會自動執行驗證，建立 Pull request 時也會自動執行驗證。在 Pull request 介面中可以查看當前 Pull request 修改的驗證是否通過，極大地提高了社群協作時驗證不通過的解決效率。在 Pull request 介面中執行驗證通過如圖 5-30 所示。

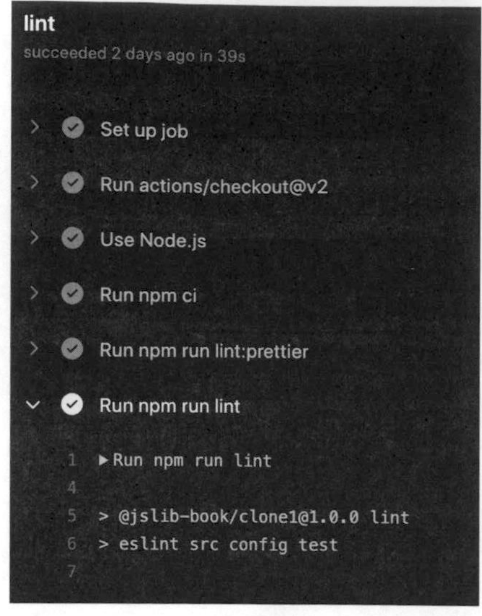

▲ 圖 5-29

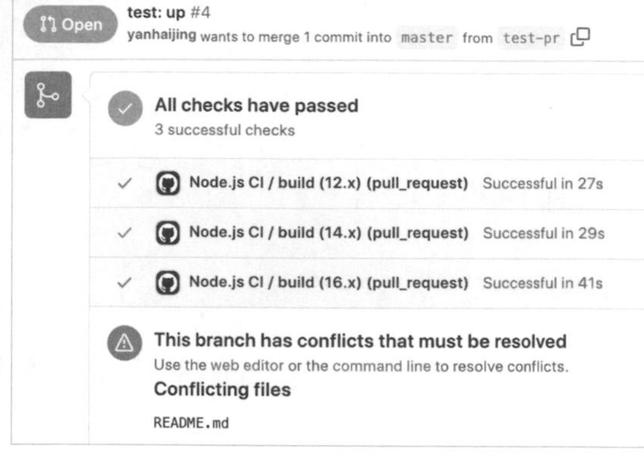

▲ 圖 5-30

GitHub Actions 提供了徽章功能。將下面的程式增加到 README.md 檔案中，需要注意替換其中的使用者名稱、專案名稱和 workflow 的名字。

```
![example workflow]
(https://github.com/jslib-book/clone1/actions/workflows/ci.ymlbadge.svg)
```

徽章的預覽效果如圖 5-31 所示。

▲ 圖 5-31

5.3.2 CircleCI

CircleCI 是一個協力廠商持續整合 / 持續部署服務，開放原始碼專案可以免費使用。CircleCI 的流程也分為 workflow、job 和 steps，和 GitHub Actions 有些類似。

CircleCI 的連線比較簡單。首先使用 GitHub 帳號登入，登入後選擇左側導覽列中的“Projects”標籤，可以看到自己的全部專案，如圖 5-32 所示。

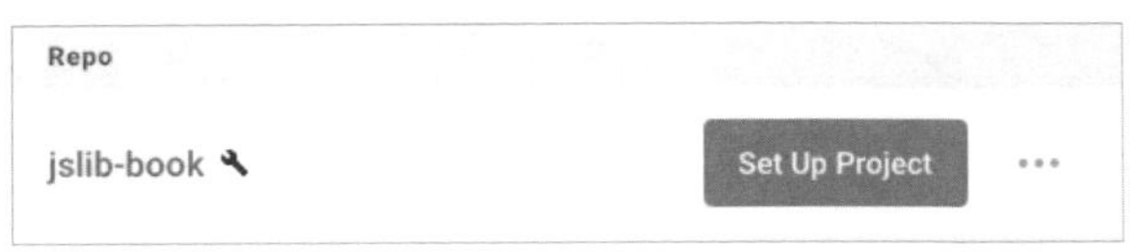

▲ 圖 5-32

點擊圖 5-32 中的“Set Up Project”按鈕，在彈出的對話方塊中選取第三個選項左側的選項按鈕，然後繼續點擊“Set Up Project”按鈕，如圖 5-33 所示。

Select your config.yml file

Fastest: Use the `.circleci/config.yml` in my repo

Faster: Commit a starter CI pipeline to a new branch

Fast: Take me to a config.yml template that I can edit

Set Up Project

▲ 圖 5-33

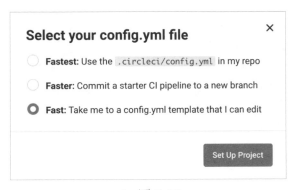

接下來選擇“Node (Advanced)”，如圖 5-34 所示。

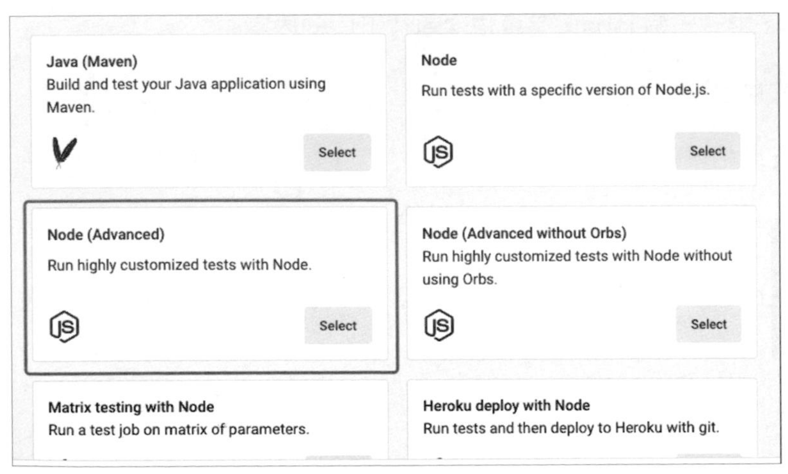

▲ 圖 5-34

上述操作完成後，會在專案的根目錄下生成 .circleci/config.yml 檔案，該檔案中的內容如下：

```
version: 2.1

orbs:
  node: circleci/node@4.7

jobs:
  lint-build-test:
    docker:
      - image: cimg/node:16.10
    steps:
      - checkout
      - node/install-packages:
          pkg-manager: npm
      - run:
          name: Run test
          command: npm test

workflows:
  sample:
    jobs:
      - lint-build-test
```

CircleCI 的執行依賴 .circleci/*.yml 檔案的存在，在上面的設定中，workflows 中有一個 jobs，其會依次執行下面的內容：

- 複製倉庫。
- 安裝相依。
- 執行測試。

修改上面設定檔中的 steps，增加自訂命令。增加自訂命令後，檔案中的內容如下：

```
jobs:
  lint-build-test:
    docker:
      - image: cimg/node:16.10
    steps:
      - checkout
      - node/install-packages:
          pkg-manager: npm
      - run:
          name: Run lint:prettier
          command: npm run lint:prettier
      - run:
          name: Run lint
          command: npm run lint
      - run:
          name: Run build
          command: npm run build
      - run:
          name: Run test
          command: npm test
```

再次提交程式，即可觸發 CircleCI 的自動化流程，效果如圖 5-35 所示，點擊圖中的“lint-build-test”超連結可以查看詳細的建構資訊。

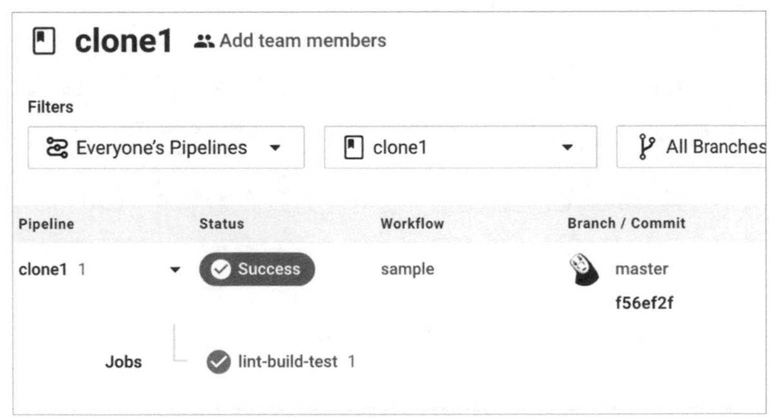

▲ 圖 5-35

5.3.3 Travis CI

Travis CI 曾經是社群廣泛使用的協力廠商工具，然而從 2021 年 6 月開始，Travis CI 不再對 GitHub 使用者免費，但是使用者可以免費試用一段時間。圖 5-36 所示為 Travis CI 官網發佈的公告。

Since June 15th, 2021, the building on travis-ci.org is ceased. Please use travis-ci.com from now on.

▲ 圖 5-36

Travis CI 的連線非常簡單，只需要在專案的根目錄下增加 .travis.yml 檔案即可，該檔案中的內容如下：

```
language: node_js
node_js:
  - 14
install:
  - npm install
script:
  - npm run lint:prettier
  - npm run lint
  - npm run build
  - npm test
```

Travis CI 的設定檔很容易理解，其提供了很多個鉤子，install 鉤子可以用來執行環境的初始化任務，在 script 鉤子中填入自訂命令即可。

接下來，打開 Travis CI 官網頁面，使用協力廠商帳號——GitHub 帳號登入，登入後就可以看到自己所有的專案了，如圖 5-37 所示。在預設情況下，所有專案都是關閉的，打開專案右側的開關，Travis CI 會監聽這個專案在 GitHub 上的推送更新，並執行 .travis.yml 檔案中的自動化任務。

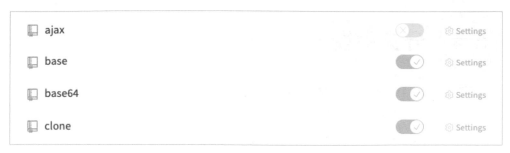

▲ 圖 5-37

Travis CI 的專案介面如圖 5-38 所示，介面上方會顯示整理資訊，在右上角的“More options”中可以自訂設定，在介面下方可以看到當前的建構任務的狀態。

如果讀者使用的是 GitLab，則可以直接使用 GitLab 的建構工具；對於公司內部的專案，可以使用 Jenkins。本書並不對持續整合工具進行全面的介紹，對持續整合工具感興趣的讀者可以自行學習。

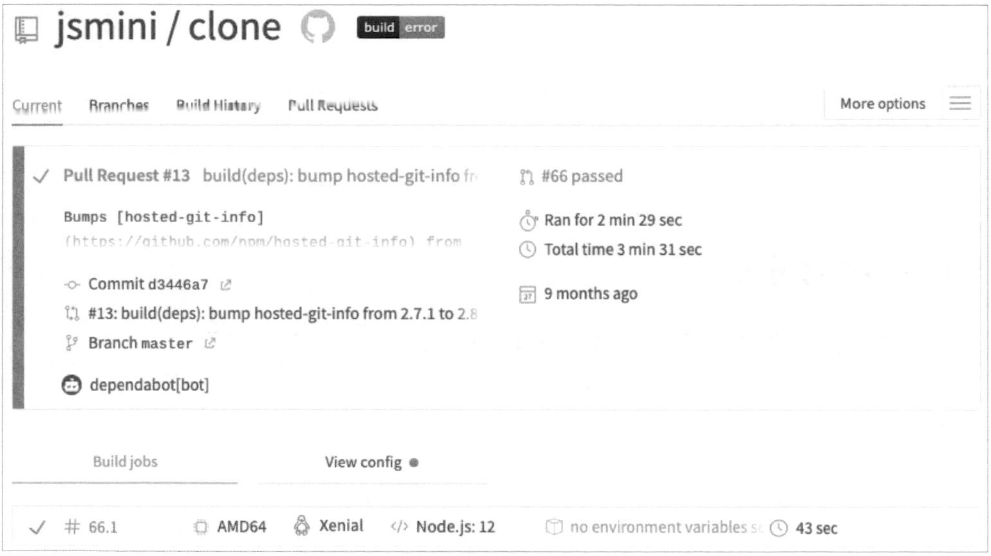

jsmini / clone
build error
Current
Branches
Build History
Pull Requests
More options
Pull Request #13 build(deps): bump hosted-git-info fr
Bumps [hosted-git-info]
(https://github.com/npm/hosted-git-info) from
Commit d3446a7
#13: build(deps): bump hosted-git-info from 2.7.1 to 2.8
Branch master
dependabot[bot]
#66 passed
Ran for 2 min 29 sec
Total time 3 min 31 sec
9 months ago
Build jobs
View config
66.1
AMD64
Xenial
Node.js: 12
no environment variables s
43 sec

▲ 圖 5-38

5.4 分支模型

開放原始碼函式庫的分支模型和業務專案有很大區別，良好的分支管理可以避免很多不必要的麻煩。社群中有成熟的 Git 分支模型，如 GitHub flow 等。本節將結合社群經驗，介紹如何做好開放原始碼函式庫的分支管理。

5.4.1 主分支

主分支是開放原始碼專案的穩定版本，主分支應該包含穩定、沒有 Bug 的程式，並保持隨時可以發佈的狀態。對於小型開放原始碼專案來說，有一個主分支就夠用了。主分支的提交記錄如圖 5-39 所示。

理論上，主分支上應該只包含合併提交，所有的迭代應該都在分支上進行。不過如果是簡單的改動，則直接在主分支上修改也是可以的；而如果功能較複雜，並且需要多次提交，則不建議直接在主分支上修改。

▲ 圖 5-39

5.4.2 功能分支

當有新的功能要開發時，應該新建一個功能分支，命令如下：

```
$ git checkout -b feature/a
```

當功能分支開發完成後，需要合併回主分支，此時提交記錄如圖 5-40 所示。

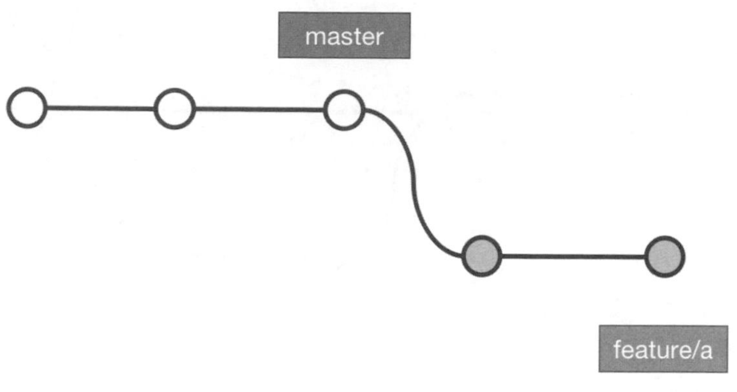

▲ 圖 5-40

合併回主分支有兩種選擇，即快速合併和非快速合併，二者的區別在於是否建立提交節點，命令如下：

```
$ git merge feature/a # 快速合併
$ git merge --no-ff feature/a # 非快速合併
```

快速合併的結果會直接將 master 分支和 feature/a 分支指向同一個提交節點，如圖 5-41 所示。

非快速合併的結果會在 master 分支上建立一個新的合併提交節點，並將 master 分支指向新建立的提交節點，如圖 5-42 所示。

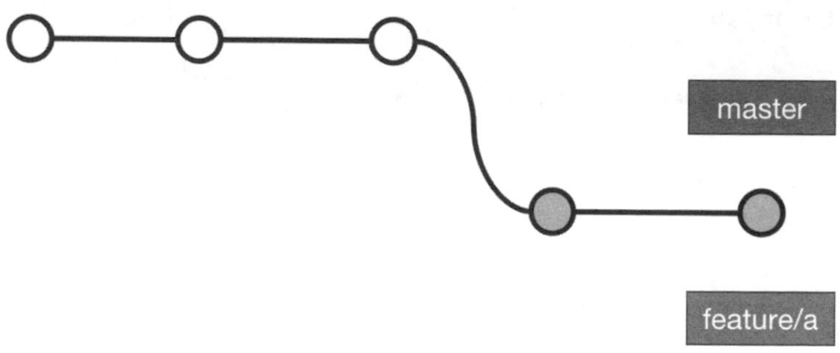

▲ 圖 5-41

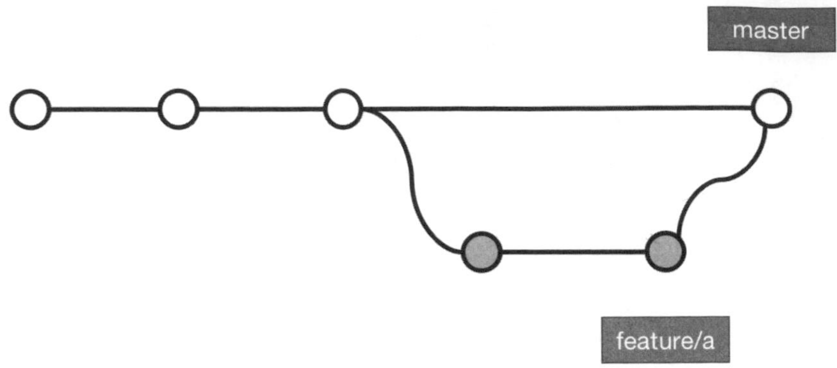

▲ 圖 5-42

對於開放原始碼專案來說，上述兩種合併方式都可以。如果選擇快速合併，則需要確保每個提交都是獨立且完整的，如果不滿足要求，Git 支援修改提交記錄，需要修改後再次合併。

可以使用 rebase 命令修改提交記錄。下面的命令可以修改最近三個提交。將第二個提交的 pick 改為 squash，可以合併第一個和第二個提交；將第三個提交的 pick 改為 edit，可以修改第三個提交的提交資訊。

```
$ git rebase -i HEAD~3

pick d24b753 feat: update ci
squash f56ef2f feat: up ci
edit 6c91961 feat: up

# Rebase 50ece5c..6c91961 onto 50ece5c (3 commands)
# Commands:
# p, pick <commit> = use commit
# r, reword <commit> = use commit, but edit the commit message
# e, edit <commit> = use commit, but stop for amending
# s, squash <commit> = use commit, but meld into previous commit
# f, fixup <commit> = like "squash", but discard this commit's log message
# x, exec <command> = run command (the rest of the line) using shell
# b, break = stop here (continue rebase later with 'git rebase --continue')
# d, drop <commit> = remove commit
```

在建立當前分支之後，主分支可能又有新的提交，如圖 5-43 所示。

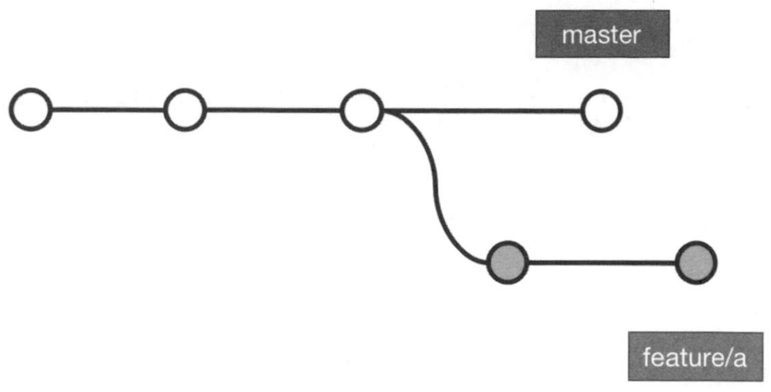

▲ 圖 5-43

在合併之前，建議先將主分支新的提交合併到當前分支。有兩種策略可以選擇，即合併和變基，合併操作更簡單，變基操作的提交記錄更清晰。對於開放原始碼函式庫來說，建議使用變基操作。

先來看一下合併操作的過程，命令如下：

```
$ git merge master
$ git checkout master
$ git merge feature/a
```

使用合併操作後的提交記錄如圖 5-44 所示。

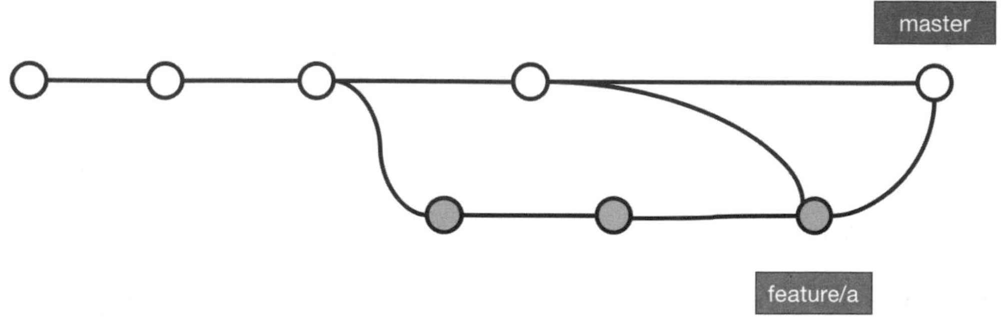

▲ 圖 5-44

變基會修改 feature/a 分支的歷史，就像 feature/a 分支是在 master 分支之後開發的一樣。變基操作的命令如下：

```
$ git rebase master
$ git checkout master
$ git merge feature/a
```

使用變基操作後的提交記錄如圖 5-45 所示。虛線的提交是 feature/a 分支變基之前的狀態，在變基後，虛線的提交不再有分支指向，但是並不會被刪除，而是變成 Git 中的游離節點，在 Git 執行 GC（垃圾清理）操作後，節點才會徹底被刪除。

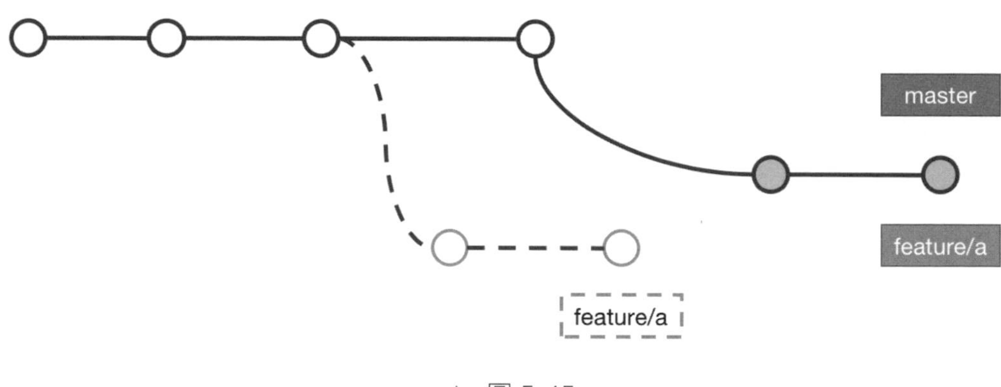

▲ 圖 5-45

5.4.3 故障分支

如果發現存在 Bug，就要儘快修復。此時，可以以主分支為基礎新建故障分支，命令如下：

```
$ git checkout -b bugfix/b
```

在驗證沒有問題後，故障分支需要合併回主分支，並在主分支上發佈新的補丁版本。命令如下：

```
$ git checkout master
$ git merge --no-ff bugfix/b
# 測試 建構 打標籤 發佈到 npm 上
```

主分支更新後，下游的公共分支要即時同步變更，建議使用變基操作進行同步。命令如下：

```
$ git checkout feature/a
$ git rebase master
```

故障分支的提交記錄如圖 5-46 所示。將 bugfix/b 分支合併到 master 分支後，對 feature/a 分支進行了變基操作。

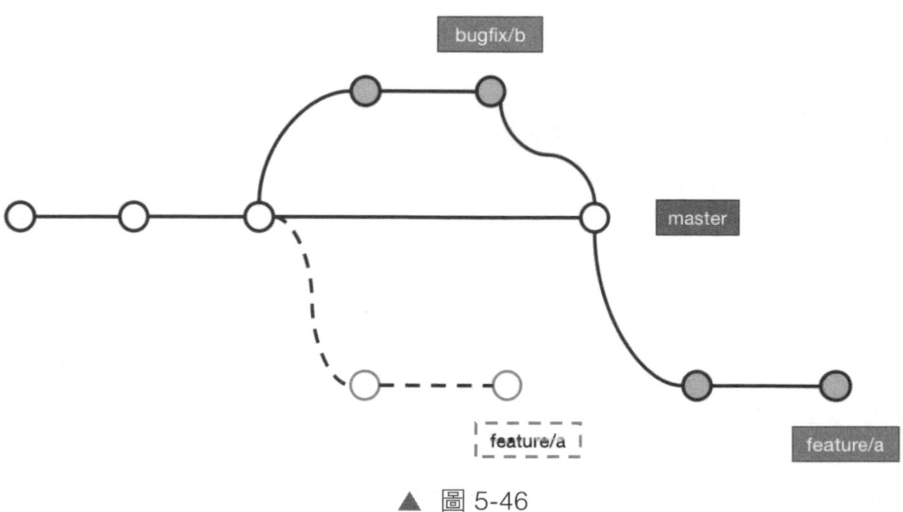

▲ 圖 5-46

5.4.4 Pull request

Pull request 是 GitHub 上一類特殊的情況。當其他人給開始原始碼專案提交了 Pull request 時，GitHub 會提示如何操作。大部分情況下，在檢查無誤後，直接點擊 “Merge pull request” 按鈕即可一鍵合併，如圖 5-47 所示。

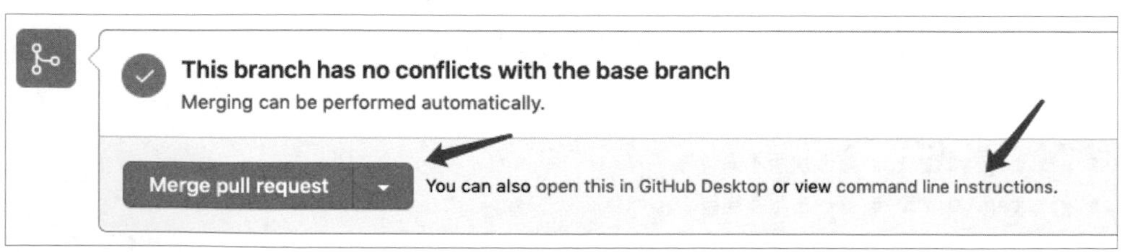

▲ 圖 5-47

如果對一鍵合併背後做了什麼感興趣，或者想手動處理，則可以點擊 “command line instructions” 連結，GitHub 會給出手動處理步驟，如圖 5-48 所示。

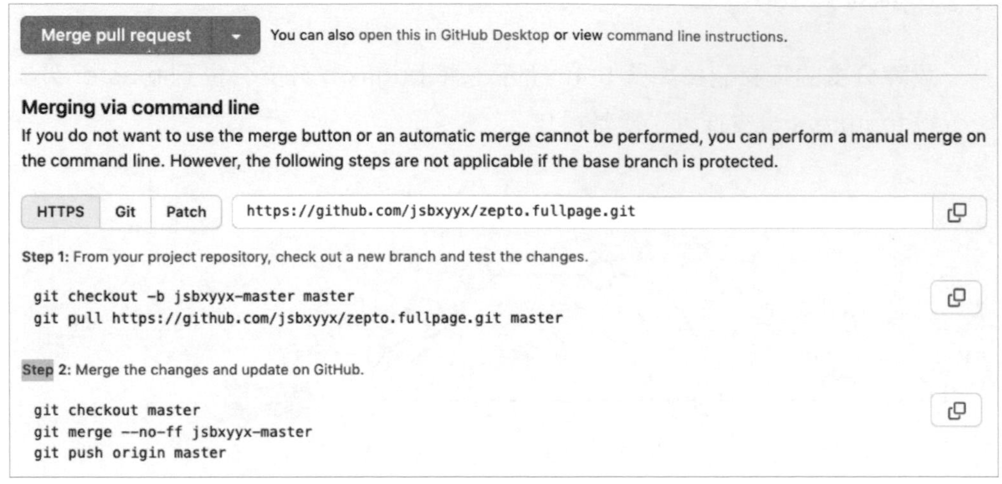

▲ 圖 5-48

5.4.5 標籤與歷史

每次發佈新版本時都要增加 Git 標籤，版本編號需要符合第 4 章介紹的語義化版本規範，一般功能分支發佈次版本編號，故障分支發佈修訂版本編號。使用 Git 增加標籤的命令如下：

```
# 假設當前版本是 1.1.0
$ git tag 1.1.1 # 修改次版本編號
$ git tag 1.2.0 # 修改主版本編號
```

Git 的版本編號還可以增加 v 首碼。雖然兩種風格都可以使用，但是建議在一個專案中保持統一。增加 v 首碼的版本範例如下：

```
# 假設當前版本是 v1.1.0
$ git tag v1.1.1 # 修改次版本編號
$ git tag v1.2.0 # 修改主版本編號
```

增加標籤後，提交記錄範例如圖 5-49 所示。

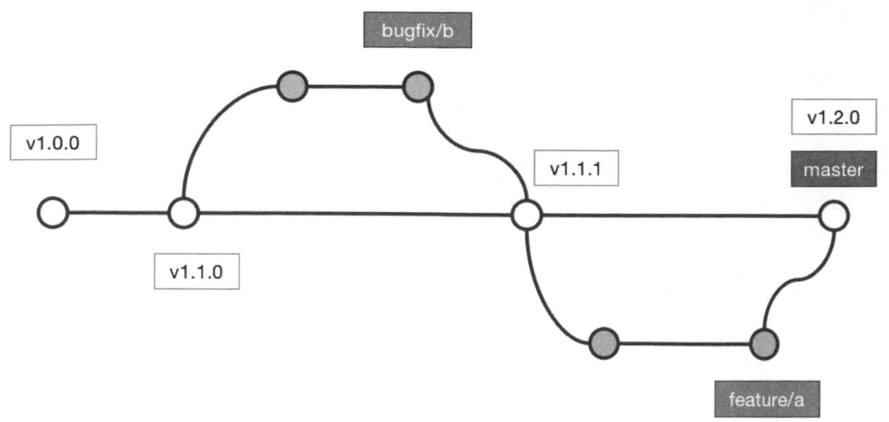

▲ 圖 5-49

現在假設最新版本是 v1.2.0 了，突然使用者回饋 v1.0.0 版本存在 Bug。如果是比較小的問題，一般我們會建議使用者升級到最新版本，但是如果使用者不能升級，那麼該怎麼辦呢？如 1.x 到 2.x 存在大版本變化。

出於各種原因，存在需要維護歷史版本的需求，對於還有使用者使用需求的歷史版本，需要提供 Bug 修復的支援。

此時，建立的標籤就起作用了。可以以標籤為基礎新建一個版本分支，在版本分支上修復 Bug，並且發佈新的版本。這裡需要注意，歷史版本分支不需要再次合併回主分支。建立歷史版本分支的命令範例如下：

```
$ git checkout -b v1.0.x v1.0.0
```

建立的歷史版本分支的範例如圖 5-50 所示。

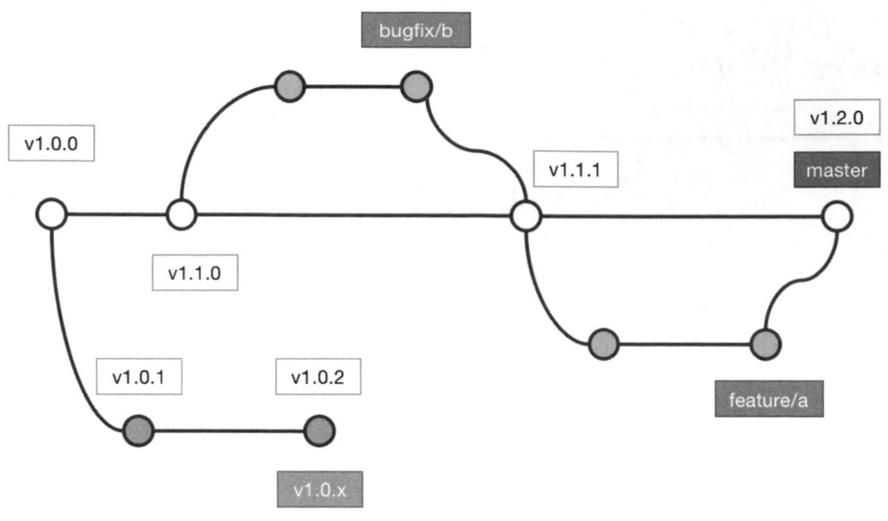

▲ 圖 5-50

5.5 本章小結

本章主要介紹了函式庫開放原始碼後的維護工作，首先介紹了函式庫開放原始碼後如何和社群交流協作；接著介紹了開放原始碼專案的最佳實踐和規範，並介紹了各種驗證規範的工具如何使用；然後介紹了如何使用社群常用的 CI 工具，並提供了連線範例；最後介紹了開放原始碼專案常見的分支模型。

本章的內容需要讀者反覆閱讀，並多動手實踐才能掌握。

第 6 章

設計更好的 JavaScript 函式庫

在前面的章節中，我們從 0 到 1 完成了一個函式庫的開放原始碼工作，這是很大的成就，畢竟萬事起頭難，邁出第一步非常重要。但是大部分讀者缺乏寫函式庫的經驗，本章將分享社群累積的成熟經驗，這些經驗可以幫助我們寫出高品質的開放原始碼函式庫。

6.1 設計更好的函式

函式是邏輯的集合，也是重複使用的最小單元。函式是大部分開放原始碼函式庫對外的介面，設計更好的函式是設計更好的 JavaScript 函式庫的基礎。本節將從多個方面介紹函式設計的最佳實踐。

6.1.1 函式命名

命名是困擾程式設計師的一大難題，對於這個問題見仁見智，沒有統一的答案。想要設計好的函式名稱，複習起來只要注意如下兩點即可：

- 準確。
- 簡潔。

準確是設計好的函式名稱的基本要求。函式的名字需要準確地描述其功能，這裡的“準確”包括多個方面。例如，拼字正確，由於開放原始碼出去的程式很難收回，如果拼字錯誤，則會帶來很多麻煩，HTTP 協定中就有一個拼字錯誤的範例①。此外，還要注意單複數問題、詞性問題、時態問題等，如果不確定，則可以多查閱資料。

簡潔是設計好的函式名稱的另一個要求，這需要一些練習和靈感才可以達到。例如，下面的兩個名字，extname 比 getFileExtName 更簡潔。

```
// 獲取檔案的副檔名，extname 更簡潔
function extname() {}
function getFileExtName() {}
```

適當使用縮寫，可以達到意想不到的效果，經典的例子就是 Linux 作業系統的 Shell 命令比 Windows 命令簡單好記，這也是程式設計師喜歡 Linux 命令列的原因之一。由此可見，設計一個簡潔的名字多麼重要。

6.1.2 參數個數

函式參數的個數越少越好。函式參數的個數越少，使用者的心裡負擔越低，開發者的維護負擔也越低。通常參數的個數越少，越表示這個抽象可能是合理的。如果非要給一個限制的話，參數的個數最好不要超過 3 個，如果可以，兩個參數更好。

① 請求標頭裡的“referer”實際上是“referrer”的錯誤拼字。

為什麼這麼說呢？因為函式其實是對傳入參數進行處理並傳回結果的抽象單元，在合理的情況下，傳入參數應該只有一個資料，可能需要對資料進行不同的處理，所以第二個參數一般是一些選項開關，這樣兩個參數就可以滿足常規情況了。

如果我們設計的函式的參數數量多於兩個，就需要重新思考設計是否合理。不過確實存在合理的情況下，需要參數數量多於 3 個的情況，對於這種情況，建議將輸入資料和選項資料分成兩組。當輸入資料和選項資料多於兩個時，建議進行物件化改造。

下面看一個範例。假設有一個 getParams 函式，其功能是從 url 中讀取參數，並支援自訂分隔符號和賦值符號。可以設計 3 個參數，也可以設計兩個參數。範例如下：

```
// 範例 1
getParams(url, key, sep='&', eq='=') {} // 1
// 範例 2
getParams(url, key, opt = {sep='&', eq='='}) {} // 2

// 使用範例
getParams('?a=1&b=2', 'a') // 輸出 1
```

上面範例 2 的函式設計得更好，物件化控制了參數的數量，開發者和使用者都因此受益：使用者只需關心自己使用的參數，無須關注參數的順序問題，心裡負擔更低；物件化保證了未來的擴充性，如當選項個數要增加時，物件化思路更容易擴充。

6.1.3 可選參數

顧名思義，可選參數是指在函式呼叫時可以不傳的參數，通常用來提供自訂設定等。可選參數需要提供預設值。

可選參數要放到函式的最後面，當可選參數多於兩個時，建議使用物件化思路。物件化可選參數的範例如下：

```
getParams(url, key, sep='&', eq='=', arrayFormat='comma') {} // 1

getParams('?a=1&b=2', 'a', undefined, undefined, 'repeat') // 使用起來不方便

getParams(url, key, , opt = {sep='&', eq='=', arrayFormat='comma'}) {} // 1

getParams('?a=1&b=2', 'a', { arrayFormat='comma' }) // 使用起來方便
```

6.1.4 傳回值

大部分查詢或操作函式的傳回值就是操作結果，在各種條件下，函式傳回值的類型應該保持一致。如果函式傳回值的類型不一致，則很大可能是函式承載了太多功能，這種情況下應該拆分函式。

有一個可能忽略的情況是隱式傳回值，比較常見的是判斷條件外部的傳回值，範例如下。如果在呼叫 getParams 函式時，參數 url 沒有傳遞，則此時的傳回值預設是 undefined。

```
function getParams(url, key) {
  if (url) {
    // xxx
  }

  // 這裡有個預設傳回值是 undefined
}
```

如果傳回值的類型不一致，則可能會給使用者造成意外的例外顯示出錯。例如，在獲取參數後，希望轉換為十六進位數字，當傳回 undefined 時會例外顯示出錯。範例程式如下：

```
getParams(url, 'a').toString(16); // 例外
```

更好的做法是保持傳回值的類型一致，在邊界情況下，額外處理傳回值。範例程式如下：

```
function getParams(url, key) {
  if (url) {
```

```
    // xxx
  }

  return ''; // 傳回空白字串
}
```

6.2 提高穩固性

開放原始碼函式庫會被很多人使用，並會在各種未知的環境中執行，所以開放原始碼函式庫的程式比普通程式面臨更多穩固性的問題。未知數太多，盡可能考慮多種情況是最佳實踐，這很依賴開發者的經驗和能力。本節將介紹一些社群中提高開放原始碼函式庫穩固性的最佳實踐。

6.2.1 參數防禦

參數是開發者和使用者之間的約定，但使用者是可以違反約定的。雖然使用者不太可能故意這麼做，但是資料可能來自伺服器，也可能是透過各種邏輯計算出來的值，所以存在各種例外情況，如將數字類型資料傳遞給字串類型參數時就會顯示出錯。範例如下：

```
function trimStart(str) {
  return str.replace(/^\s+/, '');
}

trimStart(111); // 顯示出錯
```

在業務程式中，即使不對函式的傳入參數進行檢查，也不會有太大問題，但是這樣的程式不夠穩固，容錯性太差，因此建議對參數進行防禦式程式設計。在上述範例中，可以對傳入參數進行強制類型轉換。範例程式如下：

```
function trimStart(str) {
  // String 強制轉換
  return String(str).replace(/^\s+/, '');
```

```
}

trimStart(111); // '111' 不顯示出錯
```

在進行參數防禦時，參數是必選還是可選，以及參數的類型都影響驗證規則，下面分別進行介紹。

對必選參數進行驗證與轉換的規則如下：

- 如果參數傳遞給系統函式，則可以把驗證下沉給系統函式處理。
- 對於 object、array、function 類型參數，要做強制驗證，如果驗證失敗，則執行 < 例外流程 >。
- 對於 number、string、boolean 類型參數，要做自動轉換。
    - 數字使用 Number 函式進行轉換。
    - 整數使用 Math.round 函式進行轉換。
    - 字串使用 String 函式進行轉換。
    - 布林值使用 !! 進行轉換。
- 對於 number 類型參數，如果轉換完是 NaN，就執行 < 例外流程 >。
- 對於複合類型的內部資料，也要進行上面的步驟。

上面提到的 < 例外流程 > 的處理邏輯如下：

```
< 例外流程 >
當參數類型為 function 時，拋出例外
當參數類型為 number、string、boolean、object、array 時，應該列印 error，並直接傳回類型對應的
< 傳回值例外映射 >

< 傳回值例外映射 >
number => NaN
string => ''
boolean => true | false （根據語義）
array => []
```

```
object => null
function => 拋出例外
```

> 也可以根據語義傳回更友善的傳回值，但要保證類型一致，如 `truncate` 函式的功能是截斷超長字串，按規範應該傳回空白字串，但傳回 `'...'` 更友善一些

對可選參數進行驗證與轉換的規則如下：

- 如果參數傳遞給系統函式，則可以把驗證下沉給系統函式處理。
- 對於 object、array、function 類型參數，要做強制驗證，如果類型不對，則要設定預設值。
- 對於 number、string、boolean 類型參數，要做自動轉換。
    - 數字使用 Number 函式進行轉換。
    - 整數使用 Math.round 函式進行轉換。
    - 字串使用 String 函式進行轉換。
    - 布林值使用 !! 進行轉換。
- 對於 number 類型參數，如果轉換後是 NaN，就要設定為預設值。
- 對於複合類型的內部資料，也要進行上面的步驟。

6.2.2 副作用處理

副作用可能帶來意料之外的影響。假如函式庫的使用者不知道副作用的存在，就會增大偶然性 Bug，如果我們的函式庫不是被使用者直接使用，而是被使用者使用的其他函式庫間接引入，則副作用會給函式庫的使用者帶來極大的麻煩。

以下兩種情況都可以被稱為副作用，下面分別進行介紹。

- 修改環境資訊。
- 修改函式參數。

修改環境資訊包括修改系統變數和設定全域資料等。如下範例程式會修改 JSON 系統變數：

```
function safeparse(str, backupData) {}

JSON.safeparse = safeparse; // 不要修改系統變數
```

在函式庫的程式中，應該避免修改環境資訊，典型的反面範例就是 Mootools。Mootools 對大部分瀏覽器原生物件做了擴充，這一設計帶來了很好的使用體驗，但是卻給 JavaScript 生態帶來了巨大的麻煩①。Mootools 修改原生物件的範例程式如下：

```
// Mootools 擴充原型
Array.prototype.flatten = function () {
  // xxx
};

// 可以直接這樣使用
[(1, [2])].flatten();
```

在函式庫的程式中，應該避免修改函式參數。傳給函式的參考類型參數，如物件，當修改其屬性時，會直接影響外面的內容，這可能帶來意外的問題。範例程式如下：

```
// omit 修改了傳入的參數 data
function omit(data, keys) {
    for (const k of keys) {
        delete data;
    }

    return data
}

const obj1 = {
    a: 1
    b: 2,
```

① 影響到了新版 JavaScript 規範給系統增加函式的命名問題。

```
}

const obj2 = omit(obj1, ['b']); // obj1 被影響了
```

6.2.3 例外捕捉

傳回如果程式可能存在例外情況，則建議使用捕捉例外進行防禦。一般依賴宿主環境的傳回結果時，如讀取檔案，這樣做是不錯的建議，特別是當給 Node.js 提供函式庫時，需要特別注意這個問題。

舉個例子，JSON.parse 方法可以把字串轉換成 JavaScript 物件，但是如果不是合法的 JSON 語法，就會顯示出錯。假如提供一個可以安全轉換 JSON 資料的函式，就需要捕捉例外，在例外發生時，傳回預設值。範例程式如下：

```
function safeparse(str, backupData) {
  try {
    return JSON.parse(str);
  } catch (e) {
    return backupData;
  }
}

JSON.parse(`"1`); // Uncaught SyntaxError: Unexpected end of JSON input

safeparse(`"1`, {}); // 不顯示出錯，傳回預設值 {}
```

6.3 解決瀏覽器相容性問題

瀏覽器相容性是使用者非常關心的指標，這直接關係到使用者的決策。相容性影響使用者能否使用某一個函式庫，所以函式庫的開發者需要處理好相容性問題。本節將介紹處理相容性問題的一些經驗。

首先需要確定一個相容性目標。一般來說，相容性越好，能服務的使用者就越多，同時意味著需要付出更多的開發成本。對於相容性目標，函式庫的開發者需要做一個權衡，只相容最新的 Chrome 瀏覽器和相容所有瀏覽器都不是一個好的目標，至於如何確定相容性目標，則需要視情況而定。最重要的參考維度就是瀏覽器資料，一般來說，占比超過 1% 的瀏覽器都是值得相容的。我總結了開放原始碼函式庫的推薦的相容性目標，如表 6-1 所示。

▼ 表 6-1

IE	Chrome	Firefox	Safari	iOS	Android	Node.js
8+	45+	55+	9+	9+	4.2+	8+

定好了相容性目標，就需要保證對相容性目標的承諾。這個很依賴開發者的經驗和能力，而新手很可能不熟悉自己撰寫的程式的相容性，一個好的習慣就是多借助網路，如可以透過 caniuse 網站查詢某個新特性、新語法的相容性情況。

本書中的 4.2 節介紹了如何透過建構工具解決相容性問題，但是一個優秀的函式庫開發者應該熟悉工具做了什麼，並可以手動解決問題。下面給讀者整理一下可能存在相容性問題的高頻系統函式，以及對應的解決方法。

6.3.1 String

String.prototype.trim 是 ECMAScript 2015 中新增的函式，其功能是去除字串前後的空格，存在相容性問題，解決方法如下：

```
' abc '.trim(); // 'abc'

// replace+ 正規表示法相容性更好
' abc '.replace(/^\s+|\s+$/g, '');
```

String.prototype.trimStart 是 ECMAScript 2021 中新增的函式，其功能是去除字串開始的空格，存在相容性問題，解決方法如下：

```
' abc '.trimStart(); // 'abc '

// replace+ 正規表示法相容性更好
' abc '.replace(/^\s+/g, '');
```

String.prototype.replaceAll 是 ECMAScript 2021 中新增的函式，其功能是去除字串中所有匹配的字元，存在相容性問題，解決方法如下：

```
'aba'.replaceAll('a', 'b'); // 'bbb'

// replace+ 正規表示法相容性更好
' abc '.replace(/a/g, 'b');
```

6.3.2 Array

Array.from 是 ECMAScript 2015 中新增的函式，其功能是將類別陣列轉換為陣列，存在相容性問題，解決方法如下：

```
Array.from(document.querySelectorAll('*'));

// slice 相容性更好
Array.prototype.slice.call(document.querySelectorAll('*'));
```

Array.prototype.findIndex 是 ECMAScript 2015 中新增的函式，其功能是找到陣列中指定的元素下標，存在相容性問題，解決方法如下：

```
[1, 2, 3]
  .findIndex((v) => v === 2) // 1

  [
    // 簡單情況可以使用 indexOf 函式代替
    (1, 2, 3)
  ].indexOf(2);
```

Array.prototype.includes 是 ECMAScript 2016 中新增的函式，其功能是判斷陣列是否包含某個元素，存在相容性問題，解決方法如下：

```
[1, 2, 3]
  .includes(2) // true

  [
    // 可以使用 indexOf 函式代替
    (1, 2, 3)
  ].indexOf(2) !== -1; // true
```

Array.prototype.flat 是 ECMAScript 2019 中新增的函式，其功能是將多維陣列轉換為一維陣列，存在相容性問題，解決方法如下：

```
const arr = [1, [2, 3]];

arr.flat(); // [1, 2, 3]

// 需要使用遞迴來實現
function flat(arr) {
  return arr.reduce((sum, item) =>
    sum.concat(Array.isArray(item) ? flat(item) : item)
  );
}
flat(arr); // [1, 2, 3]
```

Array.prototype.fill 是 ECMAScript 2015 中新增的函式，其功能是用一個固定值填充陣列，存在相容性問題，解決方法如下：

```
[1, 2, 3]
  .fill(4) // [4, 4, 4]

  [
    // 使用 map 函式代替
    (1, 2, 3)
  ].map((item) => 4);
```

6.3.3 Object

Object.values 是 ECMAScript 2017 中新增的函式，其功能是獲取物件的屬性陣列，存在相容性問題，解決方法如下：

```
const obj = {
  a: 1,
  b: 2,
};
Object.values(obj); // [1, 2]

// 使用 Object.keys + map 函式代替
Object.keys(obj).map((key) => obj[key]);
```

Object.entries 是 ECMAScript 2017 中新增的函式，其功能是獲取物件的鍵和屬性陣列，存在相容性問題，解決方法如下：

```
const obj = {
  a: 1,
  b: 2,
};
Object.entries(obj); // [['a', 1], ['b', 2]]

// 使用 Object.keys + map 函式代替
Object.keys(obj).map((key) => [key, obj[key]]);
```

除了這裡介紹的內容，還有很多沒有提到的新功能，需要讀者自行去探索。一個好的習慣就是，當遇到不熟悉的特性時，先查一查其相容性，相信讀者很快就能夠成為駕馭相容性的高手。

6.4 支援 TypeScript

JavaScript 是動態類型語言，動態類型語言的缺點就是類型錯誤發現得太晚，類型錯誤只有到執行時期才能被發現。例如，下面程式中的 trimStart 函式想要的是字串類型的參數，如果在呼叫 trimStart 函式時傳遞的是數字類型的參數，則只有到執行時期才會顯示出錯。

```
function trimStart(str) {
  return str.replace(/^\s+/, '');
}
```

```
trimStart(111); // 顯示出錯
```

動態類型不適合多人協作的大型應用，特別是在重構其他人撰寫的程式時。為了解決 JavaScript 動態類型的問題，TypeScript 被設計出來，在 TypeScript 中只需要進行簡單的類型標註，即可在編譯階段發現類型錯誤。將上面的範例程式使用 TypeScript 修改後，範例程式如下：

```
function trimStart(str: string) {
  return str.replace(/^\s+/, '');
}

trimStart(111); // 編譯時會顯示出錯
```

雖然 TypeScript 帶來了很多好處，但是 TypeScript 要求有類型註釋，一般 JavaScript 函式庫因為缺少類型資訊，直接給 TypeScript 專案使用是沒有類型驗證的。

對於 JavaScript 函式庫缺少類型資訊的問題，TypeScript 給的解決方案是手寫宣告檔案。TypeScript 會預設查詢函式庫目錄下的 index.d.ts 檔案，並使用裡面的類型作為函式庫的類型，所以只需要在函式庫的根目錄下增加一個 index.d.ts 宣告檔案即可。範例程式如下：

```
// index.d.ts
// 由於這裡只是類型定義，沒有函式實現，因此需要增加關鍵字 declare
declare function trimStart(str: string): boolean;
```

寫宣告檔案需要用到 TypeScript 的知識，下面介紹常用的基礎知識。先來看一下如何標註基礎類型。範例程式如下：

```
declare var c: boolean;
declare var a: number;
declare var b: string;
declare var d: undefined;
declare var d: null;
```

陣列類型和物件類型是對基礎類型的聚合，它們在 TypeScript 中的表示方法如下：

```
// 陣列有兩種寫法
declare var arr1: boolean[];
declare var arr1: Array<boolean>;

// 物件對應的是 interface，interface 不需要關鍵字 declare
interface Obj {
  a: string;
  b: number;
}
```

了解了資料型態，下面來介紹函式宣告。函式的參數和傳回值需要用到上面介紹的類型，在 TypeScript 中，函式的定義方法如下：

```
declare function f1(a: string): boolean; // 普通函式範例
declare function f2(a: string, b?: number): boolean; // 可選參數函式範例

interface Obj {
  a: string;
  b: number;
}
declare function f2(a: string, c: Obj): boolean; // interface 作為參數
```

有時候，在定義函式時無法確定類型，只有在使用時才能知道類型，如前面提到的安全解析 JSON 格式資料的函式，只有使用者才知道 JSON 格式資料對應的資料型態。此時可以使用泛型功能，safeparse 後面的 T 被稱作泛型。safeparse 函式型別宣告程式如下：

```
declare function safeparse<T>(str: string): T;
```

在使用時，透過泛型可以讓 safeparse 函式傳回正確的類型。使用範例如下：

```
interface Data {
  a: 1;
}
safeparse<Data>(`{"a": 1}`); // 傳回值的類型是 Data
```

上面宣告的變數都是局部作用域，還不能給其他人使用，如果需要曝露出來，則可以在前面增加關鍵字 export。範例程式如下：

```
export declare function f1(a: string): boolean;
```

這裡只對 TypeScript 中常用的類型標準做了介紹，如果讀者對 TypeScript 感興趣，或者在開發的過程中要用到更多的知識，歡迎繼續學習，TypeScript 官網中的資料值得閱讀。

6.5 本章小結

本章圍繞如何設計更好的 JavaScript 函式庫這一主題，從如下方面介紹了社群中的最佳實踐：

- 如何設計更好的函式。
- 如何提高開放原始碼函式庫的穩固性。
- 如何解決常見的瀏覽器相容性問題。
- JavaScript 函式庫如何調配 TypeScript 生態。

本章的知識包括設計理論和實戰經驗，前者需要讀者多次閱讀，反覆理解，後者需要讀者動手練習，邊學邊練。

第 7 章 安全防護

因為開放原始碼函式庫會被很多專案使用，使得微小的漏洞帶來的危害會被無限放大，可能會影響大量使用開放原始碼函式庫的系統，所以對安全性的要求更高。相信讀者對 JavaScript 函式庫的安全經驗不多，本章將介紹一些最佳實踐，以及一些社群中的典型問題，希望幫助讀者掌握這一領域的知識。

7.1 防護意外

開放原始碼函式庫的使用環境存在太多未知性，因此不能想當然地認為會發生什麼，正確的思路應該是防患未然，將可能發生的各種意外情況都考慮到。下面介紹幾種常見的防護意外實踐。

7.1.1 最小功能設計

開放原始碼函式庫應該對外提供最小功能，盡可能隱藏內部實現細節。所有對外曝露的介面都是對外做的承諾，曝露的介面都要維護，後續迭代時永久向下相容。所以，建議僅曝露有限的介面，不相關的功能不要對外曝露。

來看一個範例，guid 函式對外提供生成唯一 ID 的功能，其相依一個內部計數器 count，在這裡 count 就是不應該對外曝露的細節。範例程式如下：

```
export let count = 1;
export function guid() {
  return count++;
}
```

另外一個常見的範例是類別的屬性。在 JavaScript 中，類別的所有屬性和方法都是公開的，但是這會造成類別的細節被意外曝露。在如下的範例程式中，count 屬性被意外曝露，count 被外部修改後，程式將會發生錯誤。

```
class Guid {
  count = 1;
  guid() {
    return this.count++;
  }
}

const g = new Guid();

g.count = 'error'; // 直接修改了 count
```

對於類別的私有屬性問題，社群之前的思路是透過增加首碼來區分是私有屬性還是公有屬性，私有屬性增加底線首碼。但這種方法只是一種約定，並沒有真正隱藏屬性。在如下的範例程式中，外部依然可以修改內部的“私有”_count 屬性。

```
class Guid {
  _count = 1; // 增加首碼，表示私有屬性
}
const g = new Guid();
g._count = 'error'; // 直接修改了 count
```

更好的做法是把私有屬性放到函式作用域中，一般是放到建構函式 constructor 中，範例程式如下，外部無法存取內建函式作用域中的變數 count。

```
class Guid {
  constructor() {
    let count = 1;
    this.guid = () => {
      return count++;
    };
  }
}

const g = new Guid();
g.guid(); // 存取 ID
g.count; // 無法存取，因為 count 不是類別的屬性
```

2022 年 6 月，ECMAScript 2022 正式發佈，ECMAScript 2022 帶來了原生私有屬性。

原生私有屬性需要增加“#”首碼，外部無法存取原生私有屬性。範例程式如下：

```
class Guid {
  #count = 1;
  constructor() {
    this.guid = () => {
      return this.#count++;
    };
  }
}

const g = new Guid();
g.guid(); // 存取 ID
g.#count; // 無法存取
```

7.1.2 最小參數設計

函式要對外曝露最小的參數，參數應盡可能使用簡單類型，因為簡單類型更安全，如果是參考類型參數，那麼函式不要直接修改傳入的參數。

舉個例子，fill 函式可以實現用指定值填充陣列，但是其直接修改了傳入的參數，這可能不是使用者希望的行為，呼叫 fill 函式，傳入的 arr 陣列被修改了。範例程式如下：

```
function fill(arr, value) {
  for (let i = 0; i < arr.length; i++) {
    arr[i] = value;
  }

  return arr;
}

const arr1 = Array(3);

const arr2 = fill(arr, 1); // [1, 1, 1]
console.log(arr1); // [1, 1, 1]，arr1 被修改了
```

如果要修改參考類型的傳入參數，那麼建議複製一份資料，在複製的資料上進行修改，切斷和傳入參數之間的連結，這裡直接使用第 5 章中撰寫的深拷貝函式 clone 改寫。範例程式如下：

```
function fill(arr, value) {
  const newArr = clone(arr);

  for (let i = 0; i < newArr.length; i++) {
    newArr[i] = value;
  }

  return newArr;
}

const arr1 = Array(3);

const arr2 = fill(arr, 1); // [1, 1, 1]
console.log(arr1); // [emprty * 3]，arr1 沒有被修改
```

7.1.3 凍結物件

曝露給使用者的介面可能會被其他人有意或無意地更改，這會導致開發時執行良好的程式，在某些意外情況下出錯。例如，我們引用了 jQuery 函式庫後，可以修改其屬性。範例程式如下：

```
import $ from "jquery";

$.version = undefined; // 外部可以修改 version
$.version.split('.'); // 正常程式，因為 version 被修改而顯示出錯
```

想要解決上述問題，可以將對外的介面凍結，這就需要用到 ECMAScript 5 引入的 3 個方法，這 3 個方法都可以改變物件的行為。表 7-1 所示為對 3 個方法功能的對比。

▼ 表 7-1

方法	修改原型指向	增加屬性	修改屬性設定	刪除屬性	修改屬性
Object.preventExtensions	否	否	是	是	是
Object.seal	否	否	否	否	是
Object.freeze	否	否	否	否	否

透過表 7-1 中的對比可以看到，Object.freeze 方法的效果更嚴格，使用前需要關注一下 Object.freeze 方法的相容性。凍結物件的屬性無法修改，如果嘗試修改，那麼在嚴格模式下會顯示出錯，在非嚴格模式下會靜默失敗，修改不會產生任何效果，就像程式不存在一樣。使用 Object.freeze 方法凍結物件的範例程式如下：

```
import $ from "jquery";

Object.freeze($);

$.version = undefined; // 外部無法修改 version
```

7.2 避免原型入侵

本節將介紹如何避免原型入侵。要介紹原型入侵，需要先介紹 JavaScript 中的原型，而要介紹原型，就需要先介紹物件導向基礎知識。下面先來了解物件導向基礎知識。

7.2.1 物件導向基礎知識

大部分程式設計語言都提供了資料的抽象能力，如有序數據的陣列、無序數據的物件等。將資料和對資料的操作封裝到一起，被稱作物件導向。這是一種更高維度的抽象工具，這種抽象工具可以對現實世界進行建模。

現實世界中的事物之間存在聯繫。以現實世界中的貓為例，貓中有布偶貓和狸花貓，顯然狸花貓應該擁有貓的全部特性。在物件導向中這被稱為繼承，即細分的事物應該繼承抽象事物的特點。

實現物件和繼承有兩種思路，分別是 CEOC 和 OLOO，下面簡單介紹一下這兩者。

CEOC（Class Extend Other Class）是一套以類別和實例為基礎的實現方式，類別作為物件的抽象描述，物件是類別的實例。這種機制與其說是物件導向程式設計，不如說是類別導向程式設計更準確，在這種機制中，繼承是在類別上實現的，子類別可以繼承父類別。

OLOO（Object Link Other Object）是一套以物件和關係為基礎的實現方式。例如，有兩個物件，如果能夠直接讓一個物件繼承另一個物件，那麼也能實現物件導向。在 OLOO 中，一般將父物件稱為子物件的原型。在 OLOO 中沒有類別，只有物件，以及物件之間的關係。

7.2.2 原型之路

JavaScript 的物件導向是以原型為基礎的。在 JavaScript 中，實現繼承有多種方式，但是萬變不離其宗，所有繼承方式的背後，原理都是原型。下面介紹各種繼承方式。

想要在 ECMAScript 3 中實現繼承，需要用到建構函式的方式，其原理也是以原型為基礎的。例如，有兩個建構函式 Parent 和 Child，透過修改 Child 函式的 prototype 屬性，即可實現 Child 函式繼承 Parent 函式的功能，範例程式如下：

```
function Parent() {}

function Child() {}

function T() {}
T.prototype = Parent.prototype;
Child.prototype === new T();
```

建構函式的方式有些不倫不類，如同強行給原型套了一個很像類別的殼子，這對熟悉類別和熟悉原型的開發者都不友善。所以，後來的 ECMAScript 新版本對以類別和以原型為基礎的方向都做了探索。

建構函式的方式對熟悉類別的開發者並不友善，所以 ECMAScript 2015 帶來了以類別為基礎的新語法，但這個新語法只是一個語法糖，其背後的原理還是原型。下面用類別改寫上面的範例程式，改寫後的範例程式如下：

```
class Parent {}

class Child extends Parent {}
```

建構函式的方式對熟悉原型的開發者也不友善。ECMAScript 對以原型為基礎的方向也做了探索，ECMAScript 5 帶來了 Object.create 方法，可以直接讓物件繼承物件，範例程式如下。最終 child 物件有兩個屬性，其中 a 屬性是從 parent 物件繼承的，b 屬性是自己的。

```
const parent = {
  a: 1,
};

const child = Object.create(parent, {
  b: {
    value: 2,
    writable: true,
    enumerable: true,
    configurable: true,
  },
});
```

當使用 Object.create 方法建立子物件時，如果要定義子物件的屬性，就需要用到上面的語法，沒辦法使用我們熟悉的物件字面量的方式了。為了解決這個問題，ECMAScript 2015 帶來了 __proto__ 屬性，使用 __proto__ 屬性可以設定物件字面量的父物件。範例程式如下：

```
const parent = {
  a: 1,
};

const child = {
  __proto__: parent,
  b: 2
};
```

上面的方式都要求新建子物件，如果子物件已經存在，就無法修改其繼承的父物件了。針對這個問題，ECMAScript 2015 帶來了直接操作原型的方式，使用 Object.setPrototypeOf 方法可以修改已經存在的物件的繼承關係。範例程式如下：

```
const parent = {};
const child = {};

Object.setPrototypeOf(child, parent);
```

不過需要注意的是，直接操作原型的方式會有性能問題和相容性問題。下面是 MDN 上舉出的警告資訊：

 **警告**

由於現代 JavaScript 引擎最佳化屬性存取所帶來的特性的關係，因此更改物件的 [[Prototype]] 在各個瀏覽器和 JavaScript 引擎上都是一個很慢的操作。如果你關心性能，那麼應該避免設定一個物件的 [[Prototype]]。相反，你應該使用 Object.create 方法來建立帶有你想要的 [[Prototype]] 的新物件。

7.2.3 原型入侵

了解原型的原理之後，下面來介紹原型入侵。JavaScript 世界的設計是以原型為基礎的，所有的系統物件也是以原型為基礎設計的。在 JavaScript 中，所有的物件都是繼承自 Object.prototype，如果我們給 Object.prototype 增加屬性，就會影響所有的物件。

來看一個範例，下面給 Object.prototype 增加一個 tree 方法，在 obj 物件上可以直接使用這個方法。範例程式如下：

```
Object.prototype.tree = function () {
  console.log(Object.keys(this));
};

const obj = {
  a: 1,
  b: 2,
};

obj.tree(); // ['a', 'b']
```

使用上面的方式擴充原型會帶來兩個問題。第一個問題是，這樣做會給所有物件增加一個可列舉的方法，使用 for in 遍歷一個物件時會遇到麻煩，tree 方法會出現在 for in 的遍歷中。範例程式如下：

```
Object.prototype.tree = function () {
  console.log(Object.keys(this));
};

const obj = {
  a: 1,
  b: 2,
};

for (const key in obj) {
  console.log(key); // a，b，tree
}
```

為了避免遍歷到原型上的屬性，需要給 for in 增加防禦判斷，hasOwnProperty 方法可以判斷物件的屬性是自己的，而非透過原型繼承的。增加防禦判斷後的範例程式如下：

```
Object.prototype.tree = function () {
  console.log(Object.keys(this));
};

const obj = {
  a: 1,
  b: 2,
};

for (const key in obj) {
  if (obj.hasOwnProperty(key)) {
    console.log(key); // a，b
  }
}
```

由於我們的函式庫可能會被用到各種環境，因此無法確保 for in 都增加了防禦判斷。針對這個問題，ECMAScript 5 帶來了新的方法，使用 defineProperty 方法可以設定屬性的內部特性，但是需要注意 defineProperty 方法的相容性問題。在舊的瀏覽器上，defineProperty 方法是不被支援的，也不能被類似 es5shim 這樣的腳本系統更新①。

① es5shim 可以讓不支援 ECMAScript 5 的瀏覽器使用 ECMAScript 5 的 API。

將 enumerable 特性設定為 false 的屬性，就不會出現在 for in 的遍歷中了。使用 defineProperty 方法改寫後的範例程式如下：

```
Object.defineProperty(Object.prototype, 'tree', {
  enumerable: false, // 是否可列舉
  configurable: false, // 是否可修改設定
  writable: false, // 是否可寫入
  value: function () {
    console.log(Object.keys(this));
  },
});

const obj = {
  a: 1,
  b: 2,
};

for (const key in obj) {
  console.log(key); // a, b
}
```

擴充原型帶來的另一個問題是實現衝突。不同的函式庫可能會擴充同一個方法，如果實現不一致，就會產生衝突，衝突的結果必然會導致一個函式庫的程式故障，這會給穩定性帶來巨大的挑戰。

下面介紹一個真實案例。前端函式庫 Mootools 和 prototype.js 都對原型進行了擴充，它們都給陣列擴充了 flatten 方法，當同時引入這兩個函式庫時就會發生衝突。

擴充原型還可能和新版本的系統函式衝突。自從發佈 ECMAScript 2015 以後，每年都會發佈新的 JavaScript 版本，新版本使用年份命名，本章撰寫時最新的版本是 ECMAScript 2022，如果新版本的系統函式和我們擴充的原型屬性名稱重複，就會發生衝突。

下面介紹一個因為衝突而影響 ECMAScript 規範的案例。我們現在使用的 Array.prototype.flat 方法原本是想命名為 Array.prototype.flatten 的，但是

Mootools 也擴充了 Array.prototype.flatten 方法，由於 Mootools 的使用者許多，並且 Mootools 中 flatten 方法的實現和規範中的實現的邏輯不一致，ECMA 委員會擔心衝突，因此 ECMAScript 規範被迫改了名字。使用 flatten 方法和 flat 方法扁平化嵌套陣列的範例程式分別如下：

```
// Mootools 中的 flatten 方法
const myArray = [1, [2, [3]]];
const newArray = myArray.flatten(); //newArray is [1, 2, 3]

// ECMAScript 2019 中新增的 flat 方法，和 Mootools 中的 flatten 方法不相容
const newArray = myArray.flat(2); // [1, 2, [3]]
```

類似的範例還有 Array.prototype.includes 原本想命名為 Array.prototype.contains，也是因為和 Mootools 中的方法名稱衝突而改名了。

綜上所述，一定不要擴充原型屬性，這是非常錯誤的做法。讓我們一起保衛原型，保衛 JavaScript 生態。

7.3 原型污染事件

上一節介紹了擴充原型的危害，那麼是不是只要我們自己不擴充原型就萬無一失了呢？正常來說確實如此，但有時候可能是在很隱晦的情況下修改了原型而造成很大的傷害。本節將介紹與擴充原型相關的一個安全性漏洞。

2019 年，較流行的前端函式庫 Lodash 被曝出存在嚴重的安全性漏洞——“原型污染”漏洞，該漏洞威脅超過 400 萬個專案的服務安全性，其被指定為 CVE-2019-10744。下面介紹該漏洞的原理。

7.3.1 漏洞原因

上述漏洞很隱晦，存在於 Lodash 函式庫中的 defaultsDeep 方法中。defaultsDeep 方法的使用範例如下：

```
_.defaultsDeep({ a: { b: 2 } }, { a: { b: 1, c: 3 } });
```

該方法將第二個參數的可列舉屬性合併到第一個參數的屬性上，上述程式傳回合併後的物件，如下所示：

```
{ 'a': { 'b': 2, 'c': 3 } }
```

然而這個操作是有隱憂的，例如，透過以下程式精心構造的一個資料，可以修改原型上的 toString 方法，這樣會影響整個程式的安全。

```
const payload = '{"constructor": {"prototype": {"toString": true}}}';

_.defaultsDeep({}, JSON.parse(payload));
```

7.3.2 詳解原型污染

想要理解原型污染，需要讀者理解 JavaScript 中的原型鏈的知識。在 JavaScript 中，每個物件都有一個 __proto__ 屬性指向自己的原型。例如，有一個物件 person，範例程式如下：

```
let person = { name: 'lucas' };
console.log(person.__proto__) // Object.prototype
console.log(Object.prototype.__proto__) // null
```

物件的 __proto__ 屬性組合成一條鏈，這條鏈被叫作原型鏈。所有物件的原型鏈頂端都是 Object.prototype，Object.prototype 也是一個物件，Object.prototype 的原型是 null，null 沒有原型。將 person、Object 和 Object.prototype 之間的關係繪製出來，如圖 7-1 所示。

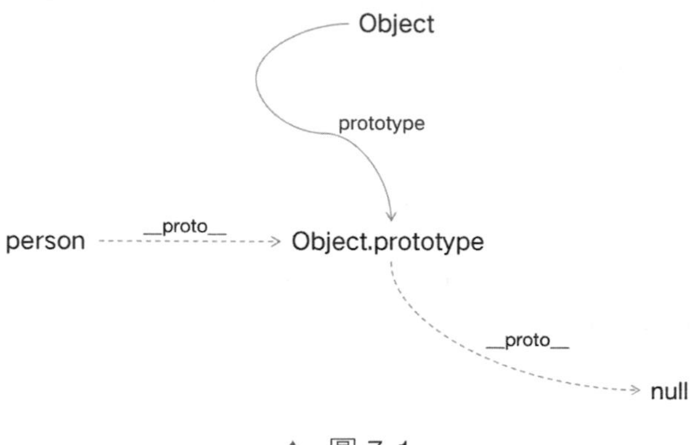

▲ 圖 7-1

不過圖 7-1 中繪製的關係並不完整，因為函式 Object 也是一個物件，Object 的原型指向 Function.prototype。完整的原型關係如圖 7-2 所示。

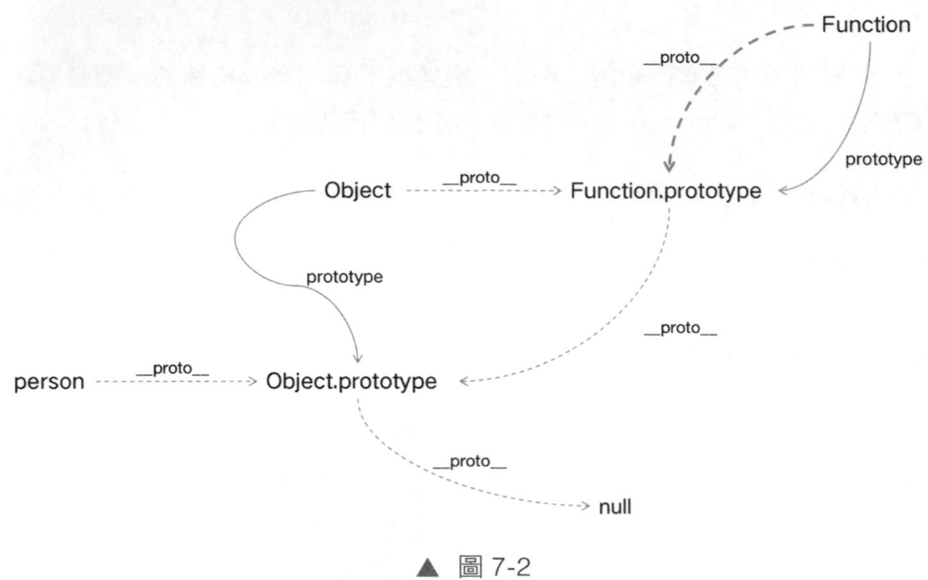

▲ 圖 7-2

原型污染用到原型鏈的兩個關鍵知識，一個是修改 Object.prototype 會影響到所有的物件，另一個是透過物件的 __proto__ 屬性可以獲取物件的原型引用。下面先來看一個範例，透過物件的 __proto__ 屬性引用擴充 Object.prototype 屬性，範例程式如下：

```
// person 是一個簡單的 JavaScript 物件
let person = { name: 'lucas' };

// 輸出 "lucas"
console.log(person.name);

// 修改 person 的原型
person.__proto__.name = 'messi';

// 由於原型鏈順序查詢，因此 person.name 仍然是 lucas
console.log(person.name);
```

```
// 再建立一個空的 person2 物件
let person2 = {};

// 查看 person2.name，輸出 "messi"
console.log(person2.name);
```

把危害擴大化，將程式修改為如下形式：

```
let person = { name: 'lucas' };

console.log(person.name);

person.__proto__.toString = () => {
  alert('evil');
};

console.log(person.name);

let person2 = {};

console.log(person2.toString());
```

在瀏覽器中執行上面的程式，將會在彈窗中顯示"evil"，如圖 7-3 所示。

▲ 圖 7-3

每個物件都有一個 toString 方法，當物件被表示為一個文字值時，或者當一個物件以預期的字串方式被引用時，會自動呼叫該方法。在預設情況下，toString 方法被每個物件繼承。如果該方法在自訂物件中未被覆蓋，則 toString 方法會傳回 [object type]，其中 type 是物件的類型。

如果 Object 原型上的 toString 方法被污染，那麼後果可想而知。以此為例，可見 Lodash 的這次漏洞算是比較嚴重的了。

7.3.3 防範原型污染

了解了漏洞的潛在問題及攻擊手段，那麼應該如何防範呢？ Lodash 函式庫的修復方法如圖 7-4 所示。

```
     * @private
     * @param {Object} object The object to query.
     * @param {string} key The key of the property to get.
     * @returns {*} Returns the property value.
     */
    function safeGet(object, key) {
+     if (key === 'constructor' && typeof object[key] === 'function') {
+       return;
+     }
+
      if (key == '__proto__') {
        return;
      }
```

▲ 圖 7-4

由圖 7-4 可以看到，在遍歷合併時，如果遇見 constructor 或 __proto__ 敏感屬性，則退出程式。那麼作為函式庫的開發者，需要注意些什麼來防止攻擊出現呢？

(1) 凍結 Object.prototype，使原型不能擴充屬性。Object.freeze 方法可以凍結一個物件，如果一個物件被凍結，則該物件的原型也不能被修改。範例程式如下：

```
Object.freeze(Object.prototype);

Object.prototype.toString = 'evil'; // 修改失敗
```

(2) 避開不安全的遞迴性合併，類似 Lodash 函式庫的修復手段，對敏感屬性名稱跳過處理。

(3) Object.create(null) 的傳回值不會連接到 Object.prototype，這樣一來，無論如何擴充物件，都不會干擾到原型了。範例程式如下：

```
let foo = Object.create(null);
console.log(foo.__proto__);
// undefined
```

(4) 採用新的 Map 資料型態代替 Object 類型。Map 物件用於儲存鍵 / 值對，是鍵 / 值對的集合，任何值（物件或原始值）都可以作為一個鍵或一個值。使用 Map 資料結構，不會存在 Object 原型污染狀況。

7.3.4 JSON.parse 補充

同樣存在風險的是常用的 JSON.parse 方法。但是如果執行如下程式：

```
JSON.parse('{ "a":1, "__proto__": { "b": 2 }}');
```

會發現傳回的結果如圖 7-5 所示。

```
JSON.parse('{ "a":1, "__proto__": { "b": 2 }}')
▼{a: 1, __proto__: {…}}
    a: 1
  ▼__proto__:
    ▶constructor: f Object()
    ▶hasOwnProperty: f hasOwnProperty()
    ▶isPrototypeOf: f isPrototypeOf()
    ▶propertyIsEnumerable: f propertyIsEnumerable()
    ▶toLocaleString: f toLocaleString()
    ▶toString: f toString()
    ▶valueOf: f valueOf()
    ▶__defineGetter__: f __defineGetter__()
    ▶__defineSetter__: f __defineSetter__()
    ▶__lookupGetter__: f __lookupGetter__()
    ▶__lookupSetter__: f __lookupSetter__()
    ▶get __proto__: f __proto__()
    ▶set __proto__: f __proto__()
```


▲ 圖 7-5

複寫 Object.prototype 失敗了，__proto__ 屬性還是我們熟悉的那個有安全感的 __proto__，這是因為瀏覽器 JavaScript 引擎（如 V8）在 JSON.parse 方法內部預設會忽略 __proto__ 屬性。Chromium 瀏覽器 bugs 中有關於這個問題的討論，其中提到 "V8 ignores keys named proto in JSON.parse"。

7.4 相依的安全性問題

前面介紹了開發函式庫的過程中要注意的安全問題，這些安全建議都是針對函式庫的開發者自己撰寫的程式，只是確保了函式庫程式自身的安全。在現代 Web 開發系統中，需要相依很多其他人撰寫的函式庫，如打包工具、工具函式程式庫等。

一個開放原始碼函式庫可能會直接相依十幾個到幾十個其他開放原始碼函式庫，這些函式庫可能又相依了別的函式庫，這些函式庫形成了一個巨大的相依樹。使用 "npm list" 命令可以查看完整的相依樹。圖 7-6 所示為第 4 章中深拷貝函式庫的直接相依項。

```
→ clone git:(master) npm list -depth 0
clone@1.0.0 /Users/yan/jslib-book/jslib-book-code/cp4/clone
├── @babel/core@7.12.3
├── @babel/plugin-transform-runtime@7.12.1
├── @babel/preset-env@7.12.1
├── @babel/register@7.0.0
├── @babel/runtime-corejs2@7.12.5
├── @babel/runtime-corejs3@7.12.5
├── babel-plugin-istanbul@5.1.0
├── colors@1.4.0
├── core-js@3.8.0
├── cross-env@5.2.0
├── expect.js@0.3.1
├── mocha@3.5.3
├── nyc@13.1.0
├── ora@5.1.0
├── puppeteer@5.5.0
├──                       rollup@0.57.1
├── rollup-plugin-babel@4.4.0
├── rollup-plugin-commonjs@8.3.0
└── rollup-plugin-node-resolve@3.0.3
```

▲ 圖 7-6

由此可見，確保相依函式庫的安全同樣重要。但是相依的程式不可控因素太多，下面從多個方面介紹相依的安全性問題。

7.4.1 函式庫的選擇

npm 上託管了成千上萬個函式庫，其中不乏很多優秀的函式庫，但也有很多函式庫的品質一般，安全性也得不到保證，那麼應該如何篩選一個安全的函式庫呢？一般來說，可以參考下面的資訊。

GitHub 上有很多有價值的資訊，Start 數代表了一個函式庫的知名度，知名度越高的函式庫越值得信賴。圖 7-7 所示為 Lodash 函式庫在 GitHub 上的 Start 數，透過 Start 數可以看出 Lodash 函式庫被很多人關注。

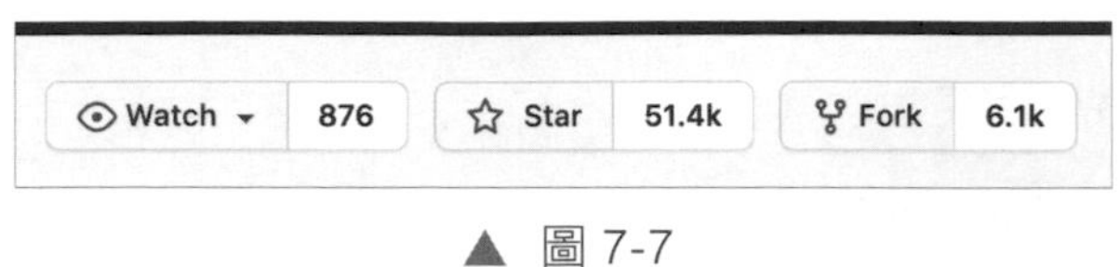

▲ 圖 7-7

GitHub 上的 Issues 資訊可以反映一個函式庫的品質，一般 Issues 少的函式庫品質更好，並且透過 Issues 資訊還能看出一個函式庫是否被積極維護中。圖 7-8 所示為 Lodash 函式庫在 GitHub 上的 Issues 資訊截圖，可以看出 Issues 修復數量較多。

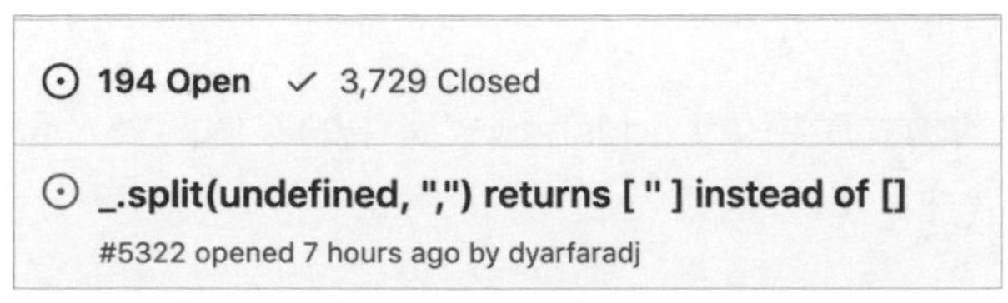

▲ 圖 7-8

npm 上的下載量也是重要指標，下載量可以反映真實環境的使用情況。圖 7-9 所示為 Lodash 函式庫的下載量，可以看出使用者較多。

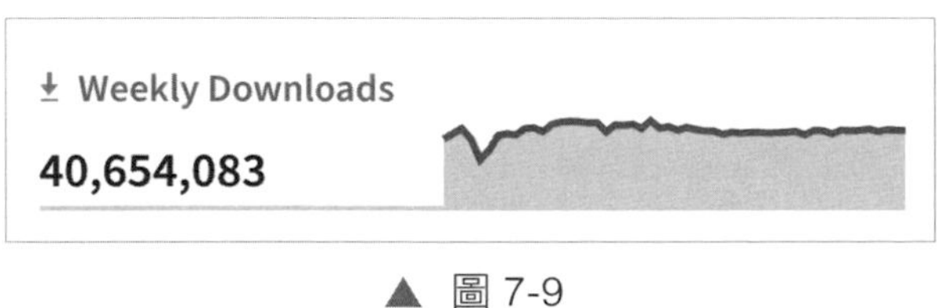

▲ 圖 7-9

建議使用前對相依的函式庫做一個完整檢查，包括原始程式、打包、相依項、使用情況和是否積極維護等。

7.4.2 正確區分相依

npm 中存在以下 5 種不同類型的相依，業務專案都用 dependencies 相依即可，開放原始碼函式庫需要正確區分和使用它們。這裡重點介紹前 3 種的區別。

- dependencies。
- devDependencies。
- peerDependencies。
- bundleDependencies。
- optionalDependencies。

如果我們的函式庫在執行時期需要相依的函式庫要增加為 dependencies 相依，那麼在使用 npm 安裝某個函式庫時，會預設將這個函式庫增加為 dependencies 相依。

例如，我們的函式庫相依 Lodash 函式庫中的某個函式，可以使用如下命令安裝 Lodash 函式庫：

```
$ npm install --save lodash
```

上面命令中的參數 --save 可以省略，npm 在安裝相依的同時，會預設將相依增加到 package.json 檔案的 dependencies 欄位中。範例程式如下：

```
{
  "dependencies": {
    "lodash": "^4.17.21"
  }
}
```

我們的函式庫在開發時也會用到很多相依，如建構打包、單元測試、Lint 等相關工具函式庫，這些相依應該放到 devDependencies 相依中。當使用 npm 安裝某個函式庫時，不會安裝這個函式庫 devDependencies 相依中的函式庫。

一定要正確區分 devDependencies 和 dependencies，否則可能會給使用函式庫的專案安裝不必要的相依。

增加參數 --save-dev，npm 在安裝時會將相依增加為 devDependencies 相依，範例如下：

```
$ npm install --save-dev rollup
```

peerDependencies 相依平時用的不多，如果某個函式庫需要相依別的函式庫才能使用，則可以用到 peerDependencies 相依。例如，如果撰寫了一個 React 的外掛程式，則可以將 React 作為外掛程式的 peerDependencies 相依，peerDependencies 相依存放在 package.json 檔案的 peerDependencies 欄位中。範例程式如下：

```
{
  "peerDependencies": {
    "react": "^17.0.2"
  }
}
```

peerDependencies 相依其實是把相依環境的安裝交給了使用者，npm 在安裝一個函式庫時，會檢測這個函式庫 peerDependencies 中的相依是否存在，不存在時會舉出警告提示[①]。

7.4.3 版本問題

假設有兩個函式庫 A 和 C，當這兩個函式庫都相依同一個函式庫 B，但是相依的版本不一樣時會發生什麼呢？

① npm v2 之前會自動安裝同等相依，npm v3 不再自動安裝，會給予警告。

在 npm v2 中，每個函式庫的相依都會安裝在自己的目錄下，但是這樣完全不能重複使用，會存在重複安裝的問題，這在 Node.js 中還好，但在瀏覽器應用中重複安裝的函式庫會被重複打包，一個函式庫被重複打包會帶來性能問題。

npm v3 修復了這個問題，如果兩個函式庫的版本能夠重複使用，就只會安裝一份。圖 7-10 所示為 npm v2 和 npm v3 安裝相依的區別。

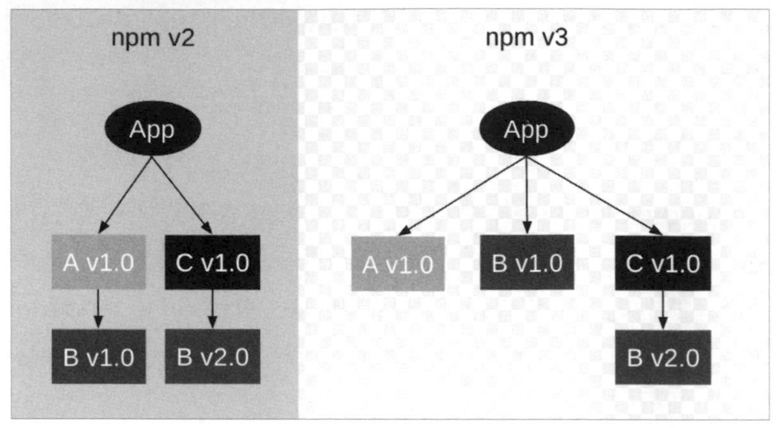

▲ 圖 7-10

npm 如何確定兩個函式庫相依的同一個函式庫是否能夠重複使用呢？判斷版本必須完全一致是不可行的，想要搞清楚這個問題，需要先介紹語義化版本（Semantic Versioning，SemVer）。目前，社群在使用的 SemVer 版本是 2.0，簡稱 SemVer 2.0。

SemVer 規定版本編號的格式為“主版本編號 . 次版本編號 . 修訂號”，版本編號的含義如下。

- 主版本編號：當做了不相容的 API 修改時。
- 次版本編號：當做了向下相容的功能性新增時。
- 修訂號：當做了向下相容的問題修正時。

當兩個函式庫同時相依的一個函式庫的主版本編號一致，只有次版本編號不一致時，npm 在安裝相依時，會自動選擇次版本編號更大的一個進行安裝。

按照 SemVer 規範，這樣做是安全的，npm 能夠這樣做的前提是在兩個函式庫相依的同一個函式庫的版本編號前面有個“^”。版本編號前面的“^”叫作版本編號首碼，首碼還可以是“~”和無首碼。不同首碼的區別如下：

```
{
  "dependencies": {
    "lodash": "^4.17.21", // 首碼為 "^"：固定主版本，次版本和修訂版本可以升級
    "lodash": "~4.17.21", // 首碼為 "~"：固定主版本和次版本，修訂版本可以升級
    "lodash": "4.17.21" // 無首碼：固定版本
  }
}
```

使用 npm 安裝一個函式庫時，預設會自動在版本編號前面增加“^”，可以透過“npm config”命令改變這個預設行為，命令如下：

```
$ npm config set save-prefix="~" # 預設為 "~"
$ npm config set save-prefix="" # 預設不增加首碼
```

對於 dependencies 和 peerDependencies 中的版本編號，建議使用“^”作為首碼，這樣使用者在使用我們的函式庫時，可以避免重複安裝相依；對於 devDependencies，建議使用固定版本編號，這樣可以避免每次安裝時版本可能不一致的問題。

上面提到函式庫的 dependencies 相依使用“^”作為首碼，這樣函式庫的相依函式庫就是動態版本。

使用我們函式庫的專案，相依函式庫還是可能每次安裝都不一致。為了解決這個問題，npm v5 中引入了 lock 檔案，現在使用 npm 安裝完會在專案的根目錄下建立一個 package-lock.json 檔案，裡面對整個 node_modules 目錄做了記錄，可以確保下次安裝時的一致性。

需要注意的是，package-lock.json 檔案不會被發佈到 npm 上，也就是說，我們函式庫中的 lock 檔案不會影響使用我們函式庫的專案。

7.4.4 相依過期

一般來說，函式庫的小版本更新會修復某些問題，升級到新的版本是風險比較小的操作，建議讀者即時保持小版本的更新。但是我們的函式庫可能相依了很多函式庫，每個函式庫的更新都不會通知我們，那麼如何知道哪個函式庫又有了新版本呢？

對於上述問題，可以透過執行“npm outdated”命令來解決。圖 7-11 所示為對我們的深拷貝函式庫執行“npm outdated”命令的結果。

“npm outdated”命令將檢查過時的軟體套件。圖 7-11 中“Wanted”列是該命令舉出的符合 SemVer 規範版本安全的最新軟體套件，“Latest”列是最新的軟體套件。借助這個命令可以查看哪些相依函式庫有更新，然後進行升級，升級後不要忘記測試功能是否正常。

```
→ clone git:(master) npm outdated
Package                           Current  Wanted  Latest  Locatio
@babel/core                        7.12.3  7.16.0  7.16.0  clone
@babel/plugin-transform-runtime    7.12.1  7.16.4  7.16.4  clone
@babel/preset-env                  7.12.1  7.16.4  7.16.4  clone
@babel/register                     7.0.0  7.16.0  7.16.0  clone
@babel/runtime-corejs2             7.12.5  7.16.3  7.16.3  clone
@babel/runtime-corejs3             7.12.5  7.16.3  7.16.3  clone
babel-plugin-istanbul               5.1.0   5.2.0   6.1.1  clone
core-js                             3.8.0  3.19.1  3.19.1  clone
cross-env                           5.2.0   5.2.1   7.0.3  clone
mocha                               3.5.3   3.5.3   9.1.3  clone
nyc                                13.1.0  13.3.0  15.1.0  clone
ora                                 5.1.0   5.4.1   6.0.1  clone
puppeteer                           5.5.0   5.5.0  11.0.0  clone
rollup                             0.57.1  0.57.1  2.60.1  clone
rollup-plugin-commonjs              8.3.0   8.4.1  10.1.0  clone
rollup-plugin-node-resolve          3.0.3   3.4.0   5.2.0  clone
```

▲ 圖 7-11

7.4.5 安全檢查

即使是擁有許多使用者的函式庫，也不一定就是安全的。下面介紹社群中曾經發生過的一些安全問題。

2016 年 3 月，一個開發者因為對 npm 不滿，所以將自己所有的函式庫都從 npm 下架了①，其中包括被廣泛使用的 left-pad 函式庫，導致 Babel、React Native、Ember 等大量工具建構失敗。這在當時引起了很多討論，直接導致 npm 後來更改了規則，已經發佈了的函式庫不能隨意下架。

left-pad 函式庫僅有 11 行程式，可以實現格式化補充首碼功能，如今可以使用 ECMAScript 2015+ 引入的 String.prototype.padStart 方法代替。left-pad 函式庫的程式和使用範例如下：

```
function leftpad(str, len, ch) {
  str = String(str);
  var i = -1;
  if (!ch && ch !== 0) ch = ' ';
  len = len - str.length;
  while (++i < len) {
    str = ch + str;
  }
  return str;
}

leftpad('1', 3, 0); // '001'
```

antd 是非常流行的前端元件函式庫，被大量團隊的大量專案使用。2018 年 12 月 25 日，antd 元件的樣式悄悄變了，所有的 Button 元件都被加上了雪花，這在當時引起了非常大的社群問題，antd 的這次事件曝露出的問題是執行良好的函式庫可能在未來某個時間點改變行為。

2018 年 11 月，event-stream 函式庫曝出其相依的函式庫被注入惡意程式碼，駭客利用該惡意程式碼竊取安裝這個函式庫的使用者的數字貨幣。

2021 年 10 月，一款名為 UAParser.js 的 npm 套件遭到駭客攻擊，並被惡意程式碼修改。

① left-pad 函式庫的開發者寫了部落格文章闡述原因，文章的標題是 "I've Just Liberated My Modules"。

如果相依了上面的函式庫，那麼我們的函式庫也會突然不能執行；可能在某一天悄悄改變了行為；也可能被注入了惡意程式碼，所以要謹慎地選擇相依的函式庫。

那麼如何能夠即時發現相依的函式庫是否安全呢？可以透過“npm audit”命令，該命令執行安全審核，掃描相依是否存在漏洞。圖 7-12 所示為我們的深拷貝函式庫的掃描結果，提示 handlebars 庫存在一個高風險問題，透過 Path 資訊，還能清楚地看見 handlebars 函式庫是如何被相依引入的。

```
➜ clone git:(master) npm audit

                    === npm audit security report ===

# Run  npm install --save-dev nyc@15.1.0  to resolve 16 vulnerabilities
SEMVER WARNING: Recommended action is a potentially breaking change
```

High	Arbitrary Code Execution in handlebars
Package	handlebars
Dependency of	nyc [dev]
Path	nyc > istanbul-reports > handlebars
More info	https://github.com/advisories/GHSA-q2c6-c6pm-g3gh

▲ 圖 7-12

執行“npm audit”命令後，在控制台輸出的最後面整理了錯誤資訊，有了這些資訊，就可以修復並替換有問題的相依了，如圖 7-13。

```
found 34 vulnerabilities (1 low, 16 moderate, 14 high, 3 critical) in 491 scanned packages
  run `npm audit fix` to fix 14 of them.
  20 vulnerabilities require semver-major dependency updates.
```

▲ 圖 7-13

綜上所述，一個核心原則是不要太相依其他的函式庫，相依的函式庫越少往往越安全，這需要函式庫的開發者在效率和安全之間做好權衡。

7.5 本章小結

本章介紹了如何做好開放原始碼函式庫的安全防護工作，主要包括如下內容：

- 如何防護意外。
- 如何避免原型入侵及防範原型污染。
- 如何保證相依的安全。

同時介紹了在開放原始碼社群中出現過的典型安全案例。對於開放原始碼函式庫來說，防患於未然，建議讀者認真對待，用嚴格標準要求自己。

第 8 章 抽象標準函式庫

前面介紹了開發函式庫的最佳實踐，本章將介紹開發函式庫的過程中會用到的通用功能，並將這些功能抽象為基礎函式庫，這些函式庫是為更好地開發函式庫而撰寫的，使用這些函式庫可以極大地提高函式庫的開發效率。

8.1 類型判斷

在 6.2 節中提到對函式參數做防禦式程式設計，其中提到不同類型的參數會有不同的處理邏輯，這需要知道參數的類型，然而在 JavaScript 中獲取參數的類型並不容易。下面介紹獲取資料型態常用的方法和存在的問題。

8.1.1 背景知識

對於資料為空的情況，經常要做防禦式程式設計，錯誤之一是使用非運算子直接判斷，這會把很多假值計算在內。常見的假值有 0、''（空白字串）、false、null、undefined 等。範例程式如下：

```
function double(x) {
  // 0 會被錯誤計算
  if (!x) {
    return NaN;
  }
  return x * 2;
}
```

對於空白判決，另一種寫法是直接與 null 和 undefined 進行比較。範例程式如下：

```
function double(x) {
  if (x === null || x === undefined) {
    return NaN;
  }
  return x * 2;
}
```

這種寫法有一個比較嚴重的安全問題。在 JavaScript 中，undefined 並不是關鍵字，而是 window[①]上的一個屬性，在 ECMAScript 5 之前這個屬性是可寫入的，如果 undefined 被重新賦值，則在過時瀏覽器中執行如下程式，由於 undefined 屬性被改寫了，因此會導致判斷不能生效。

```
window.undefined = 1;

var x; // x 未被賦值
// 判斷不能生效，因為 undefined 為 1
if (x === undefined) {
  console.log(111);
}
```

雖然在現代瀏覽器中不會有這個 Bug，但是如果函式的作用域中存在名字為 undefined 的變數，則還是會有問題，這被稱作 undefined 變數覆蓋。範例程式如下：

① 瀏覽器環境下的全域物件是 window，Node.js 環境下的全域物件是 global。

```
(function () {
  var undefined = 1;
  var x;
  // 判斷不能生效
  if (x === undefined) {
    console.log(111);
  }
})();
```

對於空白判決，還有比較巧妙的方法。可以只和 null 判斷相等，借助自動轉型達到同樣的效果。由於 null 是 JavaScript 中的關鍵字，無法作為變數的名字，因此 null 沒有 undefined 變數覆蓋的問題。範例程式如下：

```
window.undefined = 1;

function double(x) {
  if (x == null) {
    return NaN;
  }
  return x * 2;
}
```

在完全相等操作符號是最佳實踐的背景下，這種做法並不被鼓勵。還可以使用 typeof 操作符號來判斷 undefined，typeof 透過內部類型判斷，不存在 undefined 變數覆蓋的問題。範例程式如下：

```
window.undefined = 1;

function double(x) {
  if (x == null || typeof x === 'undefined') {
    return NaN;
  }
  return x * 2;
}
```

下面來看 number 類型態資料的判斷問題。對於 number 類型態資料，有個需要注意的地方，在 JavaScript 中有個特殊的值叫作 NaN，NaN 的類型也是 number，編碼中很少直接使用 NaN，通常都是在計算失敗時會得到這個值。

雖然 NaN 的類型也是 number，但是將 NaN 作為正常 number 類型態資料使用時就會顯示出錯，如呼叫 NaN 上的 toFixed 方法就會顯示出錯。更好的做法是增加 isNaN 判斷，需要注意 number 類型態資料要判斷是否為 NaN 的特殊邏輯。範例程式如下：

```
const x = Math.sqrt(-1); // NaN

// 注意這裡的 isNaN 判斷
if (typeof x === 'number' && !isNaN(x)) {
  console.log(x.toFixed(2));
}
```

也可以使用 ECMAScript 2015 中新增的 Number.isNaN 方法。和全域函式 isNaN 相比，Number.isNaN 方法不會自行將參數的類型轉換成數字類型。Number.isNaN 方法等值於如下程式邏輯，使用 Number.isNaN 方法是更好的辦法，但是需要注意相容性問題。

```
Number.isNaN = function (value) {
  return typeof value === 'number' && isNaN(value);
};
```

下面來看 typeof 操作符號的問題。typeof 只能判斷基底資料型別，對於引用資料型態，得到的值都是‘object’。範例程式如下：

```
typeof []; // 'object'
typeof {}; // 'object'
typeof null; // 'object'
```

可以使用 instanceof 操作符號來檢測引用資料型態，其原理是檢測 constructor.prototype 是否存在於參數 object 的原型鏈上。範例程式如下：

```
{} instanceof Object // true
[] instanceof Array // true
/reg/ instanceof RegExp // true
```

使用 instanceof 做類型判斷時，存在的第一個問題是不夠準確。例如，如下程式，陣列類型對於 Array 和 Object 都傳回 true，這是因為 Object.prototype 是所有物件的原型。

```
[] instanceof Array // true
[] instanceof Object // true，注意這裡
```

使用 instanceof 做類型判斷時，一定要注意順序問題，如果順序錯誤，則可能會得不到正確的結果。範例程式如下：

```
function type(x) {
  if (x instanceof Object) {
    return 'object';
  }

  // Array 永遠得不到正確的類型
  if (x instanceof Array) {
    return 'array';
  }
}
type([]); // object
```

使用 instanceof 做類型判斷時，存在的另一個冷門的問題是，當頁面中存在多個 iframe 時，其判斷可能會傳回錯誤的結果，這個問題一般會在多視窗之間傳遞值時發生。範例程式如下：

```
[] instanceof window.frames[0].Array // 傳回 false
[] instanceof window.Array // 傳回 true
```

對於陣列的判斷，更好的辦法是使用 ECMAScript 5 帶來的新方法 Array.isArray，這個方法在任何情況下都可以得到可靠的結果。Array.isArray 方法的使用範例如下：

```
Array.isArray([]); // true
Array.isArray(1); // false
```

另一種常用的判斷類型的方式是使用可以獲取資料的內部類型的方法，借助 Object.prototype.toString 方法可以獲取資料的內部類型。範例程式如下：

```
const toString = Object.prototype.toString;

toString.call({}); // [object Object]
toString.call(null); // [object Null]
toString.call(/reg/); // [object RegExp]
```

需要注意的是，在 ECMAScript 5 之前，Object.prototype.toString 方法對於 undefined 和 null 並不能傳回正確的值，如果有相容性需求，則需要注意這個問題。

ECMAScript 2015 引入了 Symbol.toStringTag 屬性，可以修改內部類型的值，這會影響 toString 方法的傳回值，範例程式如下，使用 Symbol.toStringTag 屬性需要注意相容性問題。

```
const toString = Object.prototype.toString;
const obj = {};

toString.call(obj); // '[object Object]'

obj[Symbol.toStringTag] = 'MyObject'; // 修改內部類型

toString.call(obj); // '[object MyObject]'
```

8.1.2 抽象函式庫

透過前面的介紹可以知道，想在 JavaScript 中獲取資料的類型不是一件容易的事情，需要開發者根據不同的場景選擇正確的方式，這非常依賴開發者的經驗。下面抽象一個類型判斷函式庫，其功能是可以簡單、準確地獲取資料的類型。

類型判斷函式庫對外曝露 type 函式，type 函式的設計範例程式如下，其接收一個參數，並傳回參數類型的字串表示。

```
export function type(x) {
  return 'unknown'; // 傳回類型
}
```

下面來一步一步完成 type 函式，首先解決基本類型的判斷。對於基本類型直接使用 typeof 操作符號進行判斷即可，但是對於 null 則需要特殊處理。範例程式如下：

```
export function type(x) {
  const t = typeof x;

  if (x === null) {
    return 'null';
  }

  if (t !== 'object') {
    return t;
  }

  return 'unknown'; // 傳回類型
}
```

下面給我們的 type 函式增加單元測試程式，驗證結果，這裡只舉出關鍵程式，如下所示：

```
expect(type(undefined), 'undefined');
expect(type(null), 'null');
expect(type(true), 'boolean');
expect(type(1), 'number');
expect(type(''), 'string');
expect(type(Symbol()), 'symbol');
```

對於物件類型態資料，可以使用 toString 方法獲取資料的內部類型，修改後的程式如下：

```
export function type(x) {
  const t = typeof x;

```

```
  if (x === null) {
    return 'null';
  }

  if (t !== 'object') {
    return t;
  }

  // 下面是新增的程式
  const toString = Object.prototype.toString;
  // toString 方法傳回 [object Array]，此處截取 Array
  const innerType = toString.call(x).slice(8, -1);
  // 轉換為小寫形式，Array => array
  const innerLowType = innerType.toLowerCase();
  // 預留位置
  return innerLowType;
  // 上面是新增的程式

  return 'unknown'; // 傳回類型
}
```

增加單元測試程式來測試效果，範例程式如下：

```
expect(type({}), 'object');
expect(type([]), 'array');
expect(type(/a/), 'regexp');
expect(type(Math), 'math');
```

在 JavaScript 中，有 3 個基本類型有對應的包裝類型，分別是 Boolean、Number 和 String，包裝類型需要使用 new 操作符號來建立。在 JavaScript 中，可以直接在原始類型上呼叫原型方法，這是因為引擎會在內部自動建立包裝類型。範例程式如下：

```
'1-2'.split('-'); // [1, 2]，在原始類型上可以直接呼叫原型方法
```

一般很少使用包裝類型，但包裝類型和原始類型是有區別的，透過完全相等判斷可以看出二者之間的區別。範例程式如下：

```
new Boolean(true) === true; // false
new String('1') === '1'; // false
new Number(1) === 1; // false
```

現在，我們的 type 函式還不能區分兩種類型，範例程式如下：

```
type(1); // 傳回 'number'
type(new Number(1)); // 傳回 'number'，和原始類型傳回值一樣
```

下面修改我們的程式，使其可以區分兩種類型。範例程式如下：

```
export function type(x) {
  // 在上面程式中的預留位置增加如下程式
  // 區分 String() 和 new String()
  if (['String', 'Boolean', 'Number'].includes(innerType)) {
    return innerType;
  }

  // 預留位置
}
```

增加單元測試程式來測試效果，範例程式如下：

```
expect(type(new Number(1)), 'Number');
expect(type(new String('1')), 'String');
expect(type(new Boolean(true)), 'Boolean');
```

在 ECMAScript 5 中可以透過自訂建構函式來建立物件實例，在 ECMAScript 2015 中可以透過 Class 來建立物件實例，對於這種類型的實例，現在的 type 函式無法區分普通物件實例和透過自訂建構函式建立的物件實例。範例程式如下：

```
function A() {}

const a = new A();

type({}); // object
type(a); // object
```

對於上述這種情況，可以透過物件原型上的 constructor 屬性來獲取建構函式，進而獲得函式名稱，傳回名字即可。範例程式如下：

```
function A() {}
const a = new A();

console.log(a.constructor.name); // 'A'
```

在上面程式中的預留位置增加如下程式，即可區分透過自訂建構函式建立的物件實例。

```
export function type(x) {
  // function A() {}; new A
  if (typeof x?.constructor?.name === 'string') {
    return x.constructor.name;
  }
}
```

增加單元測試程式來測試效果，範例程式如下：

```
function A() {}
expect(type(new A()), 'A');
```

至此，類型判斷函式庫已經初步完成，完整的範例可以查看隨書程式。

下面將類型判斷函式庫發佈到 npm 上，以便能夠給其他的函式庫使用。首先修改 package.json 檔案中的 name 欄位，範例程式如下：

```
{
  "name": "@jslib-book/type"
}
```

接下來，執行下面的命令，即可完成建構並發佈。在看到發佈成功的訊息後，就大功告成了。

```
$ npm build
$ npm publish --access public
```

其他專案可以使用如下命令來安裝我們的類型判斷函式庫：

```
$ npm install --save @jslib-book/type
```

8.2 函式工具

函式是開放原始碼函式庫十分常見的對外介面。對於開放原始碼函式庫來說，經常對函式進行一些常見包裝後，才會對外匯出，可以將這些操作抽象為通用的功能。本節將抽象一個函式工具函式庫，其中包含多個操作函式的函式工具函式庫。

8.2.1 once

有時候，函式只希望被執行一次，除了每次都實現一個隻執行一次的函式，更好的做法是可以抽象一個公共函式，實現對傳入函式的包裝，使其只能執行一次。once 函式的範例程式如下：

```
export function once(fn) {
  let count = 0;
  return function (...args) {
    if (count === 0) {
      count += 1;
      return fn(...args);
    }
  };
}
```

假設有個函式 log，透過 once 函式包裝，即可實現只執行一次。範例程式如下：

```
let i = 0;

const log = () => {
  console.log(i++);
```

```
};
const log1 = once(log);

// 原函式每次都執行
log(); // 輸出 0
log(); // 輸出 1

// 透過 once 函式包裝後，函式只執行一次
log1(); // 輸出 2
log1(); // 無輸出
```

8.2.2 curry

curry（柯里化）也是比較常用的功能，它可以將普通函式變成可以傳入部分參數的函式，一個典型的使用場景是可以給函式預設一些參數。例如，add 函式接收兩個參數，透過 curry 可以生成預設加 10 的新函式 curryAdd10。範例程式如下：

```
function add(x, y) {
  return x + y;
}

add(1, 2); // 3

const curryAdd10 = curry(add)(10);

curryAdd10(2); // 12
```

下面是實現 curry 的程式，其核心是透過一個陣列來儲存傳入的參數清單，當參數清單中實際儲存的參數的個數達到預設參數個數時，就執行函式並傳回執行結果。

```
export function curry(func) {
  const len = func.length;
  function partial(func, argsList, argsLen) {
    // 當參數的個數達到期望個數時，傳回執行結果
    if (argsList.length >= argsLen) {
```

```
      return func(...argsList);
    }

    // 當參數的個數少於期望個數時，繼續傳回函式
    return function (...args) {
      return partial(func, [...argsList, ...args], argsLen);
    };
  }

  return partial(func, [], len);
}
```

8.2.3 pipe

將指定的函式串起來執行，每次都將前一個函式的傳回值傳遞給後一個函式作為輸入，這個過程在函式程式設計中被稱為 pipe，pipe 執行函式的順序是從左往右。pipe 函式的使用範例如下：

```
function a() {
  console.log('a');
}
function b() {
  console.log('b');
}
function c() {
  console.log('c');
}

const pipefn = pipe(a, b, c); // 等值於 c(b(a()))

pipefn(); // 先後輸出 'a'、'b' 和 'c'
```

下面是實現 pipe 函式的程式，其核心是使用陣列的 reduce 方法。

```
export function pipe(...fns) {
  return function (...args) {
    // 將前一個函式的輸出 prevResult 傳遞給下一個函式的參數，第一個函式的參數是使用者傳入的參數
args
```

```
    return fns.reduce((prevResult, fn) => fn(...prevResult), args);
  };
}
```

8.2.4 compose

compose 和 pipe 類似，也是將函式串起來執行，每次都將前一個函式的傳回值傳遞給後一個函式作為輸入，compose 和 pipe 的區別是其執行函式的順序是從右往左。compose 函式的使用範例如下：

```
function a() {
  console.log('a');
}
function b() {
  console.log('b');
}
function c() {
  console.log('c');
}

const composefn = compose(a, b, c); // 等值於 a(b(c()))

composefn(); // 先後輸出 'c'、'b' 和 'a'
```

下面是實現 compose 函式的程式，compose 函式有很多種實現方式。參考實現 pipe 函式的程式，只要將其中的 reduce 改成 reduceRight 即可，reduceRight 和 reduce 類似，但其執行函式的順序是從右往左。

```
export function compose(...fns) {
  return function (...args) {
    // 將前一個函式的輸出 prevResult 傳遞給下一個函式的參數，第一個函式的參數是使用者傳入的參數
args
    return fns.reduceRight((prevResult, fn) => fn(...prevResult), args);
  };
}
```

再來看另一種實現思路。由於已經有了上面的 pipe 函式，因此 compose 函式可以相依 pipe 函式，這樣只需要將傳入的函式陣列翻轉順序即可。下面是這種實現思路的程式：

```
export function compose(...fns) {
  return function (...args) {
    // 使用陣列的 reverse 方法翻轉順序
    return pipe(...args.reverse());
  };
}
```

compose 函式可以被用來設計中介軟體系統，如狀態管理函式庫 redux 的中介軟體的設計就是使用了 compose 函式。下面的程式是 redux 函式庫中對 compose 函式的實現：

```
export function compose(...funcs) {
  if (funcs.length === 0) {
    return (arg) => arg;
  }

  if (funcs.length === 1) {
    return funcs[0];
  }

  return funcs.reduce(
    (a, b) =>
      (...args) =>
        a(b(...args))
  );
}
```

可以看到其和我們前面的實現還是有很大不同的。在最開始考慮了函式個數為 0 和 1 的特殊情況，當函式個數大於 1 時，主要區別是嵌套關係的組合。我們的函式在執行時才將傳入的函式按順序嵌套起來，而 redux 函式庫中的 compose 函式在執行階段即傳回嵌套好的函式。兩者關鍵程式的區別如下：

```
// 我們的實現
return function (...args) {
  return fns.reduceRight((prevResult, fn) => fn(...prevResult), args);
};

// redux 函式庫中的實現
return funcs.reduce(
  (a, b) =>
    (...args) =>
      a(b(...args))
);
```

下面將函式程式庫發佈到 npm 上，以便能夠給其他的函式庫使用。首先修改 package.json 檔案中的 name 欄位，範例程式如下：

```
{
  "name": "@jslib-book/functional"
}
```

接下來，執行下面的命令，即可完成建構並發佈。在看到發佈成功的訊息後，就大功告成了。

```
$ npm build
$ npm publish --access public
```

其他專案可以使用如下命令安裝我們的函式程式庫：

```
$ npm install --save @jslib-book/functional
```

8.3 資料拷貝

本節將深入解析深拷貝難題，由淺入深，環環相扣，總共涉及 4 種深拷貝方式，每種方式都有自己的優點和缺點。

8.3.1 背景知識

先來介紹什麼是深拷貝，和深拷貝有關係的另一個術語是淺拷貝，對這部分知識了解的讀者可以跳過閱讀。

其實深拷貝和淺拷貝都是針對參考類型資料的。JavaScript 中的變數類型分為數值型別（基本類型）和參考類型；當將一個數值型別的變數賦值給另一個變數時，會對值進行一份拷貝；而當將一個參考類型的變數賦值給另一個變數時，則會進行位址的拷貝，最終兩個變數指向同一份資料。兩者的區別範例如下：

```
// 基本類型
var a = 1;
var b = a;
a = 2;
console.log(a, b); // 2, 1；變數 a 和 b 指向不同的資料

// 參考類型指向同一份資料
var a = { c: 1 };
var b = a;
a.c = 2;
console.log(a.c, b.c); // 2, 2；全是 2，變數 a 和 b 指向同一份資料
```

當變數 a 為參考類型變數時，執行賦值操作後，變數 a 和 b 指向同一份資料，如果對其中一個變數進行修改，就會影響到另外一個變數。有時候這可能不是我們想要的結果，如果對這種現象不清楚的話，還可能造成不必要的 Bug。

那麼應該如何切斷變數 a 和 b 之間的關係呢？可以拷貝一份變數 a 的資料。根據拷貝的層級不同可以分為淺拷貝和深拷貝，淺拷貝就是只進行一層拷貝，而深拷貝則是無限層級拷貝。兩種拷貝的區別範例如下：

```
var a1 = {b: {c: {}}};

var a2 = shallowClone(a1); // 淺拷貝
a2.b.c === a1.b.c // true
```

```
var a3 = clone(a1); // 深拷貝
a3.b.c === a1.b.c // false
```

淺拷貝的實現非常簡單，並且有多種方法，其實就是遍歷物件屬性的問題。這裡只舉出一種方法，範例程式如下：

```
function shallowClone(source) {
  var target = {};
  for (var i in source) {
    if (source.hasOwnProperty(i)) {
      target[i] = source[i];
    }
  }

  return target;
}
```

8.3.2 最簡單的深拷貝

本節來介紹深拷貝，深拷貝的問題其實可以分解成兩個問題，即淺拷貝 + 遞迴。假設有如下資料：

```
var a1 = { b: { c: { d: 1 } } };
```

只要稍加改動，給前面實現淺拷貝的程式增加遞迴，即可實現最簡單的深拷貝。範例程式如下：

```
function clone(source) {
  var target = {};
  for (var i in source) {
    if (source.hasOwnProperty(i)) {
      if (typeof source[i] === 'object') {
        target[i] = clone(source[i]); // 注意這裡
      } else {
        target[i] = source[i];
      }
```

```
    }
  }

  return target;
}
```

相信大部分讀者都能寫出上面的程式，但是上面的程式問題很多。先來舉幾個例子：

- 沒有對參數做驗證。
- 判斷是否是物件的邏輯不夠嚴謹。
- 沒有考慮陣列的相容性。

下面來看一下各個問題的解決辦法。首先需要抽象一個判斷物件的方法，比較常用的判斷物件的方法如下：

```
function isObject(x) {
  return Object.prototype.toString.call(x) === '[object Object]';
}
```

函式需要增加參數驗證，如果不是物件的話，則直接傳回。範例程式如下：

```
function clone(source) {
  if (!isObject(source)) return source;

  // xxx
}
```

關於第三個問題，讀者可以查看隨書程式，本書不再詳細說明。其實上面的三個問題都是小問題，遞迴方法最大的問題在於爆堆疊，當資料的層級很深時就會發生堆疊溢位。

下面的 createData 函式可以生成指定深度和每層廣度的資料，這個函式後面還會用到。createData 函式的程式實現和使用方式範例如下：

```
function createData(deep, breadth) {
  var data = {};
  var temp = data;

  for (var i = 0; i < deep; i++) {
    temp = temp['data'] = {};
    for (var j = 0; j < breadth; j++) {
      temp[j] = j;
    }
  }

  return data;
}

createData(1, 3); // 1 層深度，每層有 3 個資料 {data: {0: 0, 1: 1, 2: 2}}
createData(3, 0); // 3 層深度，每層有 0 個資料 {data: {data: {data: {}}}}
```

當傳遞給 clone 函式的資料層級很深時就會發生堆疊溢位，但是資料的廣度不會造成溢位。範例程式如下：

```
clone(createData(1000)); // 不會溢位
clone(createData(10000)); // Maximum call stack size exceeded

clone(createData(10, 100000)); // 廣度大，不會溢位
```

大部分情況下不會出現這麼深層級的資料，但有一種特殊情況，就是迴圈引用。例如，以下程式就會導致堆疊溢位：

```
var a = {};
a.a = a;

clone(a); // Maximum call stack size exceeded，直接無窮迴圈了
```

解決迴圈引用問題的方法有兩種，一種是迴圈檢測，另一種是暴力破解。對於迴圈檢測，讀者可以自行思考一下；下面的內容將詳細講解暴力破解。

8.3.3 一行程式的深拷貝

使用系統附帶的 JSON.stringify 方法和 JSON.parse 方法可以實現一行程式的深拷貝，這是非常聰明的做法。範例程式如下：

```
function cloneJSON(source) {
  return JSON.parse(JSON.stringify(source));
}
```

下面來測試 cloneJSON 方法有沒有溢位的問題，看起來 cloneJSON 方法內部也是使用遞迴的方式。範例程式如下：

```
cloneJSON(createData(10000)); // Maximum call stack size exceeded
```

雖然用了遞迴，但是迴圈引用資料並不會造成堆疊溢位，JSON.stringify 方法內部做了迴圈引用的檢測，正是上面提到解決迴圈引用的第一種方法——迴圈檢測。範例程式如下：

```
var a = {};
a.a = a;

cloneJSON(a); // Uncaught TypeError: Converting circular structure to JSON
```

8.3.4 破解遞迴爆堆疊

破解遞迴爆堆疊的方法有兩種：第一種是消除尾遞迴，但在這個範例中行不通；第二種是不用遞迴，改用迴圈。

例如，假設有如下資料：

```
var a = {
  a1: 1,
  a2: {
    b1: 1,
    b2: {
      c1: 1,
    },
```

```
  },
};
```

其資料結構是樹狀的，如下所示：

```
    a
  /   \
 a1   a2
 |    / \
 1   b1 b2
     |   |
     1  c1
         |
         1
```

使用迴圈遍歷一棵樹需要借助一個堆疊，當堆疊為空時就遍歷完了。堆疊裡面儲存下一個需要拷貝的節點，堆疊中每個節點要儲存 3 個資料，分別是待拷貝的節點 data、待拷貝節點的父節點 parent、待拷貝節點在父節點中的屬性值 key。

首先往堆疊中放入種子資料，第一個種子節點就是根節點。然後遍歷當前節點下的子元素，如果是物件，就放到堆疊中，否則直接拷貝。範例程式如下：

```
function cloneLoop(x) {
  const root = {};

  // 堆疊
  const loopList = [
    {
      parent: root,
      key: undefined,
      data: x,
    },
  ];

  while (loopList.length) {
    // 深度優先
    const node = loopList.pop();
```

```
    const parent = node.parent;
    const key = node.key;
    const data = node.data;

    // 初始化賦值目標
    let res = parent;
    if (typeof key !== 'undefined') {
      res = parent[key] = {};
    }

    for (let k in data) {
      if (data.hasOwnProperty(k)) {
        if (typeof data[k] === 'object') {
          // 下一次迴圈
          loopList.push({
            parent: res,
            key: k,
            data: data[k],
          });
        } else {
          res[k] = data[k];
        }
      }
    }
  }

  return root;
}
```

改用迴圈後，再也不會出現爆堆疊的問題了，但是對於迴圈引用的資料，依然會無窮迴圈，無法完成拷貝。

8.3.5 破解迴圈引用

有沒有一種辦法可以破解迴圈引用呢？先來看另一個問題，上面的 3 種方法都存在引用遺失的問題，這在某些情況下也許是不能接受的。

例如，有一個物件 a，a 下面的兩個鍵值都引用同一個物件 b，經過深拷貝後，a 的兩個鍵值會遺失引用關係，從而變成兩個不同的物件。範例程式如下：

```
var b = {};
var a = { a1: b, a2: b };

a.a1 === a.a2; // true

var c = clone(a);
c.a1 === c.a2; // false
```

如果發現一個新物件，就把這個物件和它的拷貝儲存下來。每次拷貝物件前，都先看一下這個物件是否已經拷貝過了，如果已經拷貝過了，就不需要拷貝了，直接用之前拷貝的值，這樣就能夠保持引用關係了。

但是程式應該怎麼撰寫呢？

本書的思路是引入一個陣列 uniqueList，用來儲存已經拷貝的陣列，每次迴圈遍歷時，先判斷物件是否已經在陣列 uniqueList 中了，如果在的話，就不執行拷貝邏輯了，find 函式的作用是查詢指定物件是否在陣列 uniqueList 中。完整的範例程式如下（這裡要撰寫的程式其實和迴圈的程式大致一樣，不一樣的地方使用 "// ==========" 標註出來了）：

```
// 保持引用關係
function cloneForce(x) {
  // =============
  const uniqueList = []; // 用來去除重複
  // =============

  let root = {};

  // 迴圈陣列
  const loopList = [
    {
      parent: root,
      key: undefined,
      data: x,
```

```
  },
];

while (loopList.length) {
  // 深度優先
  const node = loopList.pop();
  const parent = node.parent;
  const key = node.key;
  const data = node.data;

  // 初始化賦值目標，如果 key 為 undefined，則拷貝到 parent，否則拷貝到 parent[key]
  let res = parent;
  if (typeof key !== 'undefined') {
    res = parent[key] = {};
  }

  // =============
  // 資料已經存在
  let uniqueData = find(uniqueList, data);
  if (uniqueData) {
    parent[key] = uniqueData.target;
    continue; // 中斷本次迴圈
  }

  // 資料不存在
  // 將拷貝過的資料存起來
  uniqueList.push({
    source: data,
    target: res,
  });
  // =============

  for (let k in data) {
    if (data.hasOwnProperty(k)) {
      if (typeof data[k] === 'object') {
        // 下一次迴圈
        loopList.push({
          parent: res,
          key: k,
```

```
            data: data[k],
          });
        } else {
          res[k] = data[k];
        }
      }
    }
  }

  return root;
}

function find(arr, item) {
  for (let i = 0; i < arr.length; i++) {
    if (arr[i].source === item) {
      return arr[i];
    }
  }

  return null;
}
```

下面來驗證一下效果，現在深拷貝可以保留引用關係了。範例程式如下：

```
var b = {};
var a = { a1: b, a2: b };

a.a1 === a.a2; // true

var c = cloneForce(a);
c.a1 === c.a2; // true
```

接下來，看一下如何破解迴圈引用。其實上面的程式已經可以破解迴圈引用了，驗證一下，範例程式如下：

```
var a = {};
a.a = a;

cloneForce(a);
```

那麼看起來完美的 cloneForce 函式是不是就沒有問題呢？其實 cloneForce 函式存在以下兩個問題：

- 所謂成也蕭何，敗也蕭何，如果保留的引用關係不是我們想要的，就不能用 cloneForce 函式了。
- cloneForce 函式在物件數量很多時會出現性能問題，所以，當資料量很大時，不適合使用 cloneForce 函式。

8.3.6 性能對比

下面對比一下 4 種深拷貝函式的性能。影響性能的原因有兩個，一個是深度，另一個是每層的廣度。下面採用控制變數法，即只讓一個變數變化的方法來測試性能。

測試在指定的時間內深拷貝函式執行的次數，次數越多，證明函式的性能越好。

下面的 runTime 函式是測試程式的核心片段。在下面的範例中，測試在 2 秒內執行 clone(createData(500, 1) 的次數。

```
function runTime(fn, time) {
  var stime = Date.now();
  var count = 0;
  while (Date.now() - stime < time) {
    fn();
    count++;
  }

  return count;
}

runTime(function () {
  clone(createData(500, 1));
}, 2000);
```

下面來做第一個測試。將廣度固定在 100，深度由小到大變化，記錄 1 秒內 4 種深拷貝函式執行的次數，測試結果如表 8-1 所示。

▼ 表 8-1

深度	clone	cloneJSON	cloneLoop	cloneForce
500	351	212	338	372
1000	174	104	175	143
1500	116	67	112	82
2000	92	50	88	69

將表 8-1 中的資料做成折線圖，如圖 8-1 所示。

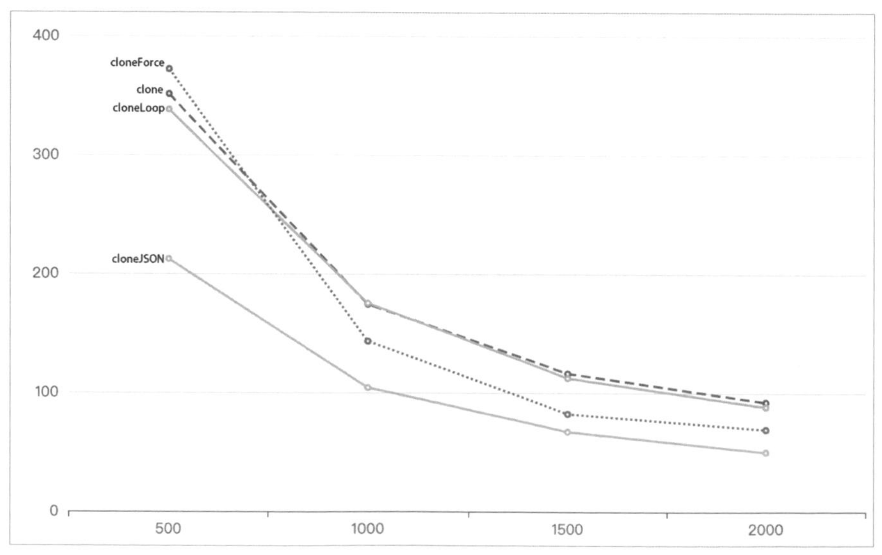

▲ 圖 8-1

由圖 8-1 可以發現如下規律：

- 隨著深度變小，不同函式之間的差異在變小。
- clone 和 cloneLoop 函式之間的差別並不大。
- 性能對比：cloneLoop > cloneForce > cloneJSON，clone 函式的性能受層級影響較大。

下面分析各種函式的時間複雜度問題，4 種函式的關鍵區別如下：

- clone 時間 = 建立遞迴函式時間 + 每個物件處理時間。
- cloneJSON 時間 = 迴圈檢測時間 + 每個物件處理時間 ×2（遞迴轉字串 + 遞迴解析）。
- cloneLoop 時間 = 每個物件處理時間。
- cloneForce 時間 = 判斷物件是否在快取中時間 + 每個物件處理時間。

cloneJSON 函式的速度只有 clone 函式的速度的 50%，這很容易理解，因為其會多進行一次遞迴操作。

cloneForce 函式要判斷物件是否在快取中，從而導致速度變慢。假設物件的個數是 n，則其時間複雜度為 $O(n^2)$，計算方法如下。物件的個數越多，cloneForce 函式的速度就會越慢。

```
1 + 2 + 3 ... + n = n^2/2 - 1
```

關於 clone 函式和 cloneLoop 函式這裡有一點問題，看起來實驗結果和推理結果不一致，這是為什麼呢？

接下來做第二個測試。將深度固定在 10000，廣度固定為 0，記錄 2 秒內 4 種深拷貝函式執行的次數，測試結果如表 8-2 所示。

▼ 表 8-2

廣度	clone	cloneJSON	cloneLoop	cloneForce
0	13400	3272	14292	989

排除廣度的干擾，來看一下深度對各種函式的影響，複習如下：

- 隨著物件的增多，cloneForce 函式的性能低下凸顯。
- cloneJSON 函式的性能也大打折扣，這是因為迴圈檢測佔用了很多時間。

- cloneLoop 函式的性能略高於 clone 函式的性能，可以看到，比起 clone 函式中使用遞迴方法，cloneLoop 函式中使用迴圈方法帶來的性能提升並不大。

下面測試一下 cloneForce 函式的性能極限，這次測試執行指定次數需要的時間，測試程式如下：

```
var data1 = createData(2000, 0);
var data2 = createData(4000, 0);
var data3 = createData(6000, 0);
var data4 = createData(8000, 0);
var data5 = createData(10000, 0);

cloneForce(data1);
cloneForce(data2);
cloneForce(data3);
cloneForce(data4);
cloneForce(data5);
```

測試結果如圖 8-2 所示，透過測試可以發現，其時間成指數級增長，當物件個數大於萬等級時，就會有 300ms 以上的延遲。

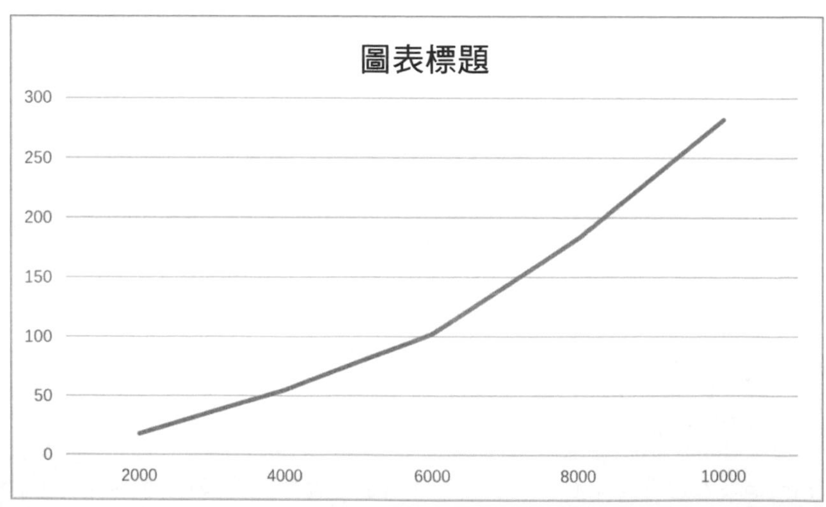

▲ 圖 8-2

尺有所短，寸有所長，其實每種函式都有自己的優點和缺點及適用場景。表 8-3 所示為各種函式的對比，希望能夠給讀者提供一些幫助。

▼ 表 8-3

	clone	cloneJSON	cloneLoop	cloneForce
難度	☆☆	☆	☆☆☆	☆☆☆☆
相容性	IE6	IE8	IE6	IE6
迴圈引用	一層	不支援	一層	支援
堆疊溢位	會	會	不會	不會
保持引用	否	否	否	是
適合場景	一般資料拷貝	一般資料拷貝	層級很多	保持引用關係

下面將深拷貝函式庫發佈到 npm 上，以便能夠給其他函式庫使用。首先修改 package.json 檔案中的 name 欄位，範例程式如下：

```
{
  "name": "@jslib-book/clone"
}
```

接下來，執行下面的命令，即可完成建構並發佈。在看到發佈成功的訊息後，就大功告成了。

```
$ npm build
$ npm publish --access public
```

其他專案可以使用如下命令安裝我們的深拷貝函式庫：

```
$ npm install --save @jslib-book/clone
```

8.4 相等性判斷

判斷兩個值相等是非常常用的功能。雖然邏輯看似很簡單，但是在 JavaScript 中想要準確地判斷兩個值相等，並且沒有邊界例外，並不是一件容易的事情。下面進行詳細介紹。

8.4.1 背景知識

JavaScript 規範中存在四種相等演算法。第一種演算法叫作非嚴格相等，它使用兩個等號，表示語義相等，不要求類型一樣。非嚴格相等在比較前會先將要比較的參數的類型轉換為一致的類型，再進行比較。範例程式如下：

```
1 == 1; // true
1 == '1'; // true；類型不同，不影響比較結果
```

非嚴格相等有十分複雜的轉換規則，非常難以記憶。表 8-4 所示為 MDN 上記錄的不同類型之間比較的轉換規則。

▼ 表 8-4

	Undefined	Null	Number	String	Boolean	Object
Undefined	true	true	false	false	false	IsFalsy(B)
Null	true	true	false	false	false	IsFalsy(B)
Number	false	false	A === B	A === ToNumber(B)	A=== ToNumber(B)	A== ToPrimitive(B)
String	false	false	ToNumber(A) === B	A === B	ToNumber(A) === ToNumber(B)	ToPrimitive(B) == A
Boolean	false	false	ToNumber(A) === B	ToNumber(A) === ToNumber(B)	A === B	ToNumber(A) == ToPrimitive(B)
Object	false	false	ToPrimitive(A) == B	ToPrimitive(A) == B	ToPrimitive(A) == ToNumber(B)	A === B

想要記住表 8-4 中的內容並不容易，對於非物件類型的值，可以複習如下 3 筆規則：

- Undefined 只和 Null 相等。
- 和 Number 比較時，另一個值會自動轉換為 Number。
- 和 Boolean 比較時，另一個值會轉換為 Number。

如果值的類型為物件類型，則會使用內部的 ToPrimitive 方法進行轉換，可以透過自訂 Symbol.toPrimitive 方法來改變傳回值，範例程式如下。需要注意的是，在相等的判斷中，Symbol.toPrimitive 方法接收的參數 hint 都是 default。

```
const obj = {
  [Symbol.toPrimitive](hint) {
    console.log(hint);
    if (hint == 'number') {
      return 1;
    }
    if (hint == 'string') {
      return 'yan';
    }
    return true;
  },
};

console.log(obj == 1); // 傳回 true
console.log(obj == '1'); // 傳回 true
console.log(obj == true); // 傳回 true
```

雖然非嚴格相等透過隱式的自動轉換簡化了部分場景的工作，如 Number 和 String 的自動轉換簡化了前端從表或 URL 參數中獲取值的比較問題，但是自動轉換帶來的問題比便利還多。

自動轉型的規則在大部分情況下難以駕馭，現在主流的觀點是不建議使用，本書建議只在判斷 Undefined 和 Null 的場景下可以使用非嚴格相等。

嚴格相等是另一種比較演算法，其和非嚴格想等的區別是不會進行類型轉換，當類型不一致時直接傳回 false。嚴格相等對應 "===" 操作符號，因為使用 3 個等號，所以也被稱作三等或完全相等。嚴格相等的範例如下：

```
1 === 1; // true
1 === '1'; // false；類型不同，影響比較結果
```

嚴格相等更符合直覺。雖然嚴格相等解決了非嚴格相等中自動轉型帶來的問題，但是也遺失了自動轉型帶來的便利，對於類型可能不一致的情況，如從表單中獲取的值都是字串，保險的做法是，在比較前手動進行類型轉換。程式範例如下：

```
1 === Number('1'); // true；手動進行類型轉換
```

雖然嚴格相等幾乎總是正確的，但是也有例外情況，如 NaN、+0 和 -0 的問題。

Number 類型態資料有個特殊的值——NaN，它用來表示計算錯誤的情況，比較常見的場景是當非 Number 類型態資料和 Number 類型態資料計算時，會得到 NaN 值，範例程式如下，這是從表單和介面請求獲取資料時很容易出現的問題。

```
const a = 0 / 0; // NaN
const b = 'a' / 1;
const c = undefined + 1; // NaN
```

在嚴格相等中，NaN 是不等於自己的，NaN 是 (x !== x) 成立的唯一情況。在某些場景下其實是希望能夠判斷 NaN 的，可以使用 isNaN 方法進行判斷。ECMAScript 2015 引入了 Number.isNaN 方法，該方法和 isNaN 方法的區別是不會對傳入的參數做類型轉換，建議使用語義更清晰的 Number.isNaN 方法，但是要注意相容性問題。判斷 NaN 的範例程式如下：

```
NaN === NaN; // false

isNaN(NaN); // true
```

```
Number.isNaN(NaN); // true

isNaN('aaa'); // true；自動轉換類型，'aaa' 的類型轉換為 Number 類型後為 NaN
Number.isNaN('aaa'); // false；不進行類型轉換，類型不為 Number，直接傳回 false
```

嚴格相等的另一個例外情況是無法區分 +0 和 -0，範例程式如下，在一些數學計算場景中是要區分 +0 和 -0 的。

```
+0 === -0; // true
```

JavaScript 中的很多系統函式和敘述都使用嚴格相等，如陣列的 indexOf 方法和 lastIndexOf 方法及 switch-case 敘述等，需要注意的是，對於 NaN，這些系統函式和敘述無法傳回正確結果。範例程式如下：

```
[NaN].indexOf(NaN); // -1；陣列中其實存在 NaN
[NaN].lastIndexOf(NaN); // -1
```

同值零是另一種相等演算法，其名字來自規範的直譯，規範中叫作 SameValueZero。同值零的功能和嚴格相等的功能一樣，除了處理 NaN 的方式，同值零認為 NaN 和 NaN 相等，這在判斷 NaN 是否在集合中的語義下是非常合理的。

ECMAScript 2016 引入的 includes 方法使用此演算法，此外，Map 的鍵去除重複和 Set 的值去除重複也使用此演算法。程式範例如下：

```
[NaN].includes(NaN); // true；注意和 indexOf 方法的區別，includes 方法的語義更合理

new Set([NaN, NaN]); // [NaN]；Set 中只會有一個 NaN，如果 NaN!==NaN，則應該是 [NaN, NaN]

new Map([
  [NaN, 1],
  [NaN, 2],
]); // {NaN => 2}；如果 NaN!==NaN，則應該是 {NaN => 1, NaN => 2}
```

同值是最後一種相等演算法，其和同值零類似，但認為 +0 不等於 -0，ECMAScript 2015 帶來的 Object.is 方法使用同值演算法。範例程式如下：

```
Object.is(NaN, NaN); // true
Object.is(+0, -0); // false ◀) 注意這裡
```

同值演算法用於確定兩個值是否在任何情況下功能上都是相同的，比較不常用，Object.defineProperty 方法使用此演算法確認鍵是否存在。例如，在將存在的唯讀屬性值 -0 修改為 +0 時會顯示出錯，但如果將原本是 -0 的值再次賦值為 -0，則將正常執行，範例程式如下：

```
function test() {
  'use strict'; // 需要開啟嚴格模式
  var a = {};

  Object.defineProperty(a, 'a1', {
    value: -0,
    writable: false,
    configurable: false,
    enumerable: false,
  });

  Object.defineProperty(a, 'a1', {
    value: -0,
  }); // 正常執行

  Object.defineProperty(a, 'a1', {
    value: 0,
  }); // Uncaught TypeError: Cannot redefine property: a1
}
test();
```

由於陣列的 includes 方法無法區分 +0 和 -0，因此如果想區分 +0 和 -0，則可以使用 ECMAScript 2015 引入的 find 方法，自行控制判斷邏輯。範例程式如下：

```
[0].includes(-0); // 不能區分 +0 和 -0
[0].find((val) => Object.is(val, -0)); // 能區分 +0 和 -0
```

最後來對比 4 種演算法的區別，區別如表 8-5 所示。

▼ 表 8-5

	隱式轉換	NaN 和 NaN	+0 和 -0
非嚴格相等（==）	是	false	true
嚴格相等（===）	否	false	true
同值零（includes 等）	否	true	true
同值（Object.is 等）	否	true	false

Number 類型態資料還會有小數的比較問題，這是前端比較容易出問題的地方，一般運算時都會避開小數的運算。如果已經存在兩個小數，想要對比兩個小數是否相同，則可能會違反直覺，如 0.1+0.2 並不和 0.3 完全相等。範例程式如下：

```
var a = 0.1 + 0.2; // 0.30000000000000004

a === 0.3; // false
```

對於小數的比較，一般都是讓兩個數字做減法，如果其差值小於某一個很小的數字 X，就認為其相等，X 的值其實要依賴語言內部使用的浮點數規格，JavaScript 使用 IEEE 754 規範儲存浮點數。

IEEE 754 規範使用雙精度格式，這意味著每個浮點數占 64 位元。雖然它不是二進位表示浮點數的唯一途徑，但它是目前最廣泛使用的格式，該格式用 64 位元二進位數字表示一個陣列，如圖 8-3 所示。

s	eeeeeee eeee	ffff ffffffff ffffffff ffffffff ffffffff ffffffff ffffffff
1	11	52

▲ 圖 8-3

JavaScript 中的最小數字 X 是 2^{-52}，其對應的十進位數字約等於 2.2204460492503130808472633361816E-16，這個數字比較難記憶，因此，ECMAScript 2015 引入了 Number.EPSILON 常數來表示這個數字，其使用範例如下：

```
var a = 0.1 + 0.2; // 0.30000000000000004

a - 0.3 < Number.EPSILON; // true；可認為 a === 0.3
```

可以將小數的相等抽象為一個函式，由於不知道哪個數字更大，因此透過 Math.abs 方法獲取兩個數字之差的絕對值後和 Number.EPSILON 進行比較。範例程式如下：

```
function equalFloat(x, y) {
  return Math.abs(x - y) < Number.EPSILON;
}

equalFloat(0.1 + 0.2, 0.3); // true
```

上面介紹了 JavaScript 中判斷兩個變數是否相等的各種方法，如果有兩個內容一樣的物件，那麼使用上面的方法得到的結果可能不是我們希望的結果。

原因很簡單，上面的 4 種演算法都只比較變數的值是否一樣，不會遞迴比較物件內部是否一樣。對於兩個物件來說，它們指向了不同的位址，所以會傳回 false。範例程式如下：

```
const a1 = { a: 1 };
const a2 = { a: 1 };

a1 == a2; // false
a1 === a2; // false
Object.is(a1, a2); // false
```

在某些語義下，結構一樣的物件希望得出相等的判斷，但是 JavaScript 中缺少結構相似的內建判斷。一種解決辦法是先把物件序列化為字串，然後比較字串是否相等。將物件序列化可以使用 JSON.stringify 方法，範例程式如下：

```
const a1 = { a: 1 };
const a2 = { a: 1 };

JSON.stringify(a1) === JSON.stringify(a2); // true
```

這種方法簡單好用，對於如下的基礎類型態資料、物件類型態資料和陣列類型態資料都可以正常使用，沒有問題。

```
const a = {
  a1: null,
  a2: 1,
  a3: true,
  a4: '',
};

JSON.stringify(a); // '{"a1":null,"a2":1,"a3":true,"a4":""}'
```

但是這種方法存在缺陷。其中一個缺陷是部分值序列化後會不可辨認，比如：

- NaN 序列化後和 null 無法區分。
- +0 和 -0 在序列化後無法區分。
- 溢位的數字和 null 無法區分。
- 普通類型值和包裝類型值無法區分。
- 函式序列化後和 null 無法區分。

下面看一組範例，範例程式如下：

```
const a = {
  a1: NaN,
  a2: null,
};

JSON.stringify(a); // '{"a1":null,"a2":null}'

const b = {
  b1: +0,
  b2: -0,
};
```

```
JSON.stringify(b); // '{"b1":0,"b2":0}'

const c = {
  c1: Infinity,
  c2: null,
};

JSON.stringify(c); // '{"c1":null,"c2":null}'

JSON.stringify([1, new Number(1)]); // '[1,1]'；普通類型值和包裝類型值序列化後一樣

JSON.stringify([function a() {}]); // '[null]'
```

另一個缺陷是很多值不能序列化，如 undefined 和 symbol，序列化後就遺失了。範例程式如下：

```
const a = {
  a: undefined,
  b: Symbol(''),
};

JSON.stringify(a); // '{}'；值遺失了
```

ECMAScript 2015 新帶來的 Map 和 Set 也無法序列化，會遺失資料資訊，和空物件 "{}" 無法區分。範例程式如下：

```
JSON.stringify([new Set([1])]); // '[{}]'
JSON.stringify([new Map([[1, 2]])]); // '[{}]'
```

此外，絕大部分物件類型的值都無法序列化。範例如下：

```
JSON.stringify([/reg/]); // '[{}]'
JSON.stringify([Math]); // '[{}]'
JSON.stringify([new Image()]); // '[{}]'
JSON.stringify([class A {}]); // '[null]'
JSON.stringify([new (class A {})()]); // '[{}]'
```

不過需要注意的是，Date 物件是可以被序列化、比較相等的。範例程式如下：

```
JSON.stringify(new Date('2022.12.31')); // '"2022-12-30T16:00:00.000Z"'
```

此外，前面提到的小數比較問題，如 0.3 和 0.2+0.1，這兩者序列化後的字串並不相等，對於需要比較小數的場景，不能使用 JSON.stringify 方法，範例程式如下：

```
JSON.stringify([0.3, 0.1 + 0.2]); // '[0.3, 0.30000000000000004]'
```

8.4.2 抽象函式庫

了解了前面介紹的背景知識，下面抽象一個判斷變數結構相似的函式庫，其目標是可以實現基本判斷，並解決 JSON.stringify 方法無法處理部分類型值的問題。在社群裡有一些類似的函式庫，可以參考思路，如 Lodash 函式庫中的 isEqual 函式。

函式的設計參數如下：

```
function isEqual(value, other) {}
```

函式的實現思路就是比較兩個參數是否相等，如果參數是物件或陣列的話，就遞迴比較。範例程式如下：

```
import { type } from '@jslib-book/type'; // 我們前面寫的函式庫

export function isEqual(value, other) {
  // 完全相等
  if (value === other) {
    return true;
  }

  const vType = type(value);
  const oType = type(other);
```

```
  // 類型不同
  if (vType !== oType) {
    return false;
  }

  if (vType === 'array') {
    // 陣列判斷
    return equalArray(value, other);
  }
  if (vType === 'object') {
    // 物件判斷
    return equalObject(value, other);
  }

  return value === other;
}
```

上面的程式是大的框架，裡面將物件和陣列的遞迴比較邏輯抽象成了單獨的函式。equalArray 和 equalObject 函式的實現程式分別如下：

```
function equalArray(value, other) {
  if (value.length !== other.length) {
    return false;
  }

  for (let i = 0; i < value.length; i++) {
    if (!isEqual(value[i], other[i])) {
      return false;
    }
  }

  return true;
}

function equalObject(value, other) {
  const vKeys = Object.keys(value);
  const oKeys = Object.keys(other);

  if (vKeys.length !== oKeys.length) {
```

```
    return false;
  }

  for (let i = 0; i < vKeys.length; i++) {
    const v = value[vKeys[i]];
    const o = other[vKeys[i]];
    if (!isEqual(v, o)) {
      return false;
    }
  }

  return true;
}
```

至此，基本版本的函式庫就寫好了，可以像下面這樣使用：

```
const a1 = { a: 1 };
const a2 = { a: 1 };

isEqual(a1, a2); // true
```

但是前面提到的各種問題 isEqual 函式中仍然存在，如 NaN 問題、+0 和 -0 問題、各種物件的比較問題等。

這裡有個比較有意思的設計問題，前面介紹 4 種比較演算法時介紹了在不同的場景下，可能有不一樣的希望，如對於 NaN 這個值，有人希望區分，有人希望不區分，所以才會有不同的比較演算法。

針對這種需求，比較函式需要支援使用者自訂比較邏輯，一般這種功能都是透過擴充函式參數來實現的。參數設計範例如下：

```
// opt = { eqNaN: true, eqZero: false }，類似這種
export function isEqual(value, other, opt) {}
```

這樣其實可以滿足需求，但是如果有考慮不到的場景怎麼辦？例如，對於函式來說，函式庫提供了以字串為基礎的比較，但是函式庫的使用者可能希望以函式名稱為基礎的比較，對於這種情況，可以提供一個比較函式 compare。增加 compare 函式後，opt 參數設計範例如下：

```
/* opt = {
    eqNaN: true,
  eqZero: false,
  // 自訂比較函式
  compare: function (a, b) {
    if (typeof a === 'function' && typeof b === 'function') {
        return a.name === b.name
    }
  }
}
*/
export function isEqual(value, other, opt) {}
```

比較函式的問題在於，這種自訂邏輯無法分享。在這裡，可以參考 redux 中介軟體的思路，透過提供中介軟體，可以讓社群共用比較邏輯，同時滿足自訂邏輯。

修改後的程式如下，增加了參數 enhancer，如果傳遞了這個參數，就會執行這個參數的邏輯。

```
export function isEqual(value, other, enhancer) {
  const next = () => {
    // 這裡是原來的比較邏輯，此處忽略
  };

  if (type(enhancer) === 'function') {
    return enhancer(next)(value, other); // 注意這裡
  }

  return next();
}
```

上面的程式看起來可能難以理解，下面看一下中介軟體程式。以 NaN 為範例，中介軟體的程式都類似，只有 if 判斷的地方有區別，如果兩個值都是 NaN，則傳回 true，否則傳回下一個中介軟體的結果，參數 next 是下一個中介軟體。中介軟體程式的範例如下：

```
export function nanMiddleware() {
  return (next) => (value, other) => {
    if (typeof value === 'number' && typeof other === 'number') {
      if (isNaN(value) && isNaN(other)) {
        return true;
      }
    }

    return next(value, other);
  };
}
```

中介軟體會攔截 NaN 資料的比較邏輯，但是不影響其他類型的值，這裡使用 NaN 中介軟體，範例程式如下：

```
const a1 = { a: NaN };
const a2 = { a: NaN };

isEqual(a1, a2); // false
isEqual(a1, a2, nanMiddleware()); // true
```

下面繼續寫一個函式的中介軟體，範例程式如下，預設函式會使用引用比較，這裡使用字串比較。

```
export function functionMiddleware() {
  return (next) => (value, other) => {
    if (type(value) === 'function' && type(other) === 'function') {
      return value.toString() === other.toString();
    }

    return next(value, other);
  };
}
```

下面看一下如何使用函式中介軟體，範例程式如下：

```
const a1 = { a: function () {} };
const a2 = { a: function () {} };

```

```
isEqual(a1, a2); // false
isEqual(a1, a2, functionMiddleware()); // true
```

對於上面中介軟體的寫法，讀者可能會疑惑為什麼要有這麼奇怪的寫法呢，這其實都是為了讓中介軟體能夠串起來。思考一個問題，如果想要同時使用兩個中介軟體，那麼應該怎麼辦呢？可以在一個中介軟體中呼叫另一個中介軟體，範例程式如下：

```
const a1 = { a: function () {}, b: NaN };
const a2 = { a: function () {}, b: NaN };

isEqual(a1, a2); // false
isEqual(a1, a2, (next) => functionMiddleware(nanMiddleware())(next)); // true
```

這種嵌套寫法在中介軟體變多以後會不太好書寫，此時可以使用前面撰寫的 compose 函式解決，使用 compose 函式改寫後的程式更簡潔。範例程式如下：

```
import { compose } from '@jslib-book/functional';

isEqual(a1, a2, compose(functionMiddleware(), nanMiddleware())); // true
```

至此，相等性判斷函式庫就寫完了，完整的程式可以查看隨書程式。

下面將相等性判斷函式庫發佈到 npm 上，以便能夠給其他函式庫使用。首先修改 package.json 檔案中的 name 欄位，範例程式如下：

```
{
  "name": "@jslib-book/isequal"
}
```

接下來，執行下面的命令，即可完成建構並發佈。在看到發佈成功的訊息後，就大功告成了。

```
$ npm build
$ npm publish --access public
```

其他專案可以使用如下命令安裝我們的相等性判斷函式庫：

```
$ npm install --save @jslib-book/isequal
```

8.5 參數擴充

參數是函式和外部互動的入口，有些參數是必選參數，有些參數是可選參數，一般可選參數在函式內部都會提供預設值。本節將介紹物件參數的預設值的問題。

8.5.1 背景知識

在 ECMAScript 2015 之前，語言層面並不支援函式參數預設值，一般都是函式內部自己處理，比較常見的做法是使用或邏輯運算子。範例程式如下：

```
function leftpad(str, len, char) {
  len = len || 2;
  char = char || '0';
}
```

或運算子是一個短路運算子。當前面的值是真值時，傳回前面的值；當前面的值是假值時，傳回後面的值。在參數預設值這個場景下，對於假值，或運算子是有問題的。

JavaScript 中的假值包括空白字串、0、undefined、null。對於參數預設值來說，當值為 undefined 時，傳回預設值是正確的行為，但是如果使用或運算子來設定預設值，則會導致空白字串、0 和 null 都被設定為預設值。範例程式如下：

```
undefined || 1; // 1
null || 1; // 1
0 || 1; // 1
'' || 1; // 1
```

更好的做法是直接判斷 undefined，前面介紹過可以使用 typeof 操作符號判斷 undefined。修改後的範例程式如下：

```
function leftpad(str, len, char) {
  len = typeof len === 'undefined' ? len : 2;
  char = typeof char === 'undefined' ? char : '0';
}
```

ECMAScript 2015 帶來了原生預設參數，原生預設參數是最優選擇。原生預設參數的範例程式如下：

```
function leftpad(str, len = 2, char = '0') {}
```

前面介紹了普通參數的預設值問題，如果可選參數是一個物件，物件的屬性是可選的，那麼此時應該如何提供預設值呢？如果簡單地使用預設參數，比如像下面這樣，那麼並不能滿足要求。

```
function leftpad(str, opt = { len: 2, char: '0' }) {}

leftpad('abc', { len: 4 }); // 想自訂 len，卻把 char 給覆蓋了
```

解決這個問題有多種辦法。可以使用 ECMAScript 2015 帶來的 Object.assign 函式，其可以將多個物件進行合併，位於後面的參數物件的屬性可以覆蓋前面的參數物件的屬性。範例程式如下：

```
Object.assign({ a: 1 }, { a: 2, b: 1 }); // {a: 2, b: 1}
```

Object.assign 函式剛好滿足物件預設值的需求，使用 Object.assign 函式改寫後的程式如下：

```
function leftpad(str, opt) {
  opt = Object.assign({ len: 2, char: '0' }, opt);
}
```

同樣的思路，還可以使用 ECMAScript 2018 帶來的物件解構，物件解構類似陣列解構，解構的語法看起來更簡潔。範例程式如下：

```
function leftpad(str, opt) {
  opt = { len: 2, char: '0', ...opt };
}
```

還可以使用另一種解構語法，在展開物件時，允許設定預設值。範例程式如下：

```
const { a = 1, b = 2 } = { a: 1 };

console.log(a); // 1
console.log(b); // 2；預設值
```

可以將解構預設值和函式參數結合起來，對於物件屬性預設值，推薦使用這種辦法。範例程式如下：

```
function leftpad(str, { len = 2, char = '0' }) {
  console.log(len, char);
}
```

下面來思考一下，假如物件的層級變深，那麼會發生什麼問題呢？下面看個範例，現在 len 變成了有最大值和最小值的物件，下面的程式依然存在覆蓋的問題：

```
function leftpad(str, { len = { min = 1, max = 10 }, char = '0' }) {
    console.log(len, char)
}

leftpad('a', {len:  {max: 5 }}) // min 會被覆蓋
```

對於有兩層資料或更多層資料的參數物件，前面的辦法不能極佳地保留預設值。

8.5.2 抽象函式庫

針對兩層及以上資料物件的問題，需要設計一個函式來支援功能，函式的介面設計和功能如下：

```
function extend(defaultOpt, customOpt) {
  // 此處先忽略程式
}

// {len:  {min: 1, max: 5 }} 執行 extend 函式，max 屬性正確設定，min 屬性正確保留
console.log(extend({ len: { min: 1, max: 10 } }, { len: { max: 5 } }));
```

下面來撰寫實現 extend 函式的程式，其思路是遍歷 customOpt，將每個屬性合併到 defaultOpt 上，如果屬性值是物件的話，則遞迴合併過程。範例程式如下：

```
import { type } from '@jslib-book/type'; // 使用我們前面寫的型別程式庫

// 由於 Object.create(null) 的物件沒有 hasOwnProperty 方法，
// 這裡使用借用 Object.prototype.hasOwnProperty 的方式
function hasOwnProp(obj, key) {
  return Object.prototype. hasOwnProperty.call(obj, key);
}

export function extend(defaultOpt, customOpt) {
  for (let name in customOpt) {
    const src = defaultOpt[name];
    const copy = customOpt[name];

    // 非可列舉屬性，如原型鏈上的屬性
    if (!hasOwnProp(customOpt, name)) {
      continue;
    }

    // 對於物件，需要遞迴處理
    if (copy && type(copy) === 'object') {
      // 當 default 上不存在值時，會自動建立空物件
      const clone = src && type(src) === 'object' ? src : {};
      // 遞迴合併
      defaultOpt[name] = extend(clone, copy);
    } else if (typeof copy !== 'undefined') {
      // 非物件且值不為 undefined
      defaultOpt[name] = copy;
```

```
    }
  }

  return defaultOpt;
}
```

上面的程式基本實現了功能，但是還有一個比較嚴重的問題就是會改寫 defaultOpt，這對於使用者來說可能存在問題。考慮下面的場景：

```
// 使用方法一
// 改寫了 defaultOpt，沒問題
extend({ len: { min: 1, max: 10 } }, { len: { max: 5 } });

// 使用方法二
const defaultOpt = { len: { min: 1, max: 10 } };

extend(defaultOpt, { len: { max: 5 } }); // 改寫了 defaultOpt
// 再次呼叫時會傳回錯誤結果，max 傳回 5，期望傳回 10
extend(defaultOpt, { len: { min: 2 } });
```

想要解決上述問題其實並不難，只需要在最開始時將 defaultOpt 複製一份，後面修改複製的資料即可，這樣就不會影響傳入的 defaultOpt 了。複製操作需要使用深拷貝，深拷貝函式可以使用 8.3 節中撰寫的深拷貝函式庫。增加深拷貝函式庫後，關鍵程式如下：

```
import { clone } from '@jslib-book/clone';

export function extend(defaultOpt, customOpt) {
  defaultOpt = clone(defaultOpt); // 複製一份 defaultOpt，隔離資料

  // 此處省略程式，見上面

  return defaultOpt;
}
```

接下來，為了程式能夠正確執行，需要安裝相依的兩個函式庫，分別是 @jslib-book/type 和 @jslib-book/clone。安裝完成後，package.json 檔案中會增加下面的程式：

```
{
  "dependencies": {
    "@jslib-book/type": "^1.0.0",
    "@jslib-book/clone": "^1.0.0"
  }
}
```

下面使用 extend 函式改寫前面提到的範例程式，結果符合預期。範例程式如下：

```
function leftpad(str, opt) {
  // 使用 extend 函式合併參數
  opt = extend({ len: { min: 1, max: 10 }, char: '0' }, opt);
}

leftpad('a', { len: { max: 5 } }); // min 處理正確
```

下面將參數擴充函式庫發佈到 npm 上，以便能夠給其他函式庫使用。首先修改 package.json 檔案中的 name 欄位，範例程式如下：

```
{
  "name": "@jslib-book/extend"
}
```

接下來，執行下面的命令，完成建構並發佈。在看到發佈成功的訊息後，就大功告成了。

```
$ npm build
$ npm publish --access public
```

其他專案可以使用如下命令安裝參數擴充函式庫：

```
$ npm install --save @jslib-book/extend
```

8.6 深層資料

JavaScript 中常用的引用資料結構是陣列和物件，陣列表示有序數據，物件表示無序數據，使用物件和陣列可以組合出任何資料結構，如物件嵌套物件可以表示樹形結構等。範例程式如下：

```
const tree = {
  left: { a: 1 },
  right: { b: 2 },
};
```

當嵌套層級很深時，讀 / 寫深層資料並不簡單，本節將介紹如何讀 / 寫深層資料中的資料。

8.6.1 背景知識

先來了解讀取深層資料的問題。在上面的範例中，如果想要讀取 tree.left 中的 a 屬性，一般會撰寫如下程式：

```
const tree = {
  left: { a: 1 },
  right: { b: 2 },
};

console.log(tree.left.a);
```

這麼撰寫程式雖然在邏輯上正確，但是容錯性較差，為什麼這樣説呢？因為 JavaScript 是動態類型的程式設計語言，在編譯階段無法發現類型的問題，如果資料是完全可控的，如上面程式中 tree 中的資料，這樣撰寫問題不大。但是在更多的情況下，資料可能來自介面資料、使用者輸入資料等，思考一下，如果 tree 中的 left 不存在，那麼執行如下程式會發生什麼呢？

```
const tree = {
  right: { b: 2 },
```

```
};

console.log(tree.left.a); // Uncaught TypeError: Cannot read properties of undefined
```

程式出錯了，這是因為 left 的值是 undefined，存取 undefined 上的屬性 a 就會顯示出錯。根據網路上的資料，從 undefined 和 null 上讀取屬性產生的錯誤，在 10 個最常見的 JavaScript 錯誤中排在第一位，如圖 8-4 所示。

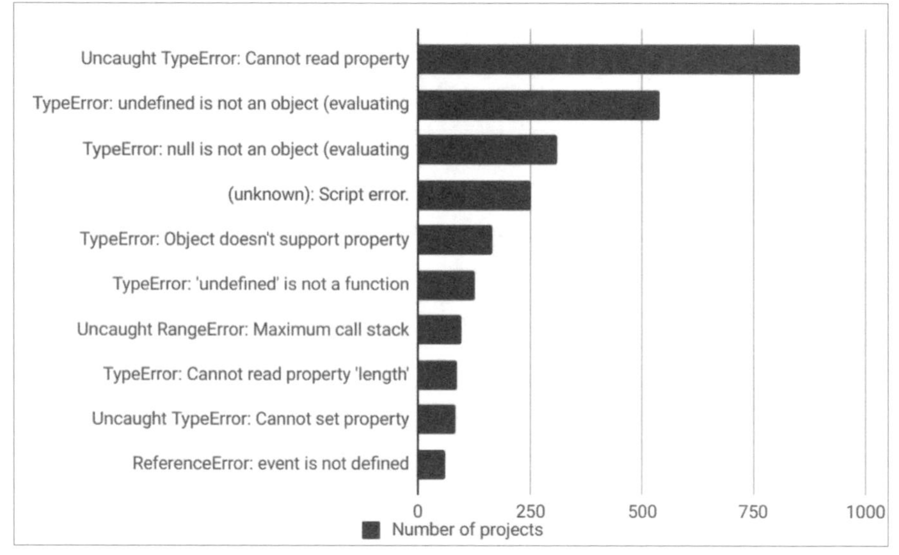

▲ 圖 8-4

對於這種顯示出錯，之前常見的寫法是借助或運算子的短路演算法，在讀取深層資料之前先判斷父元素是否存在。範例程式如下：

```
const tree = {
  right: { b: 2 },
};

// 如果 tree.left 是 undefined，則直接傳回 undefined，不執行後面的邏輯
console.log(tree.left || tree.left.a);
```

這種寫法在層級較少時尚可，但是當層級較多時，每一層都可能為空，因此需要對每一層進行判斷，這樣會讓空白判決程式變得很長。範例程式如下：

```
// 每一層都要空白判決
tree.left || tree.left.left || tree.left.left.left || tree.left.left.left.a;
```

在 ECMAScript 2020 之前，最佳實踐是為這個問題撰寫一個函式庫，社群中已經有不錯的函式庫可以直接使用，在本節後面的內容中將會撰寫一個函式庫，這裡繼續介紹其他方法。

下面看一下語言層面的解決方案。TypeScript 是 JavaScript 的一個超集合，在 TypeScript 中可以給資料增加類型約束，這樣當資料可能為空時會在編譯階段舉出提示，而非在執行時期才會顯示出錯，不過這需要開啟 TypeScript 的嚴格模式才可以。下面是 TypeScript 版本程式：

```
interface Tree {
  left?: { a: number }; // left 是可選屬性
  right: { b: number };
}

const tree: Tree = {
  right: { b: 2 },
};

console.log(tree.left.a); // 編譯時顯示出錯，提示 left 可能為空
```

在 TypeScript 中，對於可能為空的資料，不需要使用或邏輯運算子，可以使用可選操作符號。可選操作符號用英文問號 "?" 表示，使用方法是在可能為空的資料後面增加 "?"，增加可選操作符號後，當資料為空時也不會顯示出錯。範例程式如下：

```
console.log(tree.left?.a); // 不顯示出錯，傳回 undefined
```

但並不是所有專案都使用 TypeScript，由於這個問題實在太普遍了，因此 ECMAScript 2020 引入了可選鏈操作符號（Optional Chaining），從語言層面帶來了原生支援，ECMAScript 的可選鏈操作符號也使用 "?" 表示。範例程式如下：

```
const tree = {
  right: { b: 2 },
};

console.log(tree.left?.a); // 不會顯示出錯
```

不過只有現代瀏覽器環境才能原生支援可選鏈操作符號，如果要相容不支援可選鏈操作符號的舊瀏覽器，則可以使用 Babel 轉換程式。使用 Babel 轉換完的範例程式如下，可以看到組合了或邏輯運算子和三元運算子。

```
var _tree$left;
var tree = {
  right: {
    b: 2,
  },
};
(_tree$left = tree.left) === null || _tree$left === void 0
  ? void 0
  : _tree$left.a;
```

對於讀取深層資料的問題，建議使用語言原生的解決方案。

下面介紹寫入深層資料的問題。如果父物件不存在，那麼直接寫入的話會顯示出錯，範例程式如下：

```
const tree = {
  right: { b: 2 },
};

tree.left.a = 1;
// Uncaught TypeError: Cannot set properties of undefined (setting 'a')
```

語言層面未提供解決上述問題的能力，使用上面的可選鏈操作符號是不行的，原因是運算式左邊的值是不能存在可選鏈操作符號的，當運算式左邊的值存在可選鏈操作符號時，執行程式會顯示出錯。範例程式如下：

```
const tree = {
  right: {b: 2}
```

```
}

tree.left?.a = 1 // Uncaught SyntaxError: Invalid left-hand side in assignment
```

一般比較簡單的思路是把空白判決操作符號提取到上層的判斷中，這樣即使層級變多也不會顯示出錯了。範例程式如下：

```
const tree = {
  right: { b: 2 },
};

// 賦值之前先判斷父路徑是否存在，結合可選鏈操作符號使用
if (tree.left?.left) {
  tree.left.left.a = 1;
}
```

但是這種方法有個嚴重缺陷，如果父路徑不存在，則不會進行賦值操作，判斷中的邏輯不會執行，對於希望賦值能夠成功，給不存在的層級自動建立預設值的場景，這種方法是不支援的。下面我們會抽象一個深層資料庫來解決這個問題。

8.6.2 抽象函式庫

實現寫入深層資料的函式的設計如下。函式的名字為 setany；第一個參數是資料根節點；第二個參數是賦值路徑，路徑是一個字串，使用 “.” 符號隔開表示每一層容器的名字；第三個參數是要設定的值。

```
export function setany(obj, key, val) {}

const tree = {
  right: { b: 2 },
};

setany(tree, 'left.a', 1); // 等值於 tree.left.a = 1
```

setany 函式的第一版範例程式如下，整體思路比較簡單。首先解析 key，然後遍歷判斷每一層是否存在，如果不存在，則自動建立空物件作為容器。

```
export function setany(obj, key, val) {
  const keys = key.split('.');

  const root = keys.slice(0, -1).reduce((parent, subkey) => {
// 如果不存在，則自動建立空物件
    return (parent[subkey] = parent[subkey] ? parent[subkey] : {});
  }, obj);

  root[keys[keys.length - 1]] = val;
}
```

上面的程式存在一個問題，如果資料層級中存在陣列的話，就會被錯誤地初始化為物件，也就是說，不支援容器是陣列。範例程式如下：

```
const tree = {};
setany(tree, 'arr.1', 1); // 希望得到 { arr: [1] }，實際得到的是 { arr { 1: 1 } }
```

那麼如何能夠讓鍵區分出物件和陣列呢？可以簡單地給陣列類型的鍵後面增加 “[]” 尾碼。範例程式如下：

```
const tree = {};
setany(tree, 'arr[].1', 1); // 可以得到 {arr: [1] }
```

改造後的範例程式如下，能夠自動辨識鍵是物件還是陣列，從而自動建立不同類型的預設值。

```
function parseKey(key) {
  return key.replace('[]', '');
}

export function setany(obj, key, val) {
  const keys = key.split('.');

  const root = keys.slice(0, -1).reduce((parent, subkey) => {
    const realkey = parseKey(subkey);
    // 鍵值是 a.b[].c 的情況，此時需要判斷 b[] 表示陣列
    return (parent[realkey] = parent[realkey]
      ? parent[realkey]
```

```
        : subkey.includes('[]')
        ? []
        : {});
  }, obj);

  root[keys[keys.length - 1]] = val;
}
```

目前，已經支援對象和陣列作為容器，這能夠滿足大部分場景的需求，但 ECMAScript 2015 帶來了原生的 Map 和 Set，Map 和 Set 彌補了 JavaScript 中原有物件和陣列的缺陷。下面先來簡單介紹 Map 和 Set 的功能。

Map 的功能和物件的功能一樣，也是表示無序鍵 / 值對。JavaScript 中的物件實際上承載了資料結構中的鍵 / 值對和物件導向中的物件實例兩個功能，在作為資料結構中的鍵 / 值對這一方面存在一些缺點，比較明顯的缺點有兩個，一個是鍵的類型只能是字串，另一個是空物件可以讀取到原型上的值。範例程式如下：

```
const obj = {};
obj['str'] = '1'; // 鍵值只能是字串

// 非字串值都要轉換為字串值，無法區分如下 3 種不同類型的鍵值
obj[1];
obj['1'];
obj[new Number(1)];

obj.toString; // 空物件也能夠讀取到原型上的值
```

Map 的鍵的類型可以是任意類型，Map 的鍵使用同值零演算法確認是否相同，同值零演算法認為 NaN 和 NaN 是相同的，認為 +0 和 -0 是相同的。範例程式如下：

```
new Map([
  [NaN, 1],
  [NaN, 2],
]); // Map(1) {NaN => 2}
```

```
new Map([
  [0, 1],
  [-0, 2],
]); // Map(1) {0 => 2}
```

簡單對比一下 Map 和物件的使用方法，兩者的區別範例如下：

```
// 新建
const map = new Map([['a', 1]])
const obj = { a: 1 }

// 讀取屬性
map.get('a')
obj.a

// 設定屬性
map.set('b', 2)
obj.b = 2
```

Set 可以視為內建去除重複功能的陣列，Set 中的資料是有序的，遍歷時按照插入的順序輸出，Set 和 Array 的區別是，重複向 Set 中放入同一個值，最終只會存在一份。兩者的區別範例如下：

```
const arr = [];
arr.push(1);
arr.push(1);
console.log(arr); // [1, 1]

const set = new Set();
set.add(1);
set.add(1); // Set(1) {1}
```

Set 中的值總是唯一的，判斷兩個元素是否相等使用的是同值零演算法，在 8.4 節中已經介紹過這種演算法，同值零演算法認為 NaN 和 NaN 是相同的，認為 +0 和 -0 是相同的。範例程式如下：

```
new Set([+0, -0]); // Set(1) {0}
new Set([NaN, NaN]); // Set(1) {NaN}
```

利用 Set 的唯一值特性，可以使用 Set 完成陣列的去除重複。範例程式如下：

```
const arr = [1, 1, 2, 3];
const uniqArr = [...new Set(arr)]; // [1, 2, 3]
```

Set.prototype 屬性指向 Object.prototype，而非 Array.prototype，可以使用 instanceof 操作符號來驗證這個問題。範例程式如下：

```
const set = new Set();
set instanceof Set; // true
set instanceof Array; // false
set instanceof Object; // true
```

所以，Set 上並沒有陣列上的方法，Set 有一套自己的介面，和陣列完全不同。下面是 Set 和陣列的簡單對比：

```
let arr = [];
let set = new Set();

// 增加元素
arr.push(1);
set.add(1);

// 獲取長度
arr.length;
set.size;

// 刪除元素
set.delete(1);
// 陣列沒有 delete，只能使用 filter 代替
// 如果知道 key 的話，也可以使用 splice，注意還需要修改原陣列
// 如果想要刪除開頭和結尾的元素的話，可以使用 pop 和 shift
arr = arr.filter((v) => v !== 1);
```

那麼我們的函式庫如何支援 Map 和 Set 作為容器呢？參考上面的思路，可以繼續擴充，如擴充鍵值增加冒號，冒號後面代表類型。範例程式如下：

```
setany(tree, 'arr:Array.0.m:Map.a.', 1);
// 上面設定後，會生成下面的資料結構
```

```
const tree = {
  arr: [new Map(['a', 1])],
};
```

具體的程式實現留給讀者來完成，當作本節的一個小的作業吧。

寫入深層資料的問題已經解決，前面提到讀取深層資料時建議使用 JavaScript 原生的可選鏈操作符號，但是對於寫入操作使用了我們深層資料庫的程式，則可能希望能夠有對應的讀取操作。下面完成透過一套 key 提供完整讀和寫的功能。

讀取資料的思路比較簡單，和寫入資料的思路類似，但是卻不用建立資料，只需要區分資料型態，使用不同的 API 讀取即可。這裡只提供了物件和陣列版本的程式，Map 和 Set 版本的程式同樣交給讀者來實現吧，物件和陣列的讀取操作可以統一使用 [] 語法。範例程式如下：

```
export function getany(obj, key) {
  return key.split('.').reduce((prev, subkey) => {
    // 鍵值是 a.b[].c 的情況，此時需要判斷 b[] 表示陣列
    return prev == null ? prev : prev[parseKey(subkey)];
  }, obj);
}
```

下面將深層資料庫發佈到 npm 上，以便能夠給其他函式庫使用。首先修改 package.json 檔案中的 name 欄位，範例程式如下：

```
{
  "name": "@jslib-book/anypath"
}
```

接下來，執行下面的命令，即可完成建構並發佈。在看到發佈成功的訊息後，就大功告成了。

```
$ npm build
$ npm publish --access public
```

其他專案可以使用如下命令安裝我們的深層資料庫：

```
$ npm install --save @jslib-book/anypath
```

8.7 本章小結

本章介紹了函式庫的開發過程中可能會遇到的 6 個問題，內容如下：

- 獲取資料型態。
- 常用函式工具。
- 深拷貝資料。
- 判斷資料值相等。
- 合併多個物件參數。
- 讀取物件深層資料。

本章對上述每個問題的基礎知識都進行了詳細的介紹，並提供了對應的工具函式庫可供讀者直接使用，希望本章中的內容能夠幫助讀者撰寫出更好的函式庫。

第 9 章 命令列工具

在上一章中，我們新建了多個函式庫，每新建一個函式庫，都要手動拷貝之前的函式庫，並做一些改動，這種方式比較原始。新建函式庫是非常頻繁的操作，本章將建構一款命令列（command line interface，cli）工具，以實現函式庫的快速新建和初始化功能。

本章的內容來自 jslib-base。jslib-base 是我維護的開放原始碼工具，支援 JavaScript 和 TypeScript 開放原始碼函式庫的快速初始化。jslib-base 是一款用於實戰的 cli 工具，而本章將介紹的是用於教學的 cli 工具。

9.1 系統設計

一個現代函式庫需要很多預設設定，包括 lint、test、build 等。下面是第 5 章介紹的深拷貝函式庫的目錄結構：

```
➜  clone1 git:(master) tree -L 2
.
├── CHANGELOG.md
```

```
├── LICENSE
├── README.md
├── TODO.md
├── commitlint.config.js
├── config
│   ├── rollup.config.aio.js
│   ├── rollup.config.esm.js
│   ├── rollup.config.js
│   └── rollup.js
├── doc
│   └── api.md
├── package-lock.json
├── package.json
├── src
│   └── index.js
└── test
    ├── browser
    └── test.js
```

只有 src 目錄是函式庫的開發者真正需要完成的內容，每新建一個函式庫，都要手動初始化專案，並刪除和修改一些內容。手動方式的缺點如下：

- 手動拷貝費時費力。
- 拷貝完需要清理無關內容。
- 拷貝完需要修改部分內容。

解決上述問題有兩種方法，第一種辦法是新建一個空的範本專案，該範本專案中只包含基礎內容，每次以範本專案為基礎建立新的函式庫，但是這樣還是無法解決拷貝完需要手動修改部分內容的問題。

如果讀者熟悉 React，則可能知道 create-react-app，其可以使用一筆命令快速新建一個專案。範例如下：

```
$ npx create-react-app my-app
```

另一種更好的辦法是參考 create-react-app，提供一款命令列工具，使用者透過一筆命令即可快速初始化一個專案。類似下面這樣：

```
$ jslibbook new mylib
```

第 5 章中的深拷貝函式庫包含了很多功能，有些功能是必選的，有些功能是可選的，比較好的做法是將選擇權交給函式庫的開發者，由函式庫的開發者決定自己需要的功能。

命令列支援的完整功能如下所述。

- 必選核心功能：
  - README.md。
  - TODO.md。
  - CHANGELOG.md。
  - doc。
  - LICENSE。
  - .gitignore。
  - .editorconfig。
  - .vscode。
  - .github。
  - src。
  - build 相關。
- 可選功能：
  - eslint。
  - prettier。
  - commitlint。
  - standard-version。
  - husky。
  - test。

在接下來的章節中，將一步一步實現一個可以使用的命令列工具。

9.2 標準命令列工具

本節將介紹如何架設標準命令列工具，同時會介紹命令列的基礎知識，以及如何使用開放原始碼函式庫 yargs。

首先，新建一個專案，並使用 npm 進行初始化，命令如下：

```
$ mkdir jslib-book-cli
$ npm init
```

接下來，新建一個檔案 bin/index.js，並在該檔案中增加如下程式：

```
#!/usr/bin/env node
console.log('hello');
```

在 macOS 和 Linux 系統中，普通檔案並不能直接執行，直接執行我們的 index.js 檔案會顯示出錯。範例如下：

```
$ ./bin/index.js
zsh: permission denied: ./bin/index.js
```

這是因為普通檔案沒有執行許可權。在 macOS 和 Linux 系統中，每個檔案都可以設定讀、寫和可執行這 3 種許可權，在預設情況下，使用者對系統檔案擁有唯讀許可權，使用者對自己建立的檔案擁有讀和寫許可權。透過下面的 ll 命令可以查看一個檔案的許可權資訊：

```
$ ll ./bin/index.js
-rw-r--r--  1 yan  staff     0B  2 17 11:33 ./bin/index.js
```

上面的 “-rw-r--r--” 是 3 個角色的許可權，最前面的 “-rw-” 代表當前使用者對該檔案擁有讀和寫許可權。可以使用 chmod 命令修改檔案許可權。下面的命令可以讓當前使用者對 bin/index.js 檔案擁有可執行許可權：

```
$ chmod 755 ./bin/index.js
```

再次查看檔案許可權，可以看到“-rw-”變成了“-rwxr”，“x”表示當前檔案可執行，範例如下：

```
$ ll ./bin/index.js
-rwxr-xr-x  1 yan  staff    86B  2 17 11:28 ./bin/index.js
```

再次執行 index.js 檔案，可以看到輸出“hello”：

```
$ ./bin/index.js
hello
```

上面的執行方式存在一個問題，如果想要在其他目錄中執行我們的 index.js 檔案，則需要透過相對路徑或絕對路徑執行命令。使用絕對路徑執行命令的範例如下：

```
$ /Users/yan/jslib-book/jslib-book-cli/bin/index.js # 需要路徑
hello
```

但是作為對比，系統命令卻可以直接執行，如 echo 命令，echo 命令不需要路徑就可以直接執行的原因是它是系統內建命令。範例如下：

```
$ echo hello # 不需要路徑
hello
$ which echo
echo: shell built-in command
```

並不是所有命令都是系統內建命令，如 git 命令，使用 git 命令時也不需要路徑。透過 which 命令可以查看到 git 命令位於 /usr/local/bin 目錄中，位於 /usr/local/bin 目錄中的可執行檔可以不帶路徑直接執行。which 命令的範例如下：

```
$ which git
/usr/local/bin/git
```

這裡需要介紹一個作業系統的背景知識，為了解決協力廠商命令需要路徑的問題，作業系統都支援設定 PATH，PATH 中的路徑下存在的命令都可以直接呼叫。

在 macOS 系統中，可以使用全域變數 $PATH 來查看系統中已經存在的 PATH，範例如下：

```
$ echo $PATH
/usr/local/bin:/usr/bin:/bin:/usr/sbin:/usr/local/mysql/bin/
```

需要注意的是，在讀者的電腦上可能和上面的輸出不同，PATH 規範要求使用冒號連接多個路徑，上面的 PATH 中存在 4 個路徑。

macOS 系統支援將自訂命令的路徑增加到 PATH 中，修改完設定檔後，需要使用 source 命令讓設定即刻生效，需要注意 Windows、Linux 和 macOS 系統中設定方式的區別。下面將我們的 cli 工具函式庫路徑增加到 PATH 中，範例如下：

```
$ vi ~/.bash_profile
export PATH=$PATH:/Users/yan/jslib-book/jslib-book-cli/bin

$ source ~/.bash_profile
$ index.js
```

還有另一種更簡單的辦法。既然位於 /usr/local/bin 目錄中的命令可以直接執行，那麼在 macOS 和 Linux 系統中可以使用軟連結。在 /usr/local/bin 目錄中建立一個軟連結，指向可執行檔即可，範例如下：

```
$ ln -s /Users/yan/jslib-book/jslib-book-cli/bin/index.js /usr/local/bin/hello

$ hello
hello
```

上面的方法可行，但是需要了解命令列的背景知識，npm 將上面的過程做了封裝，並提供了簡單的介面。首先修改 package.json 檔案，在該檔案中增加如下內容，jslibbook 就是命令的名字。

```
{
  "bin": {
    "jslibbook": "./bin/index.js"
  }
}
```

然後執行“npm link”命令，在 macOS 系統中如果提示沒有許可權，則可以增加 sudo 再次執行。執行命令和控制台輸出如下：

```
$ npm link # sudo npm link
npm WARN @jslib-book/cli@1.0.0 No description

up to date in 0.646s
found 0 vulnerabilities

/usr/local/bin/jslibbook -> /usr/local/lib/node_modules/@jslib-book/cli/bin/
index.js
/usr/local/lib/node_modules/@jslib-book/cli -> /Users/yan/jslib-book/jslib-book-
cli
```

透過上面的提示可以知道，執行“npm link”命令會建立兩個軟連結，其中一個軟連結 /usr/local/bin/jslibbook 和上面介紹的背景知識是一致的。

“npm link”命令執行成功後，就可以像下面這樣直接執行命令了：

```
$ jslibbook
hello
```

接下來介紹命令列參數問題，透過 process.argv 可以獲取命令執行時的參數，範例程式如下：

```
#!/usr/bin/env node

const process = require('process');
console.log(process.argv[0]);
console.log(process.argv[1]);
console.log(process.argv[2]);
```

再次執行命令，可以列印執行 jslibbook 命令的參數，範例如下：

```
$ jslibbook 123
/usr/local/bin/node
/usr/local/bin/jslibbook
123
```

“process.argv[2]” 就是傳給命令的參數，透過 process.argv 手動處理命令列參數並不簡單，因為一個標準命令列參數需要支援兩種格式。範例如下：

```
$ jslibbook --name=mylib
$ jslibbook --name mylib
```

yargs 是一個開放原始碼函式庫，專門用來處理命令列參數問題。首先使用如下命令安裝 yargs：

```
$ npm install --save yargs
```

yargs 的使用非常簡單，其提供的 argv 屬性是對 process.argv 的封裝。下面使用 yargs 改寫上面的範例程式，改寫後的範例程式如下：

```
#!/usr/bin/env node
var yargs = require('yargs');
console.log(process.argv);
console.log(yargs.argv);
```

再次執行命令，可以查看 yargs 支援兩種格式的參數，範例如下：

```
$ jslibbook --name=mylib

[ '/usr/local/bin/node', '/usr/local/bin/jslibbook', '--name=mylib' ]
{ _: [], name: 'mylib', '$0': 'jslibbook' }

$ jslibbook --name mylib
[
  '/usr/local/bin/node',
  '/usr/local/bin/jslibbook',
  '--name',
  'mylib'
]
{ _: [], name: 'mylib', '$0': 'jslibbook' }
```

yargs.argv 是一個物件，透過 yargs.argv.name 可以獲取執行命令時的 name 參數值，比起 process.argv 的輸出，yargs 的介面更好用，並且相容兩種參數格式。

yargs 不僅對參數進行了上述封裝，還對參數提供了更多支援，如可以透過 option 設定參數屬性。範例程式如下：

```
#!/usr/bin/env node
const yargs = require('yargs');

const argv = yargs.option('name', {
  alias: 'N',
  demand: false,
  default: 'mylib',
  describe: 'your library name',
  type: 'string',
}).argv;

console.log(argv);
```

alias 代表別名，可以用來指定短參數形式。下面兩種方式是等值的：

```
$ jslibbook --name=mylib
$ jslibbook -N=mylib
```

demand 表示參數是否必填，describe 是參數的描述資訊，會在提示資訊介面顯示。

default 是預設值，對於可選參數，在沒有傳入時會自動填充預設值。預設值範例如下：

```
$ jslibbook
{ _: [], name: 'mylib', n: 'mylib', '$0': 'jslibbook' }

$ jslibbook -n yourlib
{ _: [], name: 'yourlib', n: 'yourlib', '$0': 'jslibbook' }
```

type 代表參數類型，支援的常用類型如下，其中前兩種類型比較常用。

- string。
- boolean。
- number。

將 type 修改為 number，再次執行命令，同樣的輸入，name 的類型由 string 變為 number。範例如下：

```
$ jslibbook -n 1 # string
{ _: [], n: '1', name: '1', '$0': 'jslibbook' }

$ jslibbook -n 1 # number
{ _: [], n: 1, name: 1, '$0': 'jslibbook' }
```

yargs 支援給命令設定版本資訊，範例程式如下：

```
#!/usr/bin/env node

const yargs = require('yargs');

yargs.alias('v', 'version').argv;
```

再次執行命令，yargs 會自動讀取 package.json 檔案中的 version 欄位值，範例如下：

```
$ jslibbook -v
1.0.0

$ jslibbook --version
1.0.0
```

yargs 還可以設定說明資訊，支援如下欄位：

- usage：用法格式。
- example：提供範例。
- help：顯示說明資訊。
- epilog：出現在說明資訊的結尾。

下面使用上面的欄位給我們的命令增加更多內容，範例程式如下：

```
#!/usr/bin/env node
const yargs = require("yargs");
```

```
yargs
    .usage('usage: jslibbook [options]')
    .usage('usage: jslibbook <command> [options]')
    .example('jslibbook new mylib', '新建一個函式庫 mylib')
    .alias("h", "help")
    .alias("v", "version")
    .epilog('copyright 2019-2022')
    .demandCommand()
    .argv;
```

再次執行命令，可以查看說明資訊，在最後執行 demandCommand 函式，可以使得執行 jslibbook 命令時預設輸出說明資訊，現在執行命令後，控制台輸出的內容如下：

```
$ jslibbook -h # jslibbook
usage: jslibbook [options]
usage: jslibbook <command> [options]

選項：
  -h, --help          顯示說明資訊                              [布林]
  -v, --version       顯示版本編號                              [布林]

範例：
  jslibbook new mylib  新建一個函式庫 mylib

copyright 2019-2022
```

yargs 還允許透過 command 方法來設定 Git 風格的子命令，對於一個要提供多個功能的命令，這是非常有用的功能。範例程式如下：

```
#!/usr/bin/env node
const yargs = require('yargs');

yargs
  .usage('usage: jslibbook [options]')
  .usage('usage: jslibbook <command> [options]')
  .example('jslibbook new mylib', '新建一個函式庫 mylib')
```

```
  .alias('h', 'help')
  .alias('v', 'version')
  .command(['new', 'n'], '新建一個專案', function (argv) {
    // TODO: 初始化邏輯
  })
  .epilog('copyright 2019-2022')
  .demandCommand().argv;
```

一般子命令會有自己的參數，可以給 command 方法傳遞一個初始化參數的函式，實現一個標準子命令的範例程式如下：

```
#!/usr/bin/env node
const yargs = require('yargs');

yargs
  .usage('usage: jslibbook [options]')
  .usage('usage: jslibbook <command> [options]')
  .example('jslibbook new mylib', '新建一個函式庫 mylib')
  .alias('h', 'help')
  .alias('v', 'version')
  .command(
    ['new', 'n'],
    '新建一個專案',
    function (yargs) {
      return yargs.option('name', {
        alias: 'n',
        demand: false,
        default: 'mylib',
        describe: 'your library name',
        type: 'string',
      });
    },
    function (argv) {
      console.log(argv);
      // TODO: 初始化邏輯
    }
  )
  .epilog('copyright 2019-2022')
  .demandCommand().argv;
```

接下來，執行剛剛實現的子命令，控制台輸出的內容如下：

```
$ jslibbook n -h
jslibbook new

新建一個專案

選項：
  -n, --name          your library name               [字串] [預設值: "mylib"]
  -h, --help          顯示説明資訊                                      [布林]
  -v, --version       顯示版本編號                                      [布林]

$ jslibbook n --name yourlib
{ _: [ 'n' ], name: 'yourlib', n: 'yourlib', '$0': 'jslibbook' }
```

至此，完成了一個標準命令列工具的架設。

9.3 互動介面

在 9.1 節中曾提到希望能夠讓開發者自訂功能，包括測試、驗證等，可以將自訂功能曝露給使用者參數，使用方法類似下面這樣：

```
$ jslibbook new -n=mylib --test --lint
```

如果自訂參數較多，那麼命令列參數的方式對於使用者來説並不友善，使用方式不夠直接，比較好的方式是類似執行 “npm init” 命令時，透過詢問式的互動完成 package.json 檔案內容的填充。使用 npm 初始化互動的範例如下：

```
$ npm init
package name: (bin)
version: (1.0.0)
description:
entry point: (index.js)
test command:
git repository:
```

```
keywords:
author:
license: (ISC)

About to write to /Users/yan/jslib-book/jslib-book-cli/bin/package.json:
{
  "name": "bin",
  "version": "1.0.0",
  "description": "",
  "main": "index.js",
  "scripts": {
    "test": "echo \"Error: no test specified\" && exit 1"
  },
  "author": "",
  "license": "ISC"
}
```

開發詢問式的互動需要用到 Inquirer.js，Inquirer.js 的定位是為 Node.js 做一個可嵌入的美觀的命令列介面。Inquirer.js 對處理以下幾種事情提供能力，我們下面會用到前 3 種事情：

- 詢問使用者問題。
- 獲取並解析使用者的輸入。
- 檢測使用者的答案是否合法。
- 提供錯誤回呼。
- 管理多層級的提示。

Inquirer.js 的使用非常簡單，首先使用如下命令安裝：

```
$ npm install --save inquirer
```

新建一個 test.js 檔案，該檔案中的內容如下；

```
const inquirer = require('inquirer');

inquirer
```

```
.prompt([
  {
    type: 'input',
    name: 'name',
    message: '倉庫的名字',
    default: 'mylib',
  },
  {
    type: 'confirm',
    name: 'test',
    message: 'Are you test?',
    default: true,
  },
])
.then((answers) => {
  console.log('結果為:');
  console.log(answers);
});
```

使用 node 命令執行 test.js 檔案，效果如圖 9-1 所示。

```
➜ jslib-book-cli git:(master) ✗ node test.js
? 倉庫的名字 124
? Are you test? (Y/n)
```

▲ 圖 9-1

prompt 函式接收一個陣列，陣列的每一項都是一個詢問項，詢問項有很多設定參數，下面是常用的設定項。

- type：提問的類型，包括 input、confirm、list、rawlist、expand、checkbox、password、editor。
- name: 儲存當前問題答案的變數。
- message：問題的描述。
- default：預設值。
- choices：清單選項，在某些 type 下可用，並且包含一個分隔符號（separator）。

- validate：對使用者的答案進行驗證。
- filter：對使用者的答案進行過濾處理，傳回處理後的值。

type 支援多種類型的互動，上面的範例中使用了 input 和 confirm 類型，下面介紹 list，list 會提供一個選擇介面，透過 choices 提供可選項，透過 filter 將輸入資料標準化。範例程式如下：

```
const inquirer = require('inquirer');

inquirer
  .prompt([
    {
      type: 'list',
      message: '請選擇一種水果:',
      name: 'fruit',
      choices: ['蘋果', '香蕉', '梨子'],
      filter: function (val) {
        const map = {
          蘋果: 'apple',
          香蕉: 'banana',
          梨子: 'pear',
        };
        return map[val];
      },
    },
  ])
  .then((answers) => {
    console.log('結果為:');
    console.log(answers);
  });
```

使用 node 命令執行 test.js 檔案，效果如圖 9-2 所示，使用者選擇的是“蘋果”，但最終得到的 answers.fruit 值是‘apple’，而非‘蘋果’。

```
➜ jslib-book-cli git:(master) ✗ node test.js
? 請選擇一種水果: (Use arrow keys)
❯ 蘋果
  香蕉
  梨子
```

▲ 圖 9-2

checkbox 和 list 非常像，區別是 checkbox 是可以多選的，需要注意的是，filter 接收的是一個陣列。範例程式如下：

```
const inquirer = require('inquirer');

inquirer
  .prompt([
    {
      type: 'checkbox',
      message: '請選擇喜歡的水果：',
      name: 'fruits',
      choices: ['蘋果', '香蕉', '梨子'],
      default: ['蘋果'],
      filter: function (vals) {
        const map = {
          蘋果: 'apple',
          香蕉: 'banana',
          梨子: 'pear',
        };

        return vals.map((val) => map[val]);
      },
    },
  ])
  .then((answers) => {
    console.log('結果為：');
    console.log(answers);
  });
```

使用 node 命令執行 test.js 檔案，效果如圖 9-3 所示。

```
➜  jslib-book-cli git:(master) ✗ node test.js
? 請選擇喜歡的水果： (Press <space> to select, <a> to toggle all,
? 請選擇喜歡的水果： (Press <space> to select, <a> to toggle all,
? 請選擇喜歡的水果： (Press <space> to select, <a> to toggle all,
<i> to i
nvert selection, and <enter> to proceed)
 ◉ 蘋果
❯◉ 香蕉
 ◯ 梨子
```

▲ 圖 9-3

最終得到的 answers.fruits 值是一個轉換後的陣列，如下所示：

```
➜  jslib-book-cli git:(master) X node demo/checkbox.js
? 請選擇喜歡的水果: 蘋果, 香蕉
結果為:
{ fruits: [ 'apple', 'banana' ] }
```

validate 用來對使用者輸入做驗證，如驗證輸入的名字不能包含空格，範例程式如下：

```
$ const inquirer = require("inquirer");

inquirer
    .prompt([
        {
            type: "input",
            name: "name",
            message: "倉庫的名字",
            default: "mylib",
            validate: function (input) {
                if (input.match(/\s+/g)) {
                    return "名字中不能包含空格";
                }
                return true;
            },
        },
    ])
    .then((answers) => {
        console.log("結果為:");
        console.log(answers);
    });
```

使用 node 命令執行 test.js 檔案，效果如圖 9-4 所示，當驗證不通過時，會有錯誤訊息。

```
➜  jslib-book-cli git:(master) ✗ node test.js
?  倉庫的名字 (mylib) 11 11
>> 名字中不能包含空格
```

▲ 圖 9-4

在介紹完 Inquirer.js 的基礎知識後，下面給我們的命令列工具增加互動介面，根據 9.1 節的功能整理，表 9-1 所示為所有可自訂的功能。

▼ 表 9-1

功能	參數	預設值 & 可選擇值
專案名稱	name	mylib
npm 套件名稱	npmname	可能和專案名稱不一致，預設值為專案名稱
使用者名稱	username	jslibbook
prettier	prettier	true
eslint	eslint	true
commitlint	commitlint	可選擇的值包括 commitlint 和 standard-version，可以多選，預設值為 commitlint
單元測試	test	可選擇的值包括 mocha 和 puppeteer，可以多選，預設值為 mocha
husky	husky	true
ci	ci	可選擇的值包括 github、circleci、travis 和 none，單選，預設值為 github

表 9-1 中的功能都需要設定互動介面，對應的 Inquirer.js 範例程式如下：

```
const inquirer = require('inquirer');const validate = require('validate-npm-package-name');

function runInitPrompts(pathname, argv) {
  const { name } = argv;

  const promptList = [
    {
      type: 'input',
      message: 'library name:',
      name: 'name',
      default: pathname || name,
      validate: function (val) {
        if (!val) {
          return 'Please enter name';
```

```
    }
    if (val.match(/\s+/g)) {
      return 'Forbidden library name';
    }
    return true;
  },
},
{
  type: 'input',
  message: 'npm package name:',
  name: 'npmname',
  default: pathname || name,
  validate: function (val) {
    if (!validate(val).validForNewPackages) {
      return 'Forbidden npm name';
    }
    return true;
  },
},
{
  type: 'input',
  message: 'github user name:',
  name: 'username',
  default: 'jslibbook',
},
{
  type: 'confirm',
  name: 'prettier',
  message: 'use prettier?',
  default: true,
},
{
  type: 'confirm',
  name: 'eslint',
  message: 'use eslint?',
  default: true,
},
{
  type: 'checkbox',
```

```
    message: 'use commitlint:',
    name: 'commitlint',
    choices: ['commitlint', 'standard-version'],
    default: ['commitlint'],
    filter: function (values) {
      return values.reduce((res, cur) => ({ ...res, [cur]: true }), {});
    },
  },
  {
    type: 'checkbox',
    message: 'use test:',
    name: 'test',
    choices: ['mocha', 'puppeteer'],
    default: ['mocha'],
    filter: function (values) {
      return values.reduce((res, cur) => ({ ...res, [cur]: true }), {});
    },
  },
  {
    type: 'confirm',
    name: 'husky',
    message: 'use husky?',
    default: true,
  },
  {
    type: 'list',
    message: 'use ci:',
    name: 'ci',
    choices: ['github', 'circleci', 'travis', 'none'],
    filter: function (value) {
      return {
        github: 'github',
        circleci: 'circleci',
        travis: 'travis',
        none: null,
      }[value];
    },
  },
];
```

```
  return inquirer.prompt(promptList);
}

exports.runInitPrompts = runInitPrompts;
```

設定好互動介面後，執行"jslibbook n"命令查看效果，上面程式的執行效果如圖 9-5 所示。

```
➜ temp git:(master) × jslibbook n
? library name: mylib
? npm package name: mylib
? github user name: jslibbook
? use prettier? Yes
? use eslint? Yes
? use commitlint: commitlint
? use test: mocha
? use husky? Yes
? use ci: github
? package manager: (Use arrow keys)
  no install
❯ npm
  yarn
  pnpm
```

▲ 圖 9-5

上面的程式最終會傳回一個結果物件，圖 9-5 中的輸入得到的結果物件的內容如下：

```
{
  name: 'mylib',
  npmname: 'mylib',
  username: 'jslibbook',
  prettier: true,
  eslint: true,
  commitlint: { commitlint: true },
  test: { mocha: true },
  husky: true,
  ci: 'github'
}
```

至此，完成了設定物件的生成，下一節會使用這個物件實現對應的邏輯。

最後補充一個小知識，上面在驗證 npm 套件名稱是否合法時使用了一個協力廠商函式庫 validate-npm-package-name，這是因為 npm 套件名稱有非常多的要求，如果手動驗證會非常麻煩，建議直接使用這個函式庫。

下面是 validate-npm-package-name 支援的驗證邏輯：

- 套件名稱不能是空白字串。
- 所有的字串必須小寫。
- 可以包含連字號“-”。
- 套件名稱不得包含任何非 URL 安全字元。
- 套件名稱不得以“.”或“_”開頭。
- 套件名稱首尾不得包含空格。
- 套件名稱不得包含“~”、“)”、“(”、“'”、“!”、“\”和“*”中的任意一個字元。
- 套件名稱不得與 Node.js 的核心模組名稱、保留名稱、黑名單相同。
- 套件名稱的長度不得超過 214 個字元。

9.4 初始化功能

目前，我們的命令執行完後還沒有任何實際效果，只獲得了一個設定物件。再來看一下深拷貝函式庫目錄下的內容，具體如下：

```
➜ clone1 git:(master) tree -L 1 -a
.
├── .babelrc
├── .editorconfig
├── .eslintignore
├── .eslintrc.js
├── .github
```

```
├── .gitignore
├── .husky
├── .lintstagedrc.js
├── .npmrc
├── .nycrc
├── .prettierignore
├── .prettierrc.json
├── .vscode
├── CHANGELOG.md
├── LICENSE
├── README.md
├── TODO.md
├── commitlint.config.js
├── config
├── doc
├── package.json
├── src
└── test
13 directories, 20 files
```

這麼多內容都要完成初始化，並且不同的檔案有不同的初始化需求。

初次面對初始化需求可能毫無頭緒，不知道如何開始。其實解決這個問題的最好辦法就是使用分治思想，即將一個大問題分解成多個簡單的小問題，對應的技術術語就是拆成模組，每個模組負責部分檔案的邏輯，每個模組都比較簡單，這樣可以極大地降低整體複雜度。

如何劃分模組是另一個問題，最簡單的辦法是一個檔案一個模組，但是這會造成模組數量太多，建議的辦法是按照功能拆分模組。表 9-2 所示為不同模組的功能描述和連結設定。

▼ 表 9-2

模組	功能描述	關聯設定
root	公共檔案	name，npmname，username
build	建構類別，包含 rollup.js 和 Babel	name，test.mocha
prettier	格式化	prettier
eslint	ESLint 設定	eslint，prettier
commitlint	提交資訊驗證	commitlint.commitlint，commitlint.standard-version
test	單元測試類別，包含 Mocha 和 nyc	test.mocha，test.puppeteername
husky	Git hook 檢驗	husky，eslint，commitlint.commitlint
ci	持續整合，包含 GitHub Actions	ci，commitlint.commitlint

9.4.1 程式架構

確定了方案，下面來實現程式。首先在獲取使用者的設定資訊後，呼叫初始化函式，下面的程式只保留了關鍵部分：

```
#!/usr/bin/env nodeconst yargs = require('yargs');
const { runInitPrompts } = require('./run-prompts');
const { init } = require('./init');

yargs.command(['new', 'n'], '新建一個專案', function (argv) {
  runInitPrompts(argv._[1], yargs.argv).then(function (answers) {
    // 注意這裡
    init(argv, answers);
  });
}).argv;
```

初始化邏輯被抽象為 init 函式，init 最開始是一些檢測邏輯，如果目錄已經存在，則提示避免覆蓋。

接下來呼叫各個模組的初始化函式。init 函式只是簡單呼叫各個模組的初始化函式，這樣 init 函式中的程式非常簡潔，各個模組的具體初始化邏輯由各個模組實現，這樣就做到了分治和解耦。init 函式關鍵程式範例如下：

```
const { checkProjectExists } = require('./util/file');
const root = require('./root');
// ... 省略部分匯入程式

function init(argv, answers) {
  const cmdPath = process.cwd();

  const option = { ...argv, ...answers };
  const { name } = option;

  const pathname = String(typeof argv._[1] !== 'undefined' ? argv._[1] : name);

  if (checkProjectExists(cmdPath, pathname)) {
    console.error('error: The library is already existed!');
    return;
  }

  root.init(cmdPath, pathname, option);
  // ... 省略部分程式
}

exports.init = init;
```

9.4.2 公共邏輯

接下來介紹會用到的公共邏輯。首先是拷貝目錄，在 Node.js 中拷貝目錄並不簡單，需要用到遞迴，推薦使用開放原始碼函式庫 copy-dir，其提供了同步和非同步兩種模式。這裡不用考慮性能問題，使用更簡單的同步拷貝即可。

首先使用如下命令安裝開放原始碼函式庫 copy-dir：

```
$ npm install --save copy-dir
```

copy-dir 函式庫的使用非常簡單，透過如下程式即可實現將 /a 目錄中的內容遞迴拷貝到 /b 目錄中：

```
const copydir = require('copy-dir');
copydir.sync('/a', '/b');
```

為了將目錄拷貝和系統拷貝功能封裝到一起，在 util/copy.js 檔案中提供了一個 copyDir 函式，後面統一使用 copyDir 函式。copyDir 函式的範例程式如下：

```
const copydir = require('copy-dir');
function copyDir(from, to, options) {
  copydir.sync(from, to, options);
}
```

單一檔案的拷貝功能也很常用，因此，我們的公共邏輯需要支援將某個檔案拷貝到任意目錄下的功能。範例程式如下：

```
const fs = require('fs');
function copyFile(from, to) {
  const buffer = fs.readFileSync(from);
  const parentPath = path.dirname(to);
  fs.writeFileSync(to, buffer);
}
```

當目標目錄不存在時，上面程式中的 copyFile 函式不會自動建立目錄，而是會顯示出錯，為了避免顯示出錯，可以先判斷目錄是否存在，當目錄不存在時自動建立目錄。增加判斷目錄是否存在邏輯的範例程式如下：

```
function copyFile(from, to) {
  if (!fs.existsSync(parentPath)) {
    fs.mkdirSync(target, { recursive: true });
  }
}
```

recursive 表示會遞迴建立目錄，但 recursive 是 Node.js 10.12 引入的功能，在 10.12 版本之前只會建立第一層缺失的目錄，如果想要建立多層級目錄，則需要透過遞迴一層一層手動建立，並且需要自己處理相容性問題。範例程式如下：

```
function copyFile(from, to) {
  if (!fs.existsSync(parentPath)) {
    try {
      fs.mkdirSync(target, { recursive: true });
```

```
    } catch (e) {
      mkdirp(target);
      function mkdirp(dir) {
        if (fs.existsSync(dir)) {
          return true;
        }
        const dirname = path.dirname(dir);
        mkdirp(dirname);
        fs.mkdirSync(dir);
      }
    }
  }
}
```

可以將“當目錄不存在時自動建立目錄”的邏輯從 copyFile 函式中提取出來，抽象成一個目錄守衛函式 mkdirSyncGuard，方便後面重複使用。抽象 mkdirSyncGuard 函式後的範例程式如下：

```
function copyFile(from, to) {
  const buffer = fs.readFileSync(from);
  const parentPath = path.dirname(to);

  mkdirSyncGuard(parentPath); // 目錄守衛函式

  fs.writeFileSync(to, buffer);
}

function mkdirSyncGuard(target) {
  try {
    fs.mkdirSync(target, { recursive: true });
  } catch (e) {
    mkdirp(target);
    function mkdirp(dir) {
      if (fs.existsSync(dir)) {
        return true;
      }
      const dirname = path.dirname(dir);
      mkdirp(dirname);
```

```
      fs.mkdirSync(dir);
    }
  }
}
```

copyFile 函式的使用方法如下，將 a 檔案中的內容遞迴拷貝到任意目錄下，支援修改檔案名稱。

```
copyFile('./a', './x/y/z');
```

如果想拷貝一個檔案到指定目錄下的同時修改檔案中的內容，這時應該怎麼辦呢？例如，對於 README.md 檔案，需要修改裡面的名字為使用者自訂的名字。

最簡單的辦法是，在 README.md 檔案中增加一個預留位置，在拷貝時使用字串方法替換，比如像下面這樣：

```
`#name#`.replace('#name#', 'mylib');
```

這種辦法無法處理邏輯問題，如當某個參數為 true 時，才顯示某一段內容，類似這種場景，是前端範本函式庫的範圍，本章使用我維護的前端範本函式庫 template.js（第 11 章將會詳細地介紹這個前端範本函式庫）。

使用前首先需要安裝 template.js，安裝命令如下：

```
$ npm install --save template_js
```

template.js 是一款 JavaScript 範本引擎，使用 JavaScript 原生語法。template.js 支援範本插值，使用 <%=%> 語法，範例程式如下：

```
const template = require('template_js');

const str = `<span><%=name%></span>`;
template(str, { name: 'yan' }); // 輸出字串 '<span>yan</span>'
```

除了支援範本插值，template.js 還支援完整的 JavaScript 語法，可以在範本中加入邏輯控制，<%%> 中可以放入任意 JavaScript 程式。範例程式如下：

```
const str = `
    <span><%if (win) {%> 勝利 <% } else {%> 失敗 <% } %></span>
`;

template(str, { win: true }); // 輸出字串 '<span> 勝利 </span>'
template(str, { win: true }); // 輸出字串 '<span> 失敗 </span>'
```

我們的公共邏輯可以提供一個 copyTmpl 函式，實現將指定範本拷貝到指定目錄下的功能。如果檔案的副檔名不為 .tmpl，則直接拷貝檔案，拷貝之前先使用前面的 mkdirSyncGuard 函式確保目標目錄存在。

readTmpl 函式負責讀取範本檔案，將範本和資料繪製並得到最終的字串，然後使用 fs.writeFileSync 函式將生成的字串寫入指定路徑檔案中。copyTmpl 函式的範例程式如下：

```
const template = require('template_js');

function copyTmpl(from, to, data = {}) {
  if (path.extname(from) !== '.tmpl') {
    return copyFile(from, to);
  }
  const parentPath = path.dirname(to);

  mkdirSyncGuard(parentPath);

  fs.writeFileSync(to, readTmpl(from, data), { encoding: 'utf8' });
}

function readTmpl(from, data = {}) {
  const text = fs.readFileSync(from, { encoding: 'utf8' });
  return template(text, data);
}
```

假設範本檔案 a.tmpl 中的內容如下：

```
<span><%=name%></span>
```

copyTmpl 函式的使用方法如下，將 a.tmpl 範本檔案繪製後拷貝到任意目錄下，支援修改檔案名稱。

```
copyTmpl('./a.tmpl', './a', { name: 'yan' }); // a 檔案中的內容為 <span>yan</span>
```

JSON 檔案的需求場景更複雜，package.json 檔案是所有模組的共用檔案，如果抽象一個 package.json 模組，將所有邏輯都放到裡面，則 package.json 模組會非常複雜，因此希望能夠將各個模組處理邏輯分開。

我們的公共邏輯可以提供一個將兩個 JSON 檔案合併起來的程式，從而實現上面的需求。例如，ESLint 和 Prettier 雖然都會修改 package.json 檔案，但是會修改不同的欄位。

ESLint 修改的欄位如下：

```
{
  "scripts": {
    "lint": "eslint src config test"
  },
  "devDependencies": {
    "eslint": "^8.7.0"
  }
}
```

Prettier 修改的欄位如下：

```
{
  "scripts": {
    "lint:prettier": "prettier --check ."
  },
  "devDependencies": {
    "prettier": "2.5.1"
  }
}
```

下面來一步一步實現合併 JSON 檔案的功能，先來實現最簡單的版本，將一個已知物件合併到已經存在的物件。首先需要讀取 JSON 檔案中的內容，接下來合併兩個 JavaScript 物件，這裡可以直接使用 8.5 節中撰寫的 @jslib-book/extend 函式庫，然後將合併得到的新物件轉換為 JSON 格式字串，並寫入指定檔案中。範例程式如下：

```
const { extend } = require('@jslib-book/extend');

function mergeObj2JSON(object, to) {
  const json = JSON.parse(fs.readFileSync(to, { encoding: 'utf8' }));

  extend(json, object);

  fs.writeFileSync(to, JSON.stringify(json, null, '  '), { encoding: 'utf8' });
}
```

接下來實現合併兩個 JSON 檔案。只需要先讀取 JSON 檔案到 JavaScript 物件，然後就和上面的 mergeObj2JSON 函式一致了。範例程式如下：

```
function mergeJSON2JSON(from, to) {
  const json = JSON.parse(fs.readFileSync(from, { encoding: 'utf8' }));

  mergeObj2JSON(json, to);
}
```

最後實現合併 JSON 範本和 JSON 檔案。首先讀取範本內容，並將其繪製為替換後的字串，這一步可以直接使用前面的 readTmpl 函式，接下來使用 JSON.parse 方法將字串解析為 JavaScript 物件，然後就和上面的 mergeObj2JSON 函式一致了。範例程式如下：

```
function mergeTmpl2JSON(from, to, data = {}) {
  const json = JSON.parse(readTmpl(from, data));
  mergeObj2JSON(json, to);
}
```

至此，初始化涉及的 4 種公共邏輯都介紹完了。接下來看各個模組的實現。

9.4.3 模組設計

本節將介紹幾個典型模組的設計流程。

1．root 模組

root 模組負責公共檔案的初始化。root 模組的目錄結構如下所示，模組初始化邏輯位於 index.js 檔案中，範本檔案位於 template 目錄中。

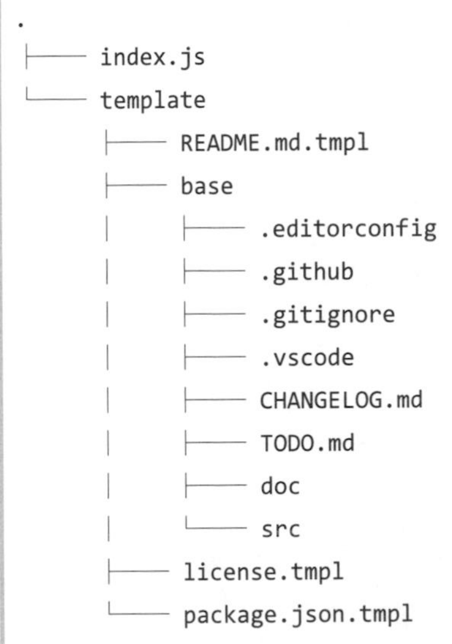

```
.
├── index.js
└── template
    ├── README.md.tmpl
    ├── base
    │   ├── .editorconfig
    │   ├── .github
    │   ├── .gitignore
    │   ├── .vscode
    │   ├── CHANGELOG.md
    │   ├── TODO.md
    │   ├── doc
    │   └── src
    ├── license.tmpl
    └── package.json.tmpl
```

index.js 檔案對外曝露 init 函式，init 函式內部拷貝了 1 個目錄和 3 個檔案：

- base 目錄。
- README.md.tmpl 檔案，需要替換專案名稱、使用者名稱和套件名稱。
- license.tmpl 檔案，需要替換使用者名稱。
- package.json 檔案，需要替換套件名稱。

index.js 檔案中的範例程式如下：

```
const path = require('path');
const { copyDir, copyTmpl } = require('../util/copy');
function init(cmdPath, name, option) {
```

```
  console.log('@js-lib/root: init');
  const lang = option.lang;
  // 初始化 base
  copyDir(
    path.resolve(__dirname, `./template/base`),
    path.resolve(cmdPath, name)
  );
  // 初始化 readme
  copyTmpl(
    path.resolve(__dirname, `./template/README.md.tmpl`),
    path.resolve(cmdPath, name, 'README.md'),
    option
  );
  // 初始化 license
  // 此處省略程式
  // 初始化 package.json
  // 此處省略程式
}
module.exports.init = init;
```

2 · build 模組

build 模組負責 Babel 和 rollup.js 的初始化工作，目錄結構如下：

```
.
├── index.js
└── template
    ├── .babelrc.tmpl
    ├── package.json
    ├── rollup.config.aio.js
    ├── rollup.config.esm.js
    ├── rollup.config.js
    └── rollup.js.tmpl
```

涉及拷貝檔案和拷貝範本功能，在 root 模組部分已經看過範例，這裡不再舉出程式，其中 package.json 檔案的初始化要用到前面介紹的合併 JSON 檔案功能。init 函式的範例程式如下：

```
const path = require('path');
const { mergeTmpl2JSON } = require('../util/copy');
function init(cmdPath, name, option) {
  console.log('@js-lib/build: init');
  mergeTmpl2JSON(
    path.resolve(__dirname, `./template/package.json.tmpl`),
    path.resolve(cmdPath, name, 'package.json'),
    option
  );
}
module.exports.init = init;
```

3．prettier 模組

prettier 模組負責初始化 Prettier 相關功能，功能比較簡單，目錄結構如下所示，這裡不再舉出範例程式。

```
.
├── index.js
└── template
    ├── .prettierignore
    ├── .prettierrc.json
    └── package.json.tmpl
```

4．eslint 模組

eslint 模組負責 ESLint 功能，目錄結構如下：

```
.
├── index.js
└── template
    ├── .eslintignore
    ├── .eslintrc.js.tmpl
    └── package.json.tmpl
```

ESLint 和 Prettier 之間是有耦合關係的，如果專案開啟了 Prettier，則 ESLint 中需要做回應的設定支援，這裡並沒有把 Prettier 和 ESLint 寫到一起，而是拆成了兩個模組，耦合關係放到了 eslint 模組中處理，eslint 模組會感知參數 prettier。

.eslintrc.js.tmpl 範本檔案在參數 prettier 不同時，生成的 .eslintrc.js 檔案會有所區別。範例程式如下：

```
module.exports = {
    env: {
      // ...
    },
    parserOptions: {
      // ...
    },
    extends: ['eslint:recommended'<%if (prettier) {%>, 'prettier'<%}%>],
    plugins: [<%if (prettier) {%>'prettier'<%}%>],
    rules: {
      <%if (prettier) {%>'prettier/prettier': 'error',<%}%>
    },
  };
```

package.json.tmpl 範本檔案中的內容如下，當參數 prettier 的值為 true 時，需要安裝對應的相依。

```
{
  "devDependencies": {
    "eslint": "^8.7.0"<%if (prettier) {%>,
    "eslint-config-prettier": "^8.3.0",
    "eslint-plugin-prettier": "^4.0.0"<%}%>
  }
}
```

5．commitlint 模組

commitlint 模組負責提交資訊標準化工作，目錄結構如下：

```
.
├── index.js
└── template
    ├── commitlint.config.js
    └── package.json.tmpl
```

使用者可以選擇是否開啟 standard-version，在 package.json.tmpl 範本檔案中需要增加對應的判斷邏輯。範例程式如下：

```
{
    "scripts": {
        "ci": "commit",
        "cz": "git-cz"<%if (commitlint['standard-version']) {%>,
        "sv": "standard-version --dry-run"<%}%>
    },
    "devDependencies": {
        "@commitlint/cli": "^16.1.0",
        "@commitlint/config-conventional": "^16.0.0",
        "@commitlint/cz-commitlint": "^16.1.0",
        "@commitlint/prompt-cli": "^16.1.0",
        "commitizen": "^4.2.4"<%if (commitlint['standard-version']) {%>,
        "standard-version": "^9.3.2"<%}%>
    }
}
```

6．test 模組

test 模組負責單元測試初始化，目錄結構如下：

```
.
├── index.js
└── template
    ├── .nycrc
    ├── index.html.tmpl
    ├── package.json.tmpl
    ├── puppeteer.js
    └── test.js
```

使用者可以選擇是否使用 puppeteer，在 package.json.tmpl 範本檔案中需要增加對應的判斷邏輯。範例程式如下：

```
{
    "scripts": {
        "test": "cross-env NODE_ENV=test nyc mocha"<%if (test.puppeteer) {%>,
```

```
        "test:puppeteer": "node test/browser/puppeteer.js"<%}%>
    },
    "devDependencies": {
        "babel-plugin-istanbul": "^5.1.0",
        "cross-env": "^5.2.0",
        "expect.js": "^0.3.1",
        "mocha": "^3.5.3",
        "nyc": "^13.1.0"<%if (test.puppeteer) {%>,
        "puppeteer": "^5.5.0"<%}%>
    }
}
```

7．husky 模組

husky 模組負責 Git hook 相關的初始化，目錄結構如下：

```
.
├── index.js
└── template
    ├── .lintstagedrc.js
    ├── commit-msg.tmpl
    ├── package.json.tmpl
    └── pre-commit.tmpl
```

這裡將 husky 工具的設定單獨拆分為 husky 模組，husky 工具只是 Git hook 的封裝，本身不提供任何功能，所以其會和 prettier、eslint 和 commitlint 模組產生關係，因此 husky 模組內部需要感知其他模組的參數。

package.json.tmpl 範本檔案中的關鍵程式如下，參數 prettier 影響是否安裝 pretty-quick 相依。

```
{
    "devDependencies": {
        "husky": "^7.0.0",
        "lint-staged": "^12.3.1"<%if (prettier) {%>,
        "pretty-quick": "^3.1.3"<%}%>
    }
}
```

pre-commit.tmpl 範本檔案中的程式如下，參數 prettier 和 eslint 影響驗證邏輯。

```
#!/bin/sh
. "$(dirname "$0")/_/husky.sh"

<%if (prettier) {%>npx pretty-quick --staged<%}%>
<%if (eslint) {%>npx lint-staged<%}%>
```

commit-msg.tmpl 範本檔案中的程式如下，需要注意參數 commitlint 的邏輯。

```
#!/bin/sh
. "$(dirname "$0")/_/husky.sh"

<%if (commitlint.commitlint) {%>npx --no -- commitlint --edit $1<%}%>
```

8．ci 模組

ci 模組負責持續整合相關的初始化，目錄結構如下：

```
.
├── index.js
└── template
    ├── .circleci.yml.tmpl
    ├── .github.yml.tmpl
    └── .travis.yml.tmpl
```

index.js 檔案會根據使用者選擇的不同，初始化不同的 ci 工具，如果沒有選擇 ci 參數，則不初始化任何工具。範例程式如下：

```
function init(cmdPath, name, option) {
  if (!option.ci) return;

  console.log('@js-lib/ci: init');
  if (option.ci === 'github') {
    // ...
  } else if (option.ci === 'circleci') {
```

```
    // ...
  } else if (option.ci === 'travis') {
    // ...

  }
}
```

至此，所有模組都完成了，下面體驗一下我們的命令列工具。執行“jslibbook n”命令，選擇參數後，會看到各個模組的提示資訊，如圖 9-6 所示，完成後即會在目標目錄下建立一個新的標準函式庫。

```
→  temp git:(master) jslibbook n
? library name: mylib
? npm package name: mylib
? github user name: jslibbook
? use prettier? Yes
? use eslint? Yes
? use commitlint: commitlint
? use test: mocha
? use husky? Yes
? use ci: github
? package manager: no install
@js-lib/root: init
@js-lib/build: init
@js-lib/prettier: init
@js-lib/eslint: init
@js-lib/commitlint: init
@js-lib/test: init
@js-lib/husky: init
@js-lib/ci: init
✔ Create lib successfully
```

▲ 圖 9-6

9.5 命令列顏色

命令列工具需要和使用者進行互動，互動包括輸入和輸出兩部分，前面重點最佳化了輸入的互動。命令列工具透過控制台輸出向使用者傳遞資訊，輸出資訊根據功能不同可以歸為以下幾類。

- 成功訊息：提示某個操作成功了。
- 失敗訊息：提示某個操作失敗了，或者提示失敗原因。
- 警告類訊息：提示可能出現問題的資訊。
- 提示類訊息：提示使用者需要注意的資訊。
- 普通訊息：不需要特別關注的資訊。

Node.js 中支援上面的後 4 種訊息，沒有提供成功訊息的語義介面，範例如下：

```
console.error('失敗訊息');
console.warn('警告類訊息');
console.info('提示類訊息');
console.log('普通訊息');
```

在 Node.js 中，console.x 在控制台的輸出效果是一樣的，並沒有顯示效果的區別。雖然 Node.js 這樣做有其自身考慮，但是不同類型訊息的顯示效果一樣，使得使用者體驗非常不好，顯示效果不夠直觀。

對於控制台來說，透過顏色來區分資訊是最直接的方式。不同資訊用什麼顏色顯示是一個設計問題，社群常用的最佳實踐如下所述。

- 成功訊息：綠色。
- 失敗訊息：紅色。
- 警告類訊息：橘黃色。
- 提示類訊息：藍色。
- 普通訊息：黑色。

想要在控制台顯示顏色並不簡單，因為需要考慮到各種終端的相容性問題。chalk 是一個開放原始碼函式庫，專門用來處理命令列的樣式問題，其不僅支援字型顏色，還支援背景色和文字樣式等，圖 9-7 所示為 chalk 開放原始碼函式庫官網的效果圖（因為本書為單色印刷，無法顯示色彩，所以在圖 9-7 中無法區分不同的顏色）。

```
bold dim italic underline inverse strikethrough
red green yellow blue magenta cyan white gray bgBlack
bgRed bgGreen bgYellow        bgMagenta bgCyan bgWhite
```

▲ 圖 9-7

想要使用 chalk 開放原始碼函式庫，首先需要安裝，安裝命令如下：

```
$ npm install --save chalk@4
```

下面是幾個使用 chalk 的範例，需要將經過 chalk 處理的字串傳給 console.log，範例程式如下：

```
const chalk = require('chalk');
console.log(chalk.red(' 紅色字型 '));
console.log(chalk.red.bgGreen(' 綠底紅字 '));
console.log(chalk.bold(' 粗體 '));
console.log(chalk.underline(' 底線 '));
```

上面程式的顯示效果如圖 9-8 所示（也無法區分不同的顏色）。

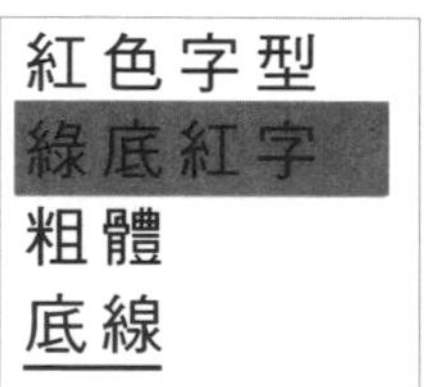

▲ 圖 9-8

chalk 只提供了樣式支援，下面結合上面的最佳實踐來改造我們的命令列工具。想要使用顏色，需要使用 chalk 包裹傳遞給 console.log 的字串，這需要改造所有用到 console 的地方，一個簡單的方案是直接修改 console 的行為。

新建一個 util/log.js 檔案，提供 init 函式，呼叫 init 函式會修改 console.error、console.warn 和 console.info 的行為，為輸出增加方便區分的顏色，同時新增一個 console.success 函式，代表成功時的輸出。範例程式如下：

```
const chalk = require('chalk');

const error = console.error;
const log = console.error;
const info = console.info;
const warn = console.warn;
function init() {
  console.success = function (...args) {
    log(chalk.bold.green(...args));
  };
  console.error = function (...args) {
    error(chalk.bold.red(...args));
  };
  console.warn = function (...args) {
    warn(chalk.hex('#FFA500')(...args));
  };
  console.info = function (...args) {
    info(chalk.bold.blue(...args));
  };
}

exports.init = init;
```

不用修改已有程式，之前如果使用了 error、warn 和 info，則會自動帶上顏色提示。例如，之前驗證函式庫名稱是否存在的顯示出錯輸出是沒有顏色的，而現在則會呈現紅色，效果如圖 9-9 所示。

```
➜ temp git:(master) × jslibbook n
? library name: mylib
? npm package name: mylib
? github user name: jslibbook
? use prettier? Yes
? use eslint? Yes
? use commitlint: commitlint
? use test: mocha
? use husky? Yes
? use ci: github
? package manager: npm
error: The library is already existed!
```

▲ 圖 9-9

9.6 進度指示器

初始化完成後，使用者還需要手動安裝相依，本節將實現自動安裝相依的功能。

先來介紹 Node.js 套件管理工具的背景知識。Node.js 官方的套件管理工具是 npm。截至本書寫作之時，npm 最新的版本是 v8，其經過多個版本的迭代，功能已經能夠滿足大部分需求，並且較為穩定，因此對於一般專案來說，推薦使用 npm。

npm 在 v3 版本時做了一些大的改動，其中最大的改動是將 node_modules 目錄扁平化。在 npm v2 中，會把每個函式庫的相依都安裝到自己的 node_modules 目錄中，這帶來了兩個較大的問題：一個是會造成層級非常深；另一個是當一個函式庫被多個函式庫相依時，會存在多個副本。

例如，假設某個應用相依一個函式庫 A，但是函式庫 A 又相依函式庫 B，圖 9-10 所示為 npm 官網舉出的 npm v2 和 npm v3 的相依區別。

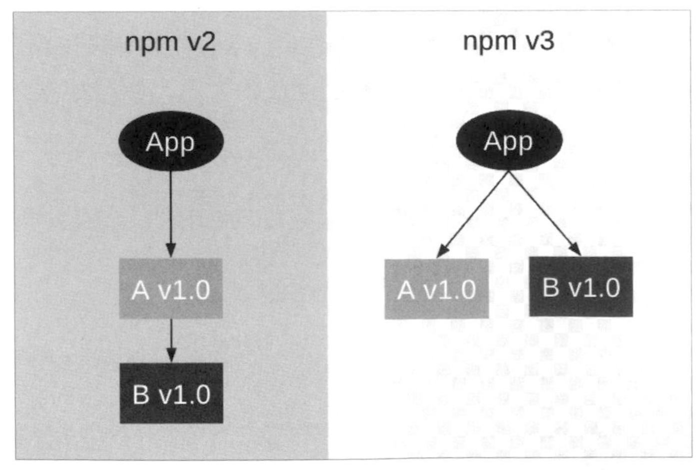

▲ 圖 9-10

npm 一直存在一個重大問題，那就是不支援 lock 功能，這可能導致每一次安裝的相依都不是固定的。例如，本地開發時安裝的相依和發佈時安裝的相依不一致，這可能帶來連線問題，直到 npm v5 帶來的 package-lock.json 檔案才解決了這個問題。

yarn 是普及程度僅次於 npm 的套件管理工具。在 yarn 發佈時，npm 剛好處於 v3 版本。yarn 是一款快速、可靠、安全的相依管理工具，發佈後快速普及，其最新的版本是 v2（截至本書寫作之時）。

pnpm 是另一款套件管理工具，採用硬連結和軟連結的方式提高了安裝速度，節約了磁碟空間，避免了“幽靈相依”。pnpm 作為後起之秀，逐漸得到社群關注，前端框架 Vue.js 就是使用 pnpm 在管理相依的。

綜上所述，使用者有使用不同的套件管理工具的訴求，我們的命令列工具不能預設使用 npm，需要讓使用者自己選擇使用何種工具。下面在 runInitPrompts 函式中增加一個 manager 設定，範例程式如下：

```
function runInitPrompts(pathname, argv) {
  const promptList = [
    // ... 省略部分程式
    {
      type: 'list',
      message: 'package manager:',
      name: 'manager',
      default: 'npm',
      choices: ['no install', 'npm', 'yarn', 'pnpm'],
      filter: function (value) {
        return {
          npm: 'npm',
          yarn: 'yarn',
          pnpm: 'pnpm',
          'no install': null,
        }[value];
      },
    },
  ];
  return inquirer.prompt(promptList);
}
```

再次執行命令，會提示選擇使用哪種工具進行安裝，也可以選擇跳過安裝，預設選擇 npm，如圖 9-11 所示。

```
? package manager: (Use arrow keys)
  no install
❯ npm
  yarn
  pnpm
```

▲ 圖 9-11

接下來，新建一個 manager 模組，並增加 init 函式，init 函式首先檢測 manager 的值，如果使用者選擇不安裝，則直接跳過。

執行命令，可以使用 Node.js 的系統函式。由於 exec 是一個非同步函式，因此使用 Promise 包裝一下，兩個 exec 函式是嵌套的，第一個執行 git init 命令，第二個執行 install 命令。init 函式的完整範例程式如下：

```
const path = require('path');
const { exec } = require('child_process');
function init(cmdPath, name, option) {
  const manager = option.manager;
  if (!manager) {
    return Promise.resolve();
  }
  return new Promise(function (resolve, reject) {
    exec(
      'git init',
      { cwd: path.resolve(cmdPath, name) },
      function (error, stdout, stderr) {
        if (error) {
          console.warn('git init 失敗，跳過 install 過程 ');
          resolve();
          return;
        }
        exec(
          `${manager} install`,
          {
            cwd: path.resolve(cmdPath, name),
```

```
          },
          function (error, stdout, stderr) {
            if (error) {
              reject();
              return;
            }
            resolve();
          }
        );
      }
    );
  });
}
module.exports = { init: init };
```

如果不執行 git init 命令，而是直接執行 npm install 命令[①]，則可能會顯示出錯。因為如果使用了 husky，則 husky 在執行 npm install 命令時會進行自動初始化，其會修改 Git 的 hook 路徑，如果不是一個 Git 倉庫，則會直接顯示出錯，導致安裝過程失敗。

接下來，執行如下新建命令，即可看到如下的輸出結果。再次查看新建的函式庫，即可看到 node_modules 目錄安裝成功。

```
→ temp git:(master) jslibbook n
# 省略一些輸出
? package manager: npm

# 省略一些輸出
@js-lib/ci: init

Create lib successfully
```

目前的程式基本上可以使用了，但是安裝相依的過程較慢，安裝時命令列介面不會舉出任何回饋，就像安裝停止了一樣，這樣的體驗並不好，應該提示當前的操作，並舉出進度提示。

① 此處也可能是其他套件管理工具，如 yarn 和 pnpm，為了表達方便，所以使用 npm。

ora 是一個開放原始碼函式庫，其專門用來實現命令列載入狀態。首先需要安裝 ora 函式庫，安裝命令如下：

```
$ npm install --save ora
```

在使用 ora 函式庫時，我們可以控制何時開始載入，中途還可以改變文字和顏色，結束狀態可以使用 “succeed” 和 “fail” 來分別代表 “成功” 和 “失敗” 。範例程式如下：

```
const ora = require('ora');

const spinner = ora('Loading 1').start();

setTimeout(() => {
  spinner.color = 'yellow';
  spinner.text = 'Loading 2';
}, 1000);

setTimeout(() => {
  spinner.succeed('Loading success');
}, 2000);
```

接下來，修改 manager 模組程式，增加載入提示，下面是部分關鍵程式：

```
const ora = require('ora');
function init(cmdPath, name, option) {
  return new Promise(function (resolve, reject) {
    exec(
      'git init',
      { cwd: path.resolve(cmdPath, name) },
      function (error, stdout, stderr) {
        // 開始安裝
        const spinner = ora();
        spinner.start(`Installing packages from npm, wait for a second...`);
        exec(
          `${manager} install`,
          { cwd: path.resolve(cmdPath, name) },
          function (error, stdout, stderr) {
```

```
          if (error) {
            reject();
            return;
          }
          // 安裝成功
          spinner.succeed(`Install packages successfully!`);
          resolve();
        }
      );
    }
  );
  });
}
```

再次執行命令，即可看到安裝中的提示，如圖 9-12 所示。

```
➜  temp git:(master) jslibbook n
? library name: mylib
? npm package name: mylib
? github user name: jslibbook
? use prettier? Yes
? use eslint? Yes
? use commitlint: commitlint
? use test: mocha
? use husky? Yes
? use ci: github
? package manager: npm
@js-lib/root: init
@js-lib/build: init
@js-lib/prettier: init
@js-lib/eslint: init
@js-lib/commitlint: init
@js-lib/test: init
@js-lib/husky: init
@js-lib/ci: init
⠋ Installing packages from npm, wait for a second...
```

▲ 圖 9-12

9.7 發佈

目前，其他人還不能使用我們的工具，接下來把 cli 工具發佈到 npm 上。首先修改 package.json 檔案，在該檔案中增加如下內容：

```
{
  "name": "@jslib-book/cli",
  "publishConfig": {
    "registry": "https://registry.npmjs.org",
    "access": "public"
  }
}
```

如果套件名稱中包含 @，則表示這個套件位於使用者名稱下，位於使用者名稱下的套件預設是私有的，只有使用者自己能存取。如果想讓其他人也能存取，那麼在發佈時需要給 npm 命令增加參數 --access=public。如果在 package.json 檔案中設定了 publishConfig 欄位，則在發佈套件時可以省略參數 --access=public。發佈命令如下：

```
$ npm publish # npm publish --access=public
```

在將套件發佈到 npm 上後，就可以使用 npx 命令來執行我們的 cli 命令了，範例如下：

```
$ npx @jslib-book/cli n
```

執行 npx 命令時會先安裝 @jslib-book/cli 套件，然後執行其中的二進位命令，效果類似下面的兩行程式，但是使用 npx 命令的好處是，每次都會拉取新的套件，這樣每次都使用最新發佈的套件。

```
$ npm install -g @jslib-book/cli
$ jslibbook n
```

下面補充一個基礎知識，npm 6.1 給 npm init 命令引入了自訂初始化器的功能，簡單來說，下面兩筆命令是等值的：

```
$ npx create-jslib-book
$ npm init jslib-book
```

位於使用者名稱下的套件需要像下面這樣使用：

```
$ npx @jslib-book/create
$ npm init @jslib-book
```

如果讀者建構了一款命令列工具，只提供初始化功能，那麼也可以將套件名稱改為上面的格式，並在主命令中提供初始化邏輯，這樣就可以直接使用 npm init 命令進行初始化了。

9.8 本章小結

本章逐步介紹了如何架設一款真實可用的命令列初始化工具，其中介紹了很多命令列相關的知識，這部分內容在開發其他命令列工具時也是通用的。

第 10 章

工具函式庫實戰

前面學習的知識可以用來開發開放原始碼函式庫，也可以和專案集合起來，改造專案中的公共函式。本章將介紹一個公共函式庫的實戰，在實踐中學習，可以更好地掌握知識。

10.1 問題背景

一個前端專案的全部程式，按照結構劃分可以包含如圖 10-1 所示的內容。

其中，公共邏輯層是專案內部沉澱的一些公共函式等，雖然開放原始碼社群提供了大量現成函式庫可以直接使用，但是很多專案會沉澱自己的公共邏輯。我曾經調研過數百個專案，其中 60% 的專案都存在公共函式。公共函式在專案中的名字可能如下：

- util。
- utils。
- common。
- tool。

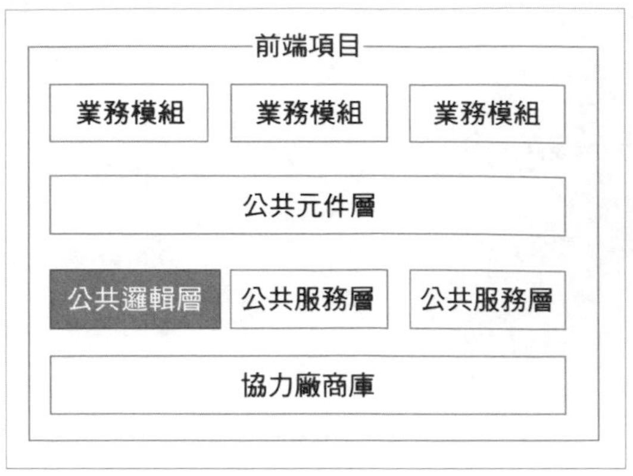

▲ 圖 10-1

如果維護多個專案，每個專案都會存在公共邏輯層，則各個專案的公共邏輯可能存在重複，如圖 10-2 所示。

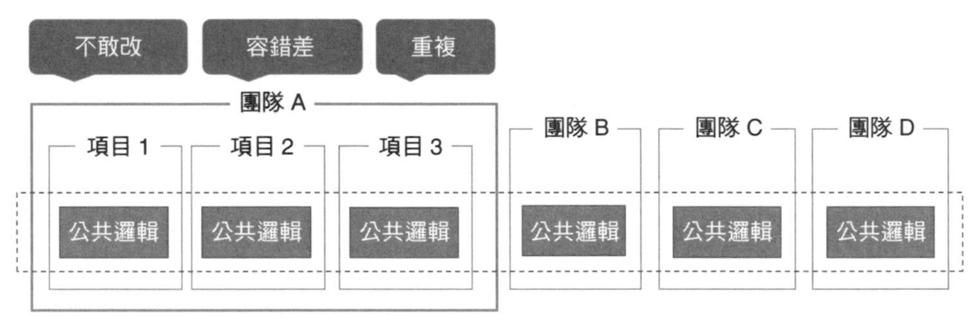

▲ 圖 10-2

如果各個專案獨立維護，則會存在不能共用的問題，最佳實踐也無法推廣，由於只在本專案中使用，其品質也參差不齊，整體來看維護成本更高。

上述問題的解決思路是，將公共邏輯層從專案中抽象出來獨立維護，並透過 npm 套件的方式給專案使用，如圖 10-3 所示。

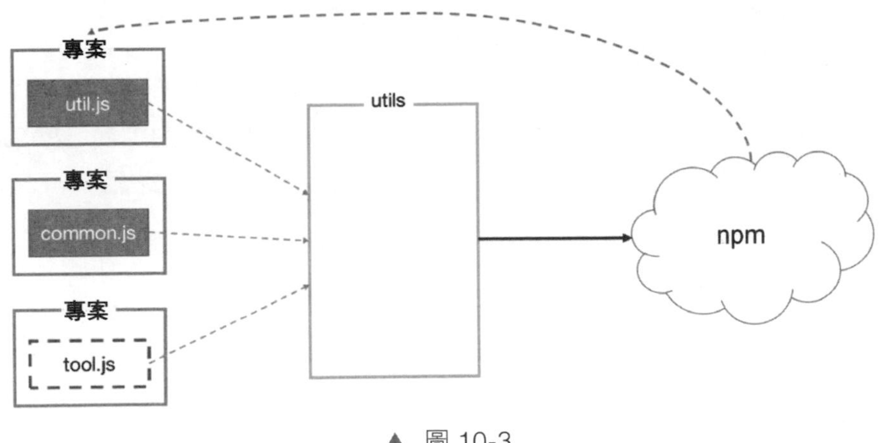

▲ 圖 10-3

上面是解決業務問題的思路，那麼如何建構 utils 呢？建構一個 utils 的標準解決方案包括抽象工具函式、建設專案文件站以便分享、連線專案後需要關注資料，如圖 10-4 所示。

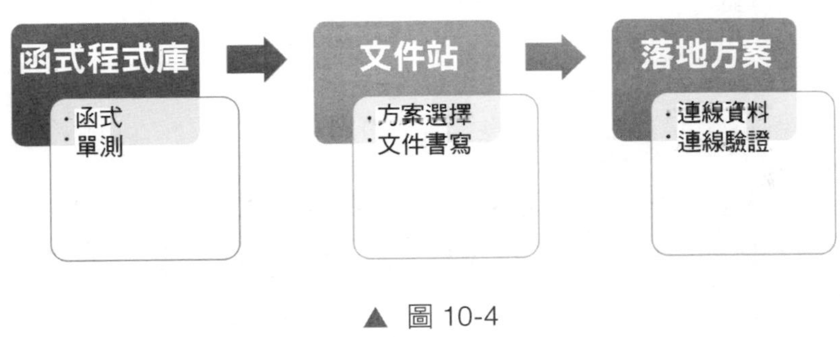

▲ 圖 10-4

10.2 程式實現

本節將完成工具函式庫的程式部分，在開始之前，需要先收集需求，本節選擇專案中常見的以下 4 個範例：

- 字串操作。
- 陣列操作。

- 物件操作。
- URL 參數處理。

首先架設專案，直接使用我們的命令列工具，完成命令列提問，就架設好了專案。範例如下：

```
$ npx @jslib-book/cli n utils

? library name: utils
? npm package name: @jslib-book/utils
? github user name: jslibbook
? use prettier? Yes
...
```

10.2.1 字串操作

字串操作是十分常見的邏輯，字串超長截斷是很常見的需求，在業務中可以透過 CSS 來實現，也可以透過 JavaScript 來實現。下面的程式是 truncate 函式的設計，位於 src/string.js 檔案中：

```
function truncate(str, len, omission = '...') {}
```

truncate 函式的使用方法如下。當字串的長度沒有超過限制時，傳回原字串；當字串的長度超過限制時，截斷為指定限制，並在最後增加參數 omission 指定的字元。

```
truncate('12345', 5); // 12345
truncate('123456', 5); // 12...
truncate('123456', 5, '-'); // 1234-
```

truncate 函式的邏輯不太複雜，首先對傳入參數做一些防禦和檢查，然後判斷字串的長度並做處理，完整程式如下：

```
export function truncate(str, len, omission = '...') {
  str = String(str);
  omission = String(omission);
```

```
  len = Math.round(len);

  if (isNaN(len)) {
    return '';
  }

  if (str.length > len) {
    str = str.slice(0, len - omission.length) + omission;
  }

  return str;
}
```

接下來是單元測試，在實際開發中有以下兩種撰寫單元測試的方式：

（1）先寫單元測試，再寫程式。

（2）先寫程式，再寫單元測試。

方式 1 更符合 TDD 原則，也就是透過測試驅動開發。對於比較複雜的邏輯，建議使用方式 1；對於簡單的功能，建議使用方式 2。

設計良好的單元測試可以提高程式的品質，同時單元測試在程式重構時，也能保證重構不出問題。關於如何設計測試使用案例，在 3.2 節中已經介紹過，這裡不再贅述。

新建 test/test_string.js 檔案，同時在該檔案中增加如下程式，這裡分別測試正常和例外情況，並對每個參數都設計測試使用案例。

```
var expect = require('expect.js');
var { truncate } = require('../src/index.js');

describe(' 測試功能 ', function () {
  it(' 例外 ', function () {
    expect(truncate()).to.be.equal('');
    expect(truncate('')).to.be.equal('');
    expect(truncate('', {})).to.be.equal('');
  });
```

```
  it('正常', function () {
    expect(truncate('12345', 5)).to.be.equal('12345');
    expect(truncate('123456', 5)).to.be.equal('12...');
    expect(truncate('123456', 5, '..')).to.be.equal('123..');
  });
});
```

接下來，執行單元測試，如果看到如圖 10-5 所示的結果，則表示程式透過測試。

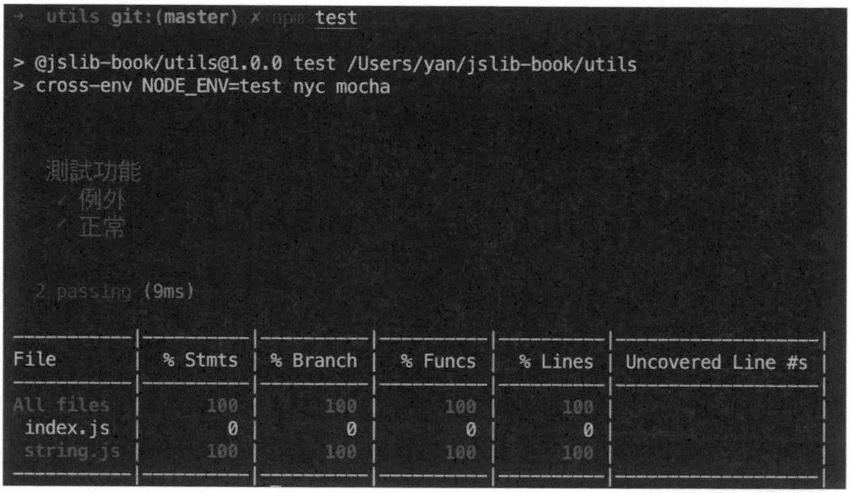

```
→  utils git:(master) ✗ npm test

> @jslib-book/utils@1.0.0 test /Users/yan/jslib-book/utils
> cross-env NODE_ENV=test nyc mocha


  測試功能
    ✓ 例外
    ✓ 正常


  2 passing (9ms)

-----------|---------|----------|---------|---------|-------------------|
File       | % Stmts | % Branch | % Funcs | % Lines | Uncovered Line #s |
-----------|---------|----------|---------|---------|-------------------|
All files  |     100 |      100 |     100 |     100 |                   |
 index.js  |       0 |        0 |       0 |       0 |                   |
 string.js |     100 |      100 |     100 |     100 |                   |
-----------|---------|----------|---------|---------|-------------------|
```

▲ 圖 10-5

10.2.2 陣列操作

陣列操作也很常見，在業務需求中，經常需要生成指定範圍的陣列，但是這可能並沒有想像中那麼簡單。

如果想得到 [1, 2, 3, 4, 5] 範圍的陣列，那麼使用下面的程式是無法得到想要的結果的，這是因為 Array(5) 得到的是稀疏陣列 [empty × 5]，map 函式會跳過 empty 的陣列項。

```
Array(5).map((_, index) => index + 1);
```

在 ECMAScript 2015 之前，如果想得到正確的結果，則只能使用 for 迴圈。範例程式如下：

```
var arr = Array(5);
for (var i = 0; i < arr.length; i++) {
  arr[i] = i + 1;
}

console.log(arr); // [1, 2, 3, 4, 5]
```

ECMAScript 2015 帶來了新的辦法，展開運算子和 Array.from 函式都可以將稀疏陣列轉換為非稀疏陣列，需要注意 [empty × 5] 和 [undefined × 5] 的區別，map 函式不會跳過 undefined 的值。範例程式如下：

```
const arr = Array(5); // [empty × 5]
Array.from(arr) // [undefined × 5]
[...arr] // [undefined × 5]
```

展開運算子更簡潔，Array.from 函式語義更好，至於使用哪種方式，讀者可以自己選擇。下面是使用展開運算子獲取範圍的程式：

```
[...Array(5)].map((_, index) => index + 1); // [1, 2, 3, 4, 5]
```

雖然展開運算子結合 map 函式的方式使得程式量大大降低了，但是其語義還是不太清晰，看到上述程式後，需要理解才能明白其意圖。

我們提供一個生成範圍的函式 range，其位於 src/string.js 檔案中。range 函式的設計如下：

```
function range(start, stop, step = 1) {}
```

該函式提供 3 個參數，分別是起點、終點和步進值。range 函式的使用方法如下，需要注意 stop 是不包含在最終的陣列中的，可以看到 range 函式的語義非常友善。

```
range(1, 6); // [1, 2, 3, 4, 5]
range(1, 6, 2); // [1, 3, 5]
```

下面介紹如何實現 range 函式。前面做了很多防禦邏輯，主要邏輯就是一個 for 迴圈，值得注意的是，當 start 的值比 stop 的值大時，也可以生成合法的範圍。range 函式的範例程式如下：

```
export function range(start, stop, step = 1) {
  start = isNaN(+start) ? 0 : +start;
  stop = isNaN(+stop) ? 0 : +stop;
  step = isNaN(+step) ? 1 : +step;

  // 保證 step 正確
  if (start > stop && step > 0) {
    step = -step;
  }

  const arr = [];
  for (let i = start; start > stop ? i > stop : i < stop; i += step) {
    arr.push(i);
  }

  return arr;
}
```

下面來增加單元測試。range 函式的測試相對比較複雜，下面從不同情況分別做了測試，包括錯誤情況、負數、正數、單一參數和步進值的測試。完整的單元測試範例程式如下：

```
var expect = require('expect.js');
var { range } = require('../src/index.js');

describe(' 測試功能 ', function () {
  it('error', function () {
    expect(range()).to.eql([]);
  });

  it('-2 到 2', function () {
    expect(range(-2, 2)).to.eql([-2, -1, 0, 1]);
    expect(range(2, -2)).to.eql([2, 1, 0, -1]);
  });
```

```
  it('1到10', function () {
    expect(range(1, 5)).to.eql([1, 2, 3, 4]);
    expect(range(5, 1)).to.eql([5, 4, 3, 2]);
  });

  it('1', function () {
    expect(range(2)).to.eql([2, 1]);
    expect(range(-2)).to.eql([-2, -1]);
  });

  it('step', function () {
    expect(range(1, 3, 1)).to.eql([1, 2]);
    expect(range(3, 1, -1)).to.eql([3, 2]);
    expect(range(1, 10, 2)).to.eql([1, 3, 5, 7, 9]);
  });
});
```

10.2.3 物件操作

陣列代表了有序數據，物件代表了無序數據，物件的使用場景更多。在物件資料結構中有兩種需求非常常見，一種是從物件中挑選出指定屬性，另一種是從物件中剔除指定屬性，這裡只討論第一種需求。

從物件中挑選出指定屬性並不簡單，一般思路是，首先獲取物件的全部鍵，然後過濾需要的鍵，最後使用 reduce 函式組裝新的物件。範例程式如下：

```
var obj1 = { a: 1, b: 2, c: 3 };

var obj2 = Object.keys(obj1)
  .filter((k) => ['a', 'b'].indexOf(k) !== -1)
  .reduce((a, k) => {
    a[k] = obj1[k];
    return a;
  }, {});

console.log(obj2); // { a: 1, b: 2 }
```

ECMAScript 2016 帶來了 Array.prototype.includes 方法，可以判斷陣列中是否包含指定值，用來代替原來的 Array.prototype.indexOf 方法；ECMAScript 2017 帶來了 Object.entries 方法，可以獲取物件的鍵 / 值對陣列；ECMAScript 2019 帶來了 Object.fromEntries 方法，可以將鍵 / 值對陣列轉換為新的物件。Object.entries 和 Object.fromEntries 方法讓物件和陣列可以相互轉化，指定了物件使用陣列方法的能力。

使用這 3 種方法改寫上面的範例程式，改寫後的範例程式如下，可以看到簡潔了很多。

```
const obj1 = { a: 1, b: 2, c: 3 };

const obj2 = Object.fromEntries(
  Object.entries(obj1).filter((k) => ['a', 'b'].includes(k))
);

console.log(obj2); // { a: 1, b: 2 }
```

ECMAScript 2018 帶來了物件的解構，使用解構也可以快速挑選出物件中的屬性。範例程式如下：

```
const obj1 = { a: 1, b: 2, c: 3 };

const { a, b } = obj1;

const obj2 = { a, b };

console.log(obj2); // { a: 1, b: 2 }
```

解構 + 剩餘屬性還可以實現剔除指定屬性的功能，範例程式如下：

```
const obj1 = { a: 1, b: 2, c: 3 };

const { a, ...obj2 } = obj1; // 剔除 a 屬性

console.log(obj2); // { b: 2, c: 3 }
```

新的語法簡化了獲取指定屬性的程式，但還是需要程序式程式，其語義並不友善。

我們提供一個挑選出指定屬性的函式 pick，其位於 src/object.js 檔案中。pick 函式的設計如下：

```
function pick(obj, paths) {}
```

pick 函式的使用方法如下，第二個參數是保留屬性的陣列。

```
const obj1 = { a: 1, b: 2, c: 3 };

const obj2 = pick(obj1, ['a', 'b']);

console.log(obj2); // { a: 1, b: 2 }
```

pick 函式的實現程式如下。需要注意的是，這裡使用 hasOwnProperty 方法來判斷屬性是否屬於物件，如果不增加判斷，則會拷貝物件原型上的屬性，這裡並沒有直接呼叫物件上的 hasOwnProperty 方法，而是透過 call 函式借用 Object.prototype.hasOwnProperty 方法，這是因為 Object.create(null) 建立的物件上沒有 hasOwnProperty 方法。

```
import { type } from '@jslib-book/type';

function hasOwnProp(obj, key) {
  return Object.prototype.hasOwnProperty.call(obj, key);
}
export function pick(obj, paths) {
  if (type(obj) !== 'Object') {
    return {};
  }

  if (!Array.isArray(paths)) {
    return {};
  }

  const res = {};
```

```
  for (let i = 0; i < paths.length; i++) {
    const key = paths[i];
    console.log('key', key, obj[key]);
    if (hasOwnProp(obj, key)) {
      res[key] = obj[key];
    }
  }

  return res;
}
```

下面增加單元測試，pick 函式比較簡單，測試了正常流程和例外流程。單元測試的程式如下：

```
var expect = require('expect.js');
var { pick } = require('../src/index.js');

describe(' 測試功能 ', function () {
  it(' 例外流程 ', function () {
    expect(pick()).to.eql({});
    expect(pick(123)).to.eql({});
    expect(pick({})).to.eql({});
    expect(pick({}, 123)).to.eql({});
  });
  it(' 正常流程 ', function () {
    expect(pick({ a: 1 }, [])).to.eql({});
    expect(pick({ a: 1, b: 2, c: 3 }, ['a'])).to.eql({ a: 1 });
    expect(pick({ a: 1, b: 2, c: 3 }, ['a', 'c', 'd'])).to.eql({ a: 1, c: 3 });
  });
});
```

10.2.4 URL 參數處理

獲取 URL 參數是十分常見的需求，但是瀏覽器並未提供原生方法獲取 URL 參數，例如，當存取 “https://***.com/?a=1&b=2” 頁面時，瀏覽器中的全域變數 location 只能拿到如下的 query 片段：

```
location.search; // '?a=1&b=2'
```

對於單頁應用，可以透過使用的回應的路由直接獲取，如 react-router，對於傳統頁面來說，要獲取其中 a 和 b 的值，需要自己解析字串。

我們設計一個獲取 URL 參數的函式 getParam，其位於 src/param.js 檔案中，包含兩個參數。getParam 函式的設計如下：

```
function getParam(name, url) {}
```

getParam 函式的使用方法如下：

```
getParam('https://***.com/?a=1&b=2', 'a'); // 1
getParam('https://***.com/?a=1&b=2', 'b'); // 2
getParam('https://***.com/?a=1&b=2', 'c'); // ''
```

下面是 getParam 函式的實現程式，採用的思路是使用正規表示法匹配。

```
export function getParam(name, url) {
  name = String(name);
  url = String(url);
  const results = new RegExp('[\\?&]' + name + '=([^&#]*)').exec(url);
  if (!results) {
    return '';
  }

  return results[1] || '';
}
```

下面增加單元測試，包括獲取成功和獲取失敗的情況。單元測試的程式如下：

```
var expect = require('expect.js');
var { getParam } = require('../src/index.js');

const urlList = [
  {
    value: 'name',
```

```
    url: 'http://localhost:8888/test.html?name= 張三 &id=123',
    expectation: ' 張三 ',
  },
  {
    value: 'random',
    url: 'http://localhost:8888/test.html?name= 張三 &id=123',
    expectation: '',
  },
];

describe(' 測試功能 ', function () {
  it(' 參數 (id) 的值 ', function () {
    urlList.forEach((item) => {
      expect(getParam(item.value, item.url)).to.be.equal(item.expectation);
    });
  });
});
```

10.3 架設文件

對於內部工具函式庫來說，文件非常重要，團隊內部的人進行開發都要閱讀文件，對於專案的長久維護來說，良好的文件也非常重要。本書 4.2 節中介紹的文件是一個 Markdown 檔案，位於 doc/api.md。

但是這種文件形式感較弱，對於內部工具函式庫來說，更好的方式是建立一個文件站。目前，建立文件站比較流行的方案是使用靜態生成器，社群中存在很多優秀的靜態生成器。

對於寫部落格來說，推薦選擇 Gatsby 或 Hexo；對於寫文件來說，推薦選擇 Docusaurus 或 VuePress。Docusaurus 是 Facebook 維護文件生成工具，其以 React 為基礎，對於了解 React 的讀者，延伸開發會非常方便；對於熟悉 Vue 的讀者，推薦使用 VuePress。

Docusaurus 在設計之初就極度重視開發者和貢獻者的體驗，其不僅提供了一個文件站需要的全部常用功能，還提供了外掛程式功能，有大量社群外掛程式解決特殊的需求。

首先需要安裝 Docusaurus。在專案的根目錄下執行如下命令，會在專案的根目錄下新建 docs 目錄，並在這裡初始化文件。

```
$ npx create-docusaurus@latest docs classic
```

docs 目錄結構如下，可以看到這裡是一個獨立的專案，有自己的 package.json 檔案。

```
$ tree -L 1 -a
.
├── README.md
├── babel.config.js
├── blog
├── docs
├── docusaurus.config.js
├── package.json
├── sidebars.js
├── src
└── static
```

接下來，切換到 docs 目錄，執行下面的命令啟動專案，如果在控制台看到如下輸出，就表示執行成功了。

```
$ npx start
[INFO] Starting the development server...
[SUCCESS] Docusaurus website is running at http://localhost:3000/.

✓ Client
  Compiled successfully in 1.83s

client (webpack 5.72.0) compiled successfully
```

接下來，使用本地瀏覽器打開網址 http://localhost:3000/，即可看到文件效果，如圖 10-6 所示。

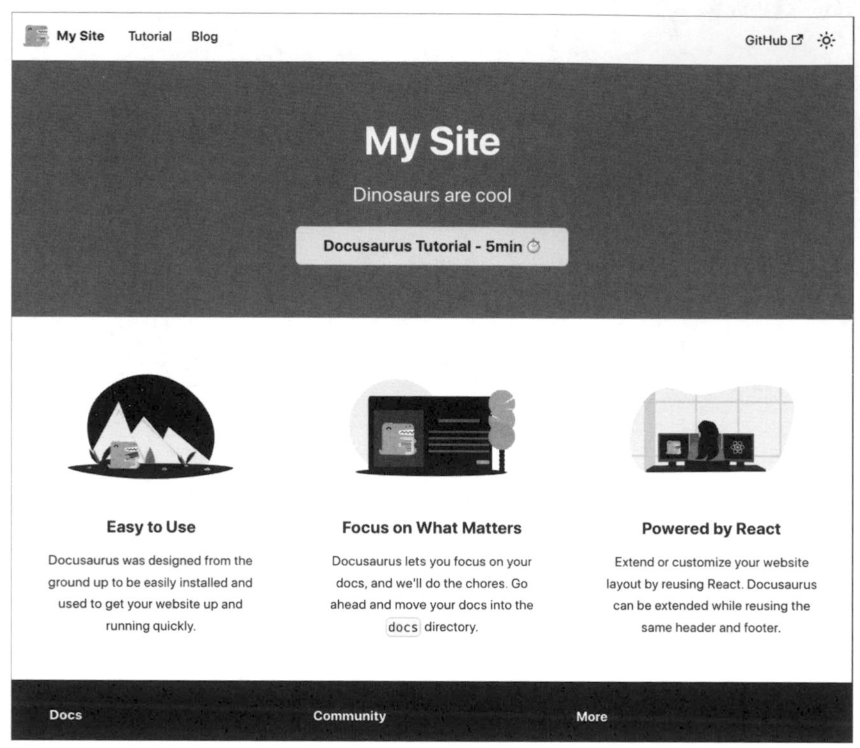

▲ 圖 10-6

接下來修改文件站設定，自訂 utils 的資訊，打開 docusaurus.config.js 檔案，修改 config 的下列屬性，這會影響網站的 title 和首頁 banner 的展示。

```
const config = {
  title: 'utils',
  tagline: '公共函式程式庫',
  organizationName: 'jslib-book', // Usually your GitHub org/user name.
  projectName: 'utils', // Usually your repo name.
};
```

接下來修改導覽資訊，修改 docusaurus.config.js 檔案中的 themeConfig 設定，修改後的內容如下：

```
const config = {
  themeConfig: {
    navbar: {
      title: 'utils',
      items: [
        {
          type: 'doc',
          docId: 'intro',
          position: 'left',
          label: '文件',
        },
        { to: '/blog', label: '部落格', position: 'left' },
        {
          href: 'https://github.com/jslib-book/utils',
          label: 'GitHub',
          position: 'right',
        },
      ],
    },
  },
};
```

修改完 docusaurus.config.js 檔案中的內容後，稍等片刻，頁面會自動更新，此時導覽和 banner 如圖 10-7 所示。

▲ 圖 10-7

接下來，修改首頁 3 個特色介紹的展示。打開 src/components/HomepageFeatures/index.js 檔案，將 FeatureList 物件修改為如下內容：

```
const FeatureList = [
  {
    title: '提升效率',
    Svg: require('@site/static/img/undraw_docusaurus_mountain.svg').default,
    description: <>程式共用，跨專案，跨團隊使用</>,
  },
  {
    title: '保證品質',
    Svg: require('@site/static/img/undraw_docusaurus_tree.svg').default,
    description: <>測試驅動 + 最佳實踐</>,
  },
  {
    title: '文件齊全',
    Svg: require('@site/static/img/undraw_docusaurus_react.svg').default,
    description: <>良好的文件，讓維護和使用變簡單</>,
  },
];
```

修改完成後的效果如圖 10-8 所示。

提升效率

程式共用，跨專案，跨團隊使用

保證品質

測試驅動 + 最佳實踐

文件齊全

良好的文件，讓維護和使用變簡單

▲ 圖 10-8

接下來開始寫文件。首先寫“快速開始”文件，其位於 docs/intro.md 檔案中，內容包括簡介、安裝和使用方案，完成後的效果如圖 10-9 所示。

▲ 圖 10-9

接下來寫每個函式的文件，每個函式都要介紹清楚其作用、參數、傳回值和使用範例，完整文件如圖 10-10 所示。

pick

從指定物件中挑選出指定元素，並傳回新的物件
參數和傳回值
· param {object} obj 物件，如果不是物件，會傳回空白物件
· param {array} paths 待挑選元素組成的陣列，如果不是陣列，會傳回空白物件
· return {object} 新的物件
舉個例子

```
import { pick } from '@jslib-book/utils';

var a1 = { a: 1, b: 2, c: 3 };

pick(a1, ['a']) // { a: 1 }
pick(a1, ['a', 'c', 'd']) // { a: 1, c: 3 }
```

getParam

獲取當前 URL 中的參數
參數和傳回值
param (string} name 要獲取的參數名稱
param (string} url 要獲取參數的 url
return{string} 參數值
舉個例子

```
import { getParam } from '@jslib-book/utils';

getParam('name', '?name=張三&id=123') // '張三'
getParam('name2', '?name=張三&id=123') // ''
```

Edit this page

Previous
« 快速開始

▲ 圖 10-10

10.4 ESLint 外掛程式

抽象了工具函式庫後，需要讓業務連線使用，一般工作中的一個專案可能由多個開發者負責，而工具函式庫可能由其中部分開發者建設，在這樣的背景下，很難做到每個開發者都熟悉工具函式庫中包含哪些內容。

雖然可以透過程式審查發現問題，但是程式審查存在兩個問題：一個是落後問題，程式審查時已經開發完了；另一個是靠人來審查，難以 100% 保證品質。

如果能有一個智慧幫手，即時提示程式中的哪些部分可以使用工具函式庫中的函式代替就好了。從頭開始開發這個智慧幫手不太可行，而在前面的章節中介紹了 ESLint 可以提示程式中的錯誤，因此擴充 ESLint，讓 ESLint 能夠支援自訂的提示就可以了，恰好 ESLint 支援透過自訂外掛程式的方式擴充。

先建立一個 ESLint 外掛程式的空專案，ESLint 推薦使用 Yeoman generator。首先需要安裝 Yeoman，安裝命令如下：

```
$ npm i -g yo
```

Yeoman 是一款通用的初始化工具，想要初始化 ESLint 外掛程式，需要安裝 ESLint 範本，安裝命令如下：

```
$ npm i -g generator-eslint
```

接下來，新建一個目錄，命令如下：

```
$ mkdir eslint-plugin-utils
```

切換到上面新建的目錄，執行 “yo eslint:plugin” 命令會進入互動介面，詢問作者、外掛程式名字等，輸入如圖 10-11 所示的內容即可。

```
➜  eslint-plugin-utils git:(master) ✗ yo eslint:plugin
? What is your name? jslib-book
? What is the plugin ID? utils
? Type a short description of this plugin: eslint plugin for utils
? Does this plugin contain custom ESLint rules? Yes
? Does this plugin contain one or more processors? No
```

▲ 圖 10-11

稍等片刻即可完成自動初始化，初始化成功後的目錄結構如下所示。其中，lib/rules 目錄存放自訂規則，tests/lib/rules 目錄存放規則對應的單元測試程式。

```
.
├── .eslintrc.js
├── README.md
├── lib
│   ├── index.js
│   └── rules
├── package-lock.json
├── package.json
└── tests
    └── lib
        └── rules
```

ESLint 推薦使用測試驅動開發，要求每個規則都有完整的單元測試。

10.4.1 type-typeof-limit

在 8.1 節中介紹 @jslib-book/type 函式庫時曾提到，使用 typeof 操作符號判斷一個變數為物件時可能存在問題，如下面的 3 行程式都傳回 true：

```
typeof {} === 'object';
typeof [] === 'object';
typeof null === 'object';
```

下面寫一個新規則，當發現 "typeof * === 'object'" 時舉出顯示出錯提示。首先使用 "yo eslint:rule" 命令新建一個規則，在詢問介面中輸入如圖 10-12 所示的內容。

```
➜ eslint-plugin-utils git:(master) ✗ yo eslint:rule
? What is your name? jslib-book
? Where will this rule be published? ESLint Plugin
? What is the rule ID? type-typeof-limit
? Type a short description of this rule: typeof 不能用於物件和陣列，請使用 @jslib-book/type
? Type a short example of the code that will fail:
```

▲ 圖 10-12

完成上述操作後，會生成兩個檔案，分別是 lib/rules/type-typeof-limit.js 和 tests/lib/rules/type-typeof-limit.js。打開前一個檔案，其內容如下：

```
module.exports = {
  meta: {
    type: null, // `problem`, `suggestion`, or `layout`
    docs: {
      description: 'typeof 不能用於物件和陣列，請使用 @jslib-book/type',
      category: 'Fill me in',
      recommended: false,
      url: null, // URL to the documentation page for this rule
    },
    fixable: null, // Or `code` or `whitespace`
    schema: [], // Add a schema if the rule has options
  },

  create(context) {
    return {
      // visitor functions for different types of nodes
    };
  },
};
```

其中，meta 是規則的中繼資料，這裡需要關注的欄位的含義如下，更多欄位可以查看 ESLint 官網。

- type：規則的類型，problem 代表顯示出錯，這裡需要將 type 的值修改為 problem。
- docs：存放規則文件資訊。
  - description：指定規則的簡短描述，需要填寫。
  - category：指定規則的分類資訊，包括 Possible Errors、Best Practices、Variables 等，這裡可以填入 Best Practices。
- fixable：表示這個規則是否提供自動修復功能，當其值被設定為 true 時，還需要提供自動修復的程式。

create 函式裡面是具體的邏輯，其傳回一個物件，該物件的屬性名稱表示節點類型，在向下遍歷樹時，當遍歷到和屬性名稱匹配的節點時，ESLint 會呼叫屬性名稱對應的函式。例如，我們要寫的這個規則的 create 函式如下，其含義是每次遇到 BinaryExpression 節點，都會呼叫傳遞給 BinaryExpression 屬性的函式。

```
module.exports = {
  create(context) {
    return {
      BinaryExpression: (node) => {},
    };
  },
};
```

現在讀者可能還不理解 BinaryExpression 的含義，這裡需要介紹 ESLint 的原理。ESLint 會將每個 JavaScript 檔案解析為抽象語法樹（Abstract Syntax Tree，AST），簡稱語法樹。ESLint 官網提供了一款工具，可以查看指定程式解析後的 AST。例如，下面的程式：

```
typeof a === 'object';
```

ESLint 解析上述程式後會傳回一個嵌套的 AST，每個節點中的 type 屬性工作表示當前節點的類型，觀察下面的 AST，上面的判斷運算式可以用下面的邏輯來判斷：

- BinaryExpression 節點。
- left.operator 為 typeof。
- operator 為 === 或 ==。
- right 為 Literal，並且 value 為 object。

ESLint 會把 JavaScript 程式解析為 AST，該 AST 使用 JSON 格式表示的程式如下：

```json
{
  "type": "Program",
  "start": 0,
  "end": 21,
  "body": [
    {
      "type": "ExpressionStatement",
      "start": 0,
      "end": 21,
      "expression": {
        "type": "BinaryExpression",
        "start": 0,
        "end": 21,
        "left": {
          "type": "UnaryExpression",
          "start": 0,
          "end": 8,
          "operator": "typeof",
          "prefix": true,
          "argument": {
            "type": "Identifier",
            "start": 7,
            "end": 8,
            "name": "a"
          }
        },
        "operator": "===",
        "right": {
          "type": "Literal",
          "start": 13,
          "end": 21,
          "value": "object",
          "raw": "'object'"
        }
      }
    }
  ],
  "sourceType": "module"
}
```

ESLint 遍歷到 BinaryExpression 節點後會執行傳遞給 BinaryExpression 屬性的函式，並將 BinaryExpression 節點傳遞給這個函式，然後進行上面的邏輯判斷，如果為 true，則使用 context.report 報告錯誤。範例程式如下：

```
module.exports = {
  create(context) {
    return {
      BinaryExpression: (node) => {
        const operator = node.operator;
        const left = node.left;
        const right = node.right;

        if (
          (operator === '==' || operator === '===') &&
          left.type === 'UnaryExpression' &&
          left.operator === 'typeof' &&
          right.type === 'Literal' &&
          right.value === 'object'
        ) {
          context.report({
            node,
            message: 'typeof 不能用於物件和陣列，請使用 @jslib-book/type',
          });
        }
      },
    };
  },
};
```

前面提到了 ESLint 推薦使用測試驅動開發，上面的程式可以透過寫單元測試來快速驗證結果，修改 tests/lib/rules/type-typeof-limit.js 檔案中的內容如下，其中包括三個單元測試：一個合法的單元測試和兩個非法的單元測試。

```
const rule = require('../../../lib/rules/type-typeof-limit'),
  RuleTester = require('eslint').RuleTester;

const msg = 'typeof 不能用於物件和陣列，請使用 @jslib-book/type';
```

```
const ruleTester = new RuleTester();
ruleTester.run('type-typeof-limit', rule, {
  valid: [{ code: 'typeof a == "number"' }, { code: 'a == "object"' }],

  invalid: [
    {
      code: 'typeof a == "object"',
      errors: [
        {
          message: msg,
        },
      ],
    },
    {
      code: 'typeof a === "object"',
      errors: [
        {
          message: msg,
        },
      ],
    },
  ],
});
```

寫好單元測試後，執行“npm test”命令即可執行測試，如果看到如圖 10-13 所示的輸出，則表示單元測試通過了。

```
type-typeof-limit
  valid
    ✔ typeof a == "number"
    ✔ a == "object"
  invalid
    ✔ typeof a == "object"
    ✔ typeof a === "object"
```

▲ 圖 10-13

下面在真實實驗環境下新建外掛程式，由於我們的外掛程式還沒有發佈，因此需要透過 link 的方式使用。

首先在外掛程式目錄下執行如下命令，這會將本地的外掛程式連結到本地的 npm 全域目錄。

```
$ npm link
```

新建一個空專案 eslint-plugin-utils-demo，並初始化 ESLint 設定，接下來，在 eslint-plugin-utils-demo 根目錄下執行下面的命令，這會在 node_modules 目錄下建立一個軟連結。

```
$ npm link @jslib-book/eslint-plugin-utils
```

接下來，修改 eslint-plugin-utils-demo 根目錄下的 .eslintrc.js 檔案，增加如下程式：

```
module.exports = {
  plugins: ['@jslib-book/utils'],
  rules: {
    '@jslib-book/utils/type-typeof-limit': 2,
  },
};
```

在本地新建一個 xxx.js 檔案，並在該檔案中輸入如下程式：

```
typeof a === 'object';
```

如果能夠看到如圖 10-14 所示的紅色波浪線（由於本書為單色印刷，無法顯示色彩，因此圖中的波浪線無法顯示為紅色），當將滑鼠指標移動到波浪線上時，顯示如圖 10-14 所示的錯誤資訊，則表示成功了。

```
typeof a === 'object';
typeof不能用於物件和陣列，請使用@jslib-book/type eslint(@jslib-book/utils/type-typeof-limit)
View Problem (⌘K N)   Quick Fix... (⌘.)
```

▲ 圖 10-14

10.4.2 type-instanceof-limit

參考 10.4.1 節中 type-typeof-limit 外掛程式的內容，可以實現驗證如下的程式：

```
a instanceof Object;
```

新建一個名字為 type-instanceof-limit 的外掛程式，這部分就不再詳細說明了，該外掛程式的核心程式如下：

```
module.exports = {
  create(context) {
    function check(node) {
      const operator = node.operator;

      if (operator === 'instanceof') {
        context.report({
          node,
          message: 'instanceof 操作符號可能存在問題，請使用 @jslib-book/type',
        });
      }
    }

    return {
      BinaryExpression: check,
    };
  },
};
```

10.4.3 no-same-function

目前，utils 工具函式庫中有 4 個函式，如果專案中定義的函式和 utils 工具函式庫中的函式名稱相同，則可以給一個提示，建議直接使用 utils 工具函式庫中的函式。

先來看一個函式定義的 AST，假設有如下的程式：

```
function truncate() {}
```

則其 AST 使用 JSON 格式表示的程式如下：

```
{
  "type": "Program",
  "start": 0,
  "end": 23,
  "body": [
    {
      "type": "FunctionDeclaration",
      "start": 0,
      "end": 22,
      "id": {
        "type": "Identifier",
        "start": 9,
        "end": 17,
        "name": "truncate"
      },
      "expression": false,
      "generator": false,
      "params": [],
      "body": {
        "type": "BlockStatement",
        "start": 20,
        "end": 22,
        "body": []
      }
    }
  ],
  "sourceType": "module"
}
```

透過觀察上面的 AST，可以先找到 FunctionDeclaration 節點，再判斷其 id.name 為 truncate。no-same-function 外掛程式的核心程式如下：

```
const { isExist } = require('../utils/index');
// 可能會衝突的函式名稱
const limitList = ['truncate', 'c', 'pick', 'getParam'];

function isExist() {
```

```
  let hasAllArguments = true;
  let i = 0;
  let a = arguments[i];

  for (i; i < arguments.length; i++) {
    if (a) {
      a = a[arguments[i + 1]];
    } else {
      hasAllArguments = false;
    }
  }
  return hasAllArguments;
}

module.exports = {
  create(context) {
    function isInLimitList(funcName, node) {
      if (limitList.indexOf(funcName) !== -1) {
        context.report({
          node,
          message: '@jslib-book/utils 中已存在此函式 ',
        });
      }
    }

    function check(node) {
      let funcName;
      if (isExist(node, 'id', 'name')) {
        funcName = node.id.name;
        isInLimitList(funcName, node.id);
      }
    }

    return {
      FunctionDeclaration: check,
    };
  },
};
```

這裡需要注意的是，定義函式還可能有其他寫法，如將函式賦值給變數，對於這種函式的支援程式，這裡不再舉出，感興趣的讀者可以自行探索，詳細程式可以查看隨書原始程式碼。不同定義函式的範例程式如下：

```
function truncate() {}
const pick = function () {};
const range = () => {};
```

10.4.4 recommended

現在已經有 3 個規則了，隨著規則的增多，需要使用者手動修改 rules。ESLint 設定範例如下：

```
module.exports = {
  plugins: ['@jslib-book/utils'],
  rules: {
    '@jslib-book/utils/type-typeof-limit': 2,
    '@jslib-book/utils/type-instanceof-limit': 2,
    '@jslib-book/utils/no-same-function': 'error',
  },
};
```

其實外掛程式可以提供推薦的設定，類似 eslint:recommended，使用者直接使用推薦的設定即可。修改 lib/index.js 檔案中的 exports，增加 configs 設定，範例程式如下：

```
module.exports = {
  rules: requireIndex(__dirname + '/rules'),
  configs: {
    plugins: ['@jslib-book/utils'],
    rules: {
      '@jslib-book/utils/type-typeof-limit': 'error',
      '@jslib-book/utils/type-instanceof-limit': 'error',
      '@jslib-book/utils/no-same-function': 'error',
    },
  },
};
```

接下來，使用者就可以直接像下面這樣使用，而不需要單獨設定 plugins 和 rules 了。

```
module.exports = {
  extends: ['@jslib-book/utils:recommended'],
};
```

10.4.5 發佈

將外掛程式發佈到 npm 上，命令如下：

```
$ npm publish --access public
```

在外掛程式發佈完成後，使用者可以透過如下命令安裝我們的外掛程式：

```
$ npm i -D @jslib-book/eslint-plugin-utils
```

接下來修改 .eslintrc.js 檔案，在該檔案中增加如下程式就可以使用我們的外掛程式了。

```
module.exports = {
  extends: ['@jslib-book/utils:recommended'],
};
```

10.5 資料統計

工具函式庫寫好了，接下來就是落地使用。可以透過很多方式讓團隊的人用起來，但落地效果如何不能只靠感覺描述，最直觀的方式是使用能夠量化的資料。本節將介紹可以從哪些方面衡量落地效果。

10.5.1 統計連線專案

如果公共函式庫對團隊外也開放的話，則函式庫的開發者可能希望知道都有哪些專案在使用其所開發的函式庫。在 4.4 節中介紹過一種方法，即在 npm

提供的 postinstall 鉤子中執行統計程式，具體做法可以查看本書 4.4 節中的內容。

10.5.2 下載量

下載量可以在一定程度上反映套件的使用情況，如果想要統計 npm 上某個套件的下載量，則可以使用 npm trends 工具。圖 10-15 所示為前端框架 React 最近一年的下載量趨勢變化。

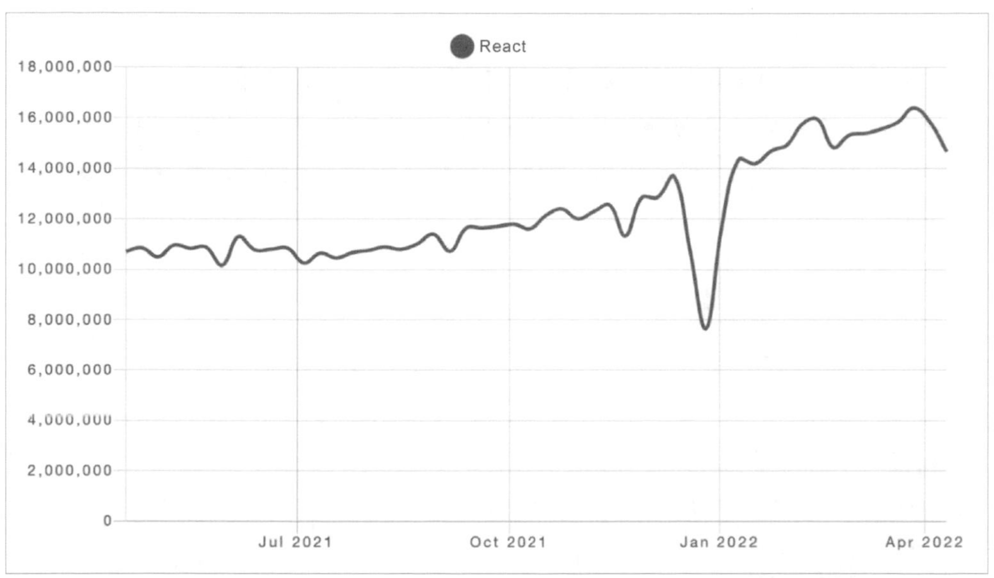

▲ 圖 10-15

一般內部套件都要發到公司內部的私有 npm 來源上，由於內部來源不能使用 npm trends，因此可以自己寫一款統計下載量的工具，下面以淘寶私有部署鏡像為例。

透過 /downloads/range/2021-04-20:2022-04-20/react 介面，可以獲取淘寶私有部署鏡像上前端框架 React 每天的下載量，如圖 10-16 所示。

```
▼downloads: [{day: "2021-04-01", downloads: 15
  ▼[0 … 99]
    ▶0: {day: "2021-04-01", downloads: 151}
    ▶1: {day: "2021-04-02", downloads: 106}
    ▶2: {day: "2021-04-03", downloads: 60}
    ▶3: {day: "2021-04-04", downloads: 64}
    ▶4: {day: "2021-04-05", downloads: 44}
    ▶5: {day: "2021-04-06", downloads: 120}
    ▶6: {day: "2021-04-07", downloads: 141}
    ▶7: {day: "2021-04-08", downloads: 124}
    ▶8: {day: "2021-04-09", downloads: 124}
    ▶9: {day: "2021-04-10", downloads: 59}
```

▲ 圖 10-16

每天下載量的趨勢參考意義不大，在工作中一般是按週來安排工作的，因此週下載量的趨勢參考意義更大，有了每天的下載量，可以寫個 day2week 函式，將一週中的每天下載量累加，即可得到週下載量。day2week 函式的核心程式如下：

```
// 將每天下載量轉換為週下載量
function day2week(dayDownloadList) {
  const weekDownloadList = [];
  let weekRange = 7 - new Date(stime).getDay();
  let i = 0;
  while (i < dayDownloadList.length) {
    weekDownloadList.push(sumArr(dayDownloadList.slice(i, i + weekRange)));

    i = i + weekRange;
    weekRange = 7;
  }

  return weekDownloadList;
}
```

有了週下載量，再結合繪圖工具（如 ECharts 等），即可繪製成類似 npm trends 工具中的下載趨勢圖，效果如圖 10-17 所示。

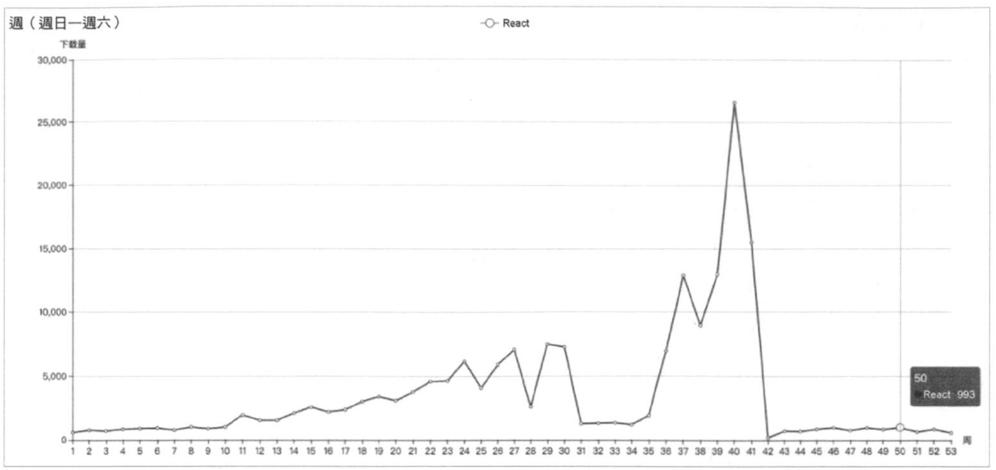

▲ 圖 10-17

10.5.3 套件和函式被引用的次數

能夠比較準確地衡量連線效果的資料是套件實際被引用的次數和函式被引用的次數，雖然可以透過編輯器的全域搜尋來確認套件被引用的次數，但是對於函式來說就有些困難了。下面實現一款命令列工具，用於統計專案中的套件和函式被引用的次數。

觀察下面的程式可以得出，套件被引用了一次，函式被引用了兩次。

```
import { range, pick } from '@jslib-book/utils';
```

但是應該如何透過程式自動計算引用次數呢？比較簡單的思路是，遍歷每一個檔案，透過字串搜尋找到統計資料。程式範例如下：

```
const fs = require('fs');
const text = fs.readFileSync('path', { encoding: 'utf-8' });

const libcount = text.includes('@jslib-book/utils');
const funcount = text.match(/range|pick/g).length;
```

正規表示法方式存在的問題在於可能不準確，需要評估誤差是否能夠接受，如下面的程式雖然並沒有引用函式，但是也會被錯誤地統計進來。

```
function pick() {}
```

更好的方法是透過 AST，在介紹 ESLint 外掛程式時已經介紹過 AST 了。可以透過 ESLint 獲取 AST，也可以透過其他工具獲取 AST，這裡選擇使用 TypeScript 提供的工具。

首先需要安裝 TypeScript，安裝命令如下：

```
$ npm i --save typescript
```

透過 TypeScript 提供的 createSourceFile 方法可以獲取 AST，這裡設定 ECMAScript 2022 語法，範例程式如下：

```
const ts = require('typescript');

const sourcefile = ts.createSourceFile(
  'pathname',
  fs.readFileSync('pathname', { encoding: 'utf-8' }),
  ts.ScriptTarget.ES2022
);
```

sourcefile 是 TypeScript 傳回的 JSON 格式的 AST，如對於下面的程式：

```
import { range, pick } from '@jslib-book/utils';
```

TypeScript 傳回的關鍵 AST 的結構如圖 10-18 所示。

```
ImportDeclaration  {
   flags: 0
   modifierFlagsCache: 0
   transformFlags: 0
 - importClause: ImportClause  {
      flags: 0
      modifierFlagsCache: 0
      transformFlags: 0
      isTypeOnly: false
    - namedBindings: NamedImports  {
         flags: 0
         modifierFlagsCache: 0
         transformFlags: 0
       - elements:  [
          - ImportSpecifier  {
               flags: 0
               modifierFlagsCache: 0
               transformFlags: 0
               isTypeOnly: false
             - name: Identifier  {
                  flags: 0
                  modifierFlagsCache: 0
                  transformFlags: 0
                  escapedText: "range"
               }
            }
          + ImportSpecifier {flags, modifierFlagsCache, transformFlags, isTypeOnly, name}
            hasTrailingComma: false
            transformFlags: 0
         ]
      }
   }
 - moduleSpecifier: StringLiteral  = $node {
      flags: 0
      modifierFlagsCache: 0
      transformFlags: 0
      text: "@jslib-book/utils"
      hasExtendedUnicodeEscape: false
   }
```

▲ 圖 10-18

觀察上面的結構，透過如下思路可以獲取引用資料：

- 找到 ImportDeclaration 節點。
- moduleSpecifier.text 是套件名稱。
- importClause.namedBindings.elements 裡面是函式資訊。

想要遍歷節點，可以透過 TypeScript 提供的 forEachChild 方法，但這個方法只能遍歷一層，還需要自己寫一個遞迴。這裡抽象一個 traverseNode 函式，其功能是判斷傳入的參數 node 中是否使用 import 匯入了 @jslib-book/utils 套件。traverseNode 函式的範例程式如下：

```
const traverseNode = (node) => {
  let res = [];
  if (ts.isImportDeclaration(node)) {
    const library = node.moduleSpecifier.text;

    if (library === '@jslib-book/utils') {
      const names = node.importClause?.namedBindings.elements.map(
        (item) => item.name.escapedText
      );

      res.push({
        library,
        names,
      });
    }
  }

  ts.forEachChild(node, (node) => {
    res = res.concat(traverseNode(node));
  });

  return res;
};
```

再抽象一個 findImport 函式，用於處理檔案的讀取操作，然後呼叫 traverseNode 函式獲取檔案的引用資料。findImport 函式的範例程式如下：

```
const findImport = (pathname) => {
  const sourcefile = ts.createSourceFile(
    pathname,
    fs.readFileSync(pathname, { encoding: 'utf-8' }),
    ts.ScriptTarget.ES2022
  );

  const imports = traverseNode(sourcefile);

  return { pathname, imports };
};
```

接下來實現遍歷目錄檔案的功能，並對每個檔案呼叫 findImport 函式，關鍵程式範例如下：

```
travel(
  rootPath,
  (pathname) => {
    const type = path.extname(pathname);

    if (!['.ts', '.tsx', '.js', '.jsx'].includes(type)) {
      return;
    }
    console.log('scan:', pathname);
    res.push(findImport(pathname));
  },
  []
);
```

travel 函式中封裝遞迴遍歷檔案的功能，travel 函式的範例程式如下：

```
function travel(dir, callback, excludePath) {
  fs.readdirSync(dir).forEach(function (file) {
    const pathname = path.join(dir, file);

    if (fs.statSync(pathname).isDirectory()) {
      const flag = excludePath.some(function (pattern) {
        return typeof pattern === 'function'
          ? pattern(pathname)
```

```
          : pathname.match(pattern);
      });

      // 命中 excludePath
      if (!flag) {
        travel(pathname, callback, excludePath);
      }
    } else {
      callback(pathname);
    }
  });
}
```

最後將上面的查詢邏輯嵌入一個標準 cli 裡面，這樣就可以直接使用一筆命令分析專案中的相依情況了，第 9 章已經提到過 cli 的寫法，這裡不再詳細說明。

測試程式中提供了 utils analyse 命令的程式，使用 utils analyse 命令的範例如下，結果包含套件的引用資料和每個函式的引用資料。

```
$ utils analyse -O
start analyze ...
scan: /Users/yan/jslib-book/utils-cli/demo-js/index.js
scan: /Users/yan/jslib-book/utils-cli/demo-js/test.js

套件引用次數 : 2
函式總引用 : 4
range: 1
pick: 2
truncate: 1
```

有了命令列工具，可以快速統計專案中的 utils 使用資料。有了命令列工具，接下來不僅可以做一個資料展示平臺，還可以將 utils 的統計加入專案建構流程中，使得每次建構都自動統計專案中的 utils 使用情況。

10.6 本章小結

本章從問題出發，介紹了業務專案公共邏輯層的解決思路，包括如下內容：

- 專案架設與範例工具函式實現。
- 文件站架設。
- 如何開發自訂 ESLint 外掛程式。
- 如何統計專案資料。

將本章介紹的工具結合在一起，就是可以快速落地的工具函式庫解決方案。

第 11 章 前端範本函式庫實戰

第 9 章在介紹 cli 工具時使用了前端範本函式庫 template.js，template.js 是我維護的開放原始碼函式庫，可以在 GitHub 上查詢到。本章將介紹這個函式庫的實現原理，並實戰開發一個簡化版前端範本函式庫。

11.1 系統架設

範本引擎是拼接字串的最佳實踐，在前端三大框架出現之前，範本和 jQuery 結合是常見的模式，一個標準的範本引擎是和 Vue.js 的範本有相似之處的。下面先介紹背景知識。

11.1.1 背景知識

在框架前時代，需要透過操作原生 DOM 來完成頁面的互動，典型的操作就是建立 DOM 片段，如當點擊某個按鈕時，需要顯示一個清單的資料。

一般的處理思路是，把要顯示的清單先用 CSS 隱藏，再按滑鼠右鍵按鈕改變 CSS 樣式，實現讓清單顯示。但是在動態獲取清單資料時，就不能這樣處理了。例如，每次點擊按鈕都會查詢介面，清單需要顯示介面傳回的新資料。

假設清單對應的 HTML 片段的程式如下：

```
<ul>
  <li>姓名：<span>yan1</span></li>
  <li>姓名：<span>yan2</span></li>
</ul>
```

下面透過 DOM API 來實現這個需求，render 函式是核心程式，範例程式如下：

```
function render(list) {
  const ul = document.createElement('ul');
  for (let item of list) {
    const li = document.createElement('ul');
    li.appendChild(document.createTextNode('姓名：'));

    const span = document.createElement('span');
    span.appendChild(document.createTextNode(item.name));
    li.appendChild(span);

    ul.appendChild(li);
  }
}

const list = [{ name: 'yan1' }, { name: 'yan2' }, { name: 'yan3' }];
document.getElementById('#container').appendChild(render(list));
```

透過 DOM API 動態建立 HTML 可以實現這個功能，但存在一個問題，那就是 DOM 提供的 API 太繁瑣，導致 JavaScript 版本和 HTML 版本之間的差異很大，當 HTML 變得複雜時，閱讀 JavaScript 版本的程式難以快速知道 HTML 結構，從而導致可維護性變差。

DOM API 透過 HTML 介面提供了一個 innerHTML 屬性，可以把字串賦值給這個屬性，如果字串中存在 HTML 語法，則會自動解析。下面的程式可以在 container 元素下面新建一個 ul 元素：

```
document.getElementById('#container').innerHTML = `<ul></ul>`;
```

借助 innerHTML 屬性，更好的做法是透過拼接字串的形式建立 DOM 片段。下面是使用拼接字串的形式改寫後的範例程式：

```
function render(list) {
  const arr = [];
  for (let item of list) {
    arr.push('<li>' + '姓名：' + '<span>' + item.name + '</span>' + '</li>');
  }
  return ['<ul>', ...arr, '</ul>'].join('');
}

const list = [{ name: 'yan1' }, { name: 'yan2' }, { name: 'yan3' }];
document.getElementById('#container').innerHTML = render(list);
```

可以看到使用拼接字串的形式節省了大量程式，簡潔了很多，但由於是在 JavaScript 中建立的 HTML，因此拼接字串的可讀性還是不如 HTML 片段的可讀性。那麼，如果換一個思路，在 HTML 的基礎上加入動態邏輯呢？這就是範本引擎的思路。

範本引擎需要解決兩個問題：一個是如何將 HTML 中的值動態插入，如上面的 name；另一個是如何在 HTML 中表達邏輯，如上面的 for 迴圈。

下面是使用 template.js 範本改寫後的程式，可以看到其可讀性更好，由於是在 HTML 的基礎上增加的邏輯，因此範本看起來和 HTML 片段的相似度更高。

```
const tmpl = `
<ul>
  <%list.map((item) => {%>
    <li>姓名：<span><%=item.name%></span></li>
  <%})%>
</ul>
`;

const list = [{ name: 'yan1' }, { name: 'yan2' }, { name: 'yan3' }];
document.getElementById('#container').innerHTML = template(tmpl, { list });
```

在接下來的章節中，讓我們一起來實現這個範本引擎。

11.1.2 架設專案

首先給範本引擎起一個名字，這裡叫作 jtemplate，後面在將套件發佈到 npm 上時也放在 @jtemplate 名字下。

接下來架設專案，首先使用如下命令建立一個空目錄：

```
$ mkdir jtemplate
```

範本引擎中包括許多模組，每個模組都是一個完整的獨立專案，如 jtemplate 中包括解析器、預編譯器、瀏覽器範本等模組。

那麼如何儲存這樣的專案呢？有兩種思路。傳統的做法是將每個專案儲存在獨立的 Git 倉庫中，這樣一個專案就存在多個倉庫，這種方式被稱作 multirepo。對於各個模組之間存在相依關係的專案，使用 multirepo 來管理存在如下問題：

- A 模組修改了，需要連帶修改 B 模組和 C 模組，此時需要多次 Git 操作。
- 為了讓模組之間能夠直接引用，需要使用 npm link 命令來保持本地引用。

針對 multirepo 存在的問題，最近另一種將多個模組放在一個倉庫中管理的方式流行起來，這種方式被稱作 monorepo，知名前端專案 Babel、React、Vue.js 等就是使用的這種方式。

monorepo 要求把多個模組放在一個倉庫中，透過目錄來區分模組，這樣就解決了 Git 操作的問題。但另一個問題還沒有解決，雖然多個模組被放到一個倉庫中了，但是還是需要使用 link，好在社群已經提供了解決方案，借助套件管理工具 yarn 的 workspace 可以解決這個問題。

假設有 3 個模組，分別為 A、B、C，使用 workspace 之前的目錄結構如下，每個模組都有自己單獨的 node_modules。

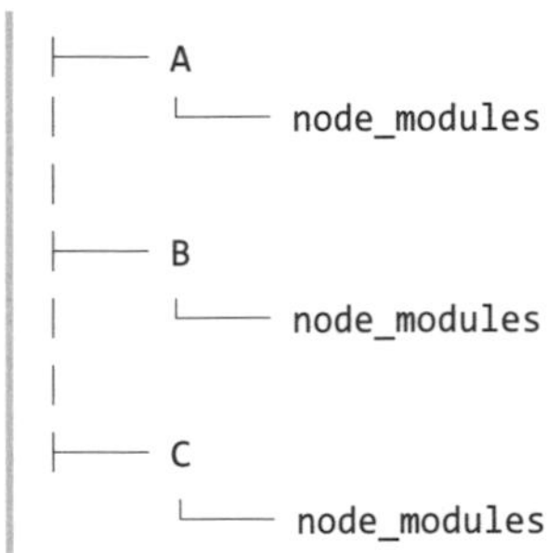

yarn workspace 會將相依安裝到根目錄，這樣各個專案就可以共用相依了，使用 yarn workspace 後的目錄結構如下：

```
├── A
├── B
├── C
└── node_modules
```

yarn workspace 的背後相依 Node.js 的相依查詢機制，對於一個相依，Node.js 會先在自己目錄下的 node_modules 目錄中查詢，如果找不到，就會在父目錄下的 node_modules 目錄中查詢，然後遞迴這個過程直到找到或找不到為止。

yarn workspace 的使用非常簡單，修改 package.json 檔案，在該檔案中增加 private 和 workspaces 欄位。其中，private 欄位代表私有專案，避免根目錄被誤發佈到 npm 上；在 workspaces 欄位中設定專案目錄。範例程式如下：

```
{
  "private": true,
  "workspaces": ["project1", "project2"]
}
```

接下來，在專案的根目錄下執行 yarn install 命令時，會自動安裝每個子專案的相依。

yarn workspace 還提供了批次執行命令的能力。例如，每個子專案都要執行 build 命令時，可以使用如下命令，其會按照 workspaces 欄位中設定的順序，依次執行每個專案的 build 命令。

```
$ yarn workspaces run build
```

在我們的範例中，上面的命令等於如下兩筆命令：

```
# 切換到 project1
$ yarn build

# 切換到 project2
$ yarn build
```

雖然 yarn workspace 解決了本地開發時的開發體驗，但是發佈套件的操作仍需要每個套件單獨操作，比較繁瑣，解決這個問題最簡單的思路就是寫個腳本批次發佈。最簡單的批次發佈的腳本程式範例如下：

```
#!/bin/bash
#
arr=(
"project1"
"project2"
)

for var in ${arr[@]}
do
   echo $var
   cd $var
   pwd

   # 自動更新第 4 位版本
   sed -i "" 's/"version": "[0-9].[0-9].[0-9]/&-5/g' package.json
```

```
  # 自動重新安裝相依
  npm build

  # 自動發佈新版本
  npm run release && npm publish --access public
  cd ..
done
```

上面的腳本程式存在一些問題：一個問題是版本的修改是固定的，不能自訂，不太友善；另一個問題是，當專案之間存在相依時，相依的更新問題，例如，當 A 專案的版本更新時，B 專案相依 A 專案，此時 B 專案的 package.json 檔案中記錄的 A 專案的版本未自動更新。

其實可以透過前面介紹的 Node.js 寫一款完整的 cli 工具，但這需要花費很多精力，Lerna 就是一款用 Node.js 寫的開放原始碼工具，其完美地解決了上面的問題。

首先需要安裝 Lerna，這裡使用本地安裝的方式，由於我們採用了 yarn workspaces，現在向專案的根目錄下安裝相依需要增加參數 -W，否則會安裝失敗。安裝命令如下：

```
$ yarn add lerna -W
```

安裝好後，使用下面的命令完成 Lerna 的初始化設定：

```
$ npx lerna init
lerna notice cli v4.0.0
lerna info Updating package.json
lerna info Creating lerna.json
lerna info Creating packages directory
lerna success Initialized Lerna files
```

上面的命令執行成功後，會在專案的根目錄下建立 Lerna 的設定檔 lerna.json。Lerna 要求將子倉庫放在 packages/* 目錄中；version 是函式庫的版本，如果指定版本編號，則所有套件會統一使用這個版本，如果想要不同的套件有獨立的版本，則可以將 version 的值設定為 independent。lerna.json 檔案中的範例程式如下：

```
{
  "packages": ["packages/*"],
  "version": "0.0.0"
}
```

Lerna 和 yarn 配合使用還需要修改 lerna.json 檔案，在該檔案中增加兩個欄位 npmClient 和 useWorkspaces，修改後的 lerna.json 檔案中的完整程式如下：

```
{
  "npmClient": "yarn",
  "useWorkspaces": true,
  "packages": ["packages/*"],
  "version": "1.0.0"
}
```

下面介紹一下 Lerna 常用的命令。使用 Lerna 後，可以使用 bootstrap 代替 yarn install 命令，命令範例如下：

```
$ lerna bootstrap
```

在根目錄下執行上面的命令，會安裝所有相依項，並自動執行 npm link 命令，解決專案的相依問題，yarn workspace 也支援這個功能，在使用 npm 時，Lerna 的這個功能會非常有用。

monorepo 的多個專案可以共用一些工具，這樣就不需要每個子專案單獨安裝設定了，如 ESLint 等，這裡不再詳細說明，可以參考前面的章節，在根目錄下設定好下列工具：

- EditorConfig。
- ESLint。
- Prettier。
- husky。

目前，專案的完整目錄結構如下：

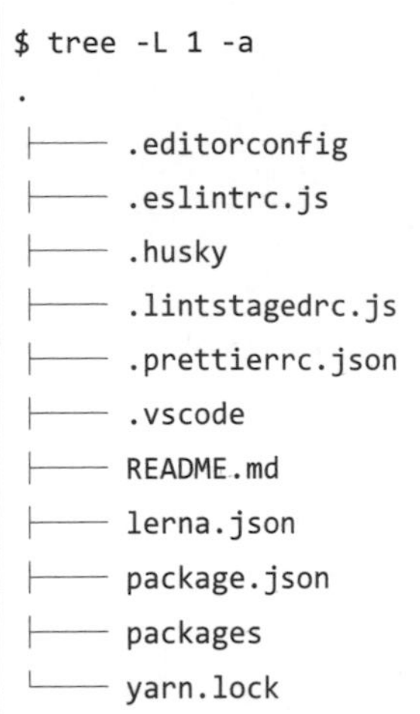

```
$ tree -L 1 -a
.
├── .editorconfig
├── .eslintrc.js
├── .husky
├── .lintstagedrc.js
├── .prettierrc.json
├── .vscode
├── README.md
├── lerna.json
├── package.json
├── packages
└── yarn.lock
```

至此，專案就架設好了，使用的方式是 yarn 和 Lerna 管理的 monorepo，其中 ESLint 等公共相依安裝在根目錄中，統一維護。

11.2 解析器

本節將介紹範本解析器的設計和實現。解析器負責解析範本語法，將範本語法轉換為 JavaScript 語法，JavaScript 能夠辨識的是 HTML 字串片段，字串片段可以賦值給 innerHTML 屬性，從而轉換為 DOM 元素，繪製到頁面上。範例程式如下：

```
const html = `<div></div>`;

document.getElementById('container').innerHTML = html;
```

但是 innerHTML 屬性並不支援範本語法，傳給 innerHTML 屬性的範本字串會被當作 HTML 字串，所以需要解析器來解析範本字串。

範本語法包括兩大類，分別是 HTML 片段和邏輯片段。對於如下的 HTML 片段：

```
<div>
  <span>yan1</span>
  <span>yan2</span>
  <span>yan3</span>
</div>
```

如果使用 JavaScript 拼接字串的方式，範例程式如下，可以看到 HTML 的處理比較簡單，可以逐行掃描，然後將每行都放入陣列中即可。

```
const html = [
  '<div>',
  '<span>yan1</span>',
  '<span>yan2</span>',
  '<span>yan3</span>',
  '</div>',
].join('\n');
```

接下來看一下插值邏輯的處理，如果希望 HTML 中的某一部分是動態的，則可以使用範本插值。範本插值的範例程式如下：

```
<div>
  <span><%=name1%></span>
  <span><%=name2%></span>
  <span><%=name3%></span>
</div>
```

期望的預期是其中的"<%=name1%>"被替換為動態的值，如果使用拼接字串的方式，那麼和上面範本等值的範例程式如下，其處理規則是先掃描"<%=name1%>"，然後讀取其中的"name1"作為變數的值處理。

```
const html = [
  '<div>',
  '<span>',
  name1,
  '</span>',
  '<span>',
  name2,
  '</span>',
```

```
  '<span>',
  name3,
  '</span>',
  '</div>',
].join('\n');
```

最後看一下邏輯片段的處理，如果想迴圈陣列，輸出一個“HTML”清單，則範本語法如下：

```
<div>
  <% list.forEach(item => { %>
  <span><%=item%></span>
  <% }) %>
</div>
```

邏輯片段的思路稍微麻煩一些，當發現 <%%> 語法時，則作為 JavaScript 語法處理，原樣轉換，其他程式則都呼叫陣列 push 方法，增加到 arr 陣列中，邏輯片段對應的字串拼接寫法如下：

```
const arr = [];
arr.push('<div>');
list.forEach((item) => {
  arr.push('<span>');
  arr.push(item);
  arr.push('</span>');
});
arr.push('</div>');
```

思路有了，接下來就是撰寫實現程式。首先使用我們的 cli 工具在 packages 目錄下新建一個 parser 函式庫，由於專案是一個 monorepo，ESLint 等設定都已在根目錄下安裝了，因此初始化時選擇不安裝 ESLint 等。新建命令和選項如下：

```
# jtemplate/packages
$ jslibbook n

? library name: parser
? npm package name: @jtemplate/parser
```

```
? github user name: jtemplate
? use prettier? No
? use eslint? No
? use commitlint:
? use test: mocha
? use husky? No
? use ci: none
? package manager: no install
```

解析器的思路是，首先將程式按分隔符號切分成字串陣列，然後遍歷陣列，總共分為三種情況。

第一種情況是純 HTML 片段，切分完的陣列中只包含一個部分，範例如下：

```
// <div></div>
tokens = ['<div></div>'];
```

第二種情況是邏輯片段後面沒有其他 HTML 字串，切分完，對應的陣列包含一項，範例如下：

```
// <%= name%>
tokens = ['= name'];
```

第三種情況是邏輯片段後面存在其他 HTML 字串，切分完，對應的陣列包含兩項，範例如下：

```
// <%= name%><div>123</div>
tokens = ['= name', '<div>123</div>'];
```

下面舉出程式，解析器的主體程式範例如下：

```
export function parse(tpl) {
  const [sTag, eTag] = ['<%', '%>'];
  let code = '';
  const segments = String(tpl).split(sTag);

  for (const segment of segments) {
    const tokens = segment.split(eTag);
```

```
    if (tokens.length === 1) {
      // 第一種情況
      code += parsehtml(tokens[0]);
    } else {
      // 第二種情況
      code += parsejs(tokens[0]);
      if (tokens[1]) {
        // 第三種情況
        code += parsehtml(tokens[1]);
      }
    }
  }
  return code;
}
```

接下來先看一下 parsehtml 函式的設計。parsehtml 函式將 HTML 程式按分行符號分隔遍歷，結果拼接到 __code__。範例程式如下：

```
export function parsehtml(html) {
  // 單雙引號逸出
  html = String(html).replace(/('|")/g, '\\$1');
  const lineList = html.split(/\n/);
  let code = '';
  for (const line of lineList) {
    code += ';__code__ += ("' + line + '")\n';
  }
  return code;
}
```

parsehtml 函式的實際輸出結果如下：

```
parser.parse(`
<div>
  <span></span>
</div>
`);

// 上面程式的輸出如下
// ;__code__ += ("")
```

```
// ;__code__ += ("<div>")
// ;__code__ += ("  <span></span>")
// ;__code__ += ("</div>")
// ;__code__ += ("")
```

下面介紹 parsejs 函式的設計，parsejs 函式透過正規表示法來判斷程式類型。如果是範本插值，則拼接到 __code__；如果是邏輯片段，則直接作為程式拼接。範例程式如下：

```
export function parsejs(code) {
  code = String(code);
  const reg = /^=(.*)$/;
  let html;
  let arr;
  // =
  // =123 ['=123', '123']
  if ((arr = reg.exec(code))) {
    html = arr[1]; // 輸出
    return ';__code__ += (' + html + ')\n';
  }
  // 其他 JavaScript 程式
  return ';' + code + '\n';
}
```

範本中包含插入片段的實際輸出結果如下：

```
parser.parse(`
  <div><%= name %></div>
`);

// 上面程式的輸出如下
// ;__code__ += ("  <div>")
// ;__code__ += ( name )
// ;__code__ += ("</div>")
```

範本中包含邏輯片段的實際輸出結果如下：

```
parser.parse(`
<div>
  <% list.forEach(name => { %>
    <%=name%>
  <% }) %>
<div>
`);

// 上面程式的輸出如下
// ;__code__ += ("<div>")
// ; list.forEach(name => {
// ;__code__ += (name)
// ; })
// ;__code__ += ("<div>")
```

11.3 即時編譯器

解析器生成的程式片段並不能被直接執行，本節將介紹即時編譯器，它可以實現將解析器輸出的程式變成可以在瀏覽器中執行的程式。

再來看一下前面的範例，範本程式如下：

```
<div><%= name %></div>
```

解析器輸出的是一個字串片段，內容如下：

```
const str = `
;__code__ += '  <div>';
;__code__ += name;
;__code__ += '</div>';
`;
```

如果上面不是一個字串，而是一段程式的話，那麼想得到最終的結果，還需做些改造。可以用一個函式包裹，在最前面增加初始化程式，在後面增加傳回程式。可執行程式範例如下：

```
function render(data) {
  var name = data.name;
  var __code__ = '';

  __code__ += '  <div>';
  __code__ += name;
  __code__ += '</div>';

  return __code__;
}
render({ name: 'yan1' }); // '<div>yan1</div>'
```

但是字串並不是函式，不能直接執行。在 JavaScript 中，每個函式實際上都是一個 Function 物件，除了可以使用上面的字面量方式建立函式外，還可以使用 new Function 建立函式，這種方式可以建立動態的函式。如下程式中的兩個函式是等值的：

```
function fn1(a) {
    console.log(a)
}

const fn2 = new Function('a', 'console.log(a)')
```

使用 new Function 改造解析器輸出的字串，可以建立動態可執行的函式。範例程式如下：

```
const str = `
var __code__ = '';

;__code__ += '  <div>';
;__code__ += name;
;__code__ += '</div>';

```

```
return __code__;
`;

const render = new Function('data', str);
```

但是上面的 render 函式執行會顯示出錯，因為變數 name 的值不存在，在真實環境中，不能預先知道變數的名字，這裡可以換一個思路，將參數 data 中的每一個屬性都初始化為變數。

下面看一下如何實現，可以遍歷參數 data 獲取所有的屬性，將每個屬性使用關鍵字 var 宣告為變數，將所有屬性宣告拼接成的字串存放在變數 __str__ 中，不過需要特別注意，存放在變數 __str__ 中的字串並沒有被執行。為了讓這個字串能夠執行，這裡使用另一個特性——eval，eval 會將傳入的字串當作 JavaScript 程式來執行。eval 的範例程式如下：

```
const str = `
var __str__ = '';
for(var key in data) {
    __str__+=('var ' + key + '=__data__[\'' + key + '\'];');\n'
}
'eval(__str__);\n';
`;
```

技術問題都解決後，下面來實現即時編譯器。首先架設專案，使用如下命令新建 jtemplate/packages/template 專案：

```
# jtemplate/packages
$ jslibbook n
? library name: template
? npm package name: @jtemplate/template
? github user name: jtemplate
```

這裡要用到上一節的解析器 parser 將範本轉換為字串，compiler 函式在前面程式的基礎上增加了一些錯誤處理邏輯。compiler 函式完整版的範例程式如下：

```
import { parse } from '@jtemplate/parser';

function compiler(tpl) {
  var mainCode = parse(tpl);
  var headerCode =
    '\n' +
    'var __str__ = "";\n' +
    'var __code__ = "";\n' +
    'for(var key in __data__) {\n' +
    '    __str__+=("var " + key + "=__data__[\'" + key + "\'];");\n' +
    '}\n' +
    'eval(__str__);\n\n';
  var footerCode = '\n;return __code__;\n';

  var code = headerCode + mainCode + footerCode;
  try {
    return new Function('__data__', code);
  } catch (e) {
    e.jtemplate = 'function anonymous(__data__) {' + code + '}';
    throw e;
  }
}
```

compiler 函式傳回的是一個函式。還可以提供一個更高層級的 template 函式，其接收字串和資料，並傳回執行後的 HTML 字串。template 函式的範例程式如下：

```
import { type } from '@jslib-book/type';

function template(tpl, data) {
  try {
    var render = compiler(tpl);
    return render(type(data) === 'Object' ? data : {});
  } catch (e) {
    console.log(e);
    return 'error';
  }
}
```

下面是使用 template 函式的範例：

```
const tpl = `
<ul>
  <% list.forEach(name => { %>
    <li><%=name%></li>
  <% }) %>
</ul>
`;

const html2 = template(tpl, { list: ['yan1', 'yan2', 'yan3'] });
document.getElementById('demo2').innerHTML = html2;
```

在瀏覽器中執行上面的程式，即可在頁面上繪製出清單中的內容，結果如圖 11-1 所示。

- yan1
- yan2
- yan3

▲ 圖 11-1

11.4 預編譯器

在 11.3 節中介紹的即時編譯器之所以被叫作“即時”編譯器，是因為其將範本轉換為 HTML 程式的過程是在執行時期環境中處理的，在瀏覽器中執行程式的話，就是在瀏覽器中處理的。雖然這種方式使用起來簡單，但是如果範本比較大的話，則可能存在性能問題。

把編譯過程前置的方式被稱作預編譯，將範本提前編譯為可執行的函式，在執行時期可以直接呼叫函式，就省去了編譯的時間。本節將介紹預編譯器的設計和實現。

首先架設專案，使用如下命令新建 jtemplate/packages/precompiler 專案：

```
# jtemplate/packages
$ jslibbook n
? library name: precompiler
? npm package name: @jtemplate/precompiler
? github user name: jtemplate
```

預編譯器的目標是把範本提前編譯為可執行函式，對於如下範本來說：

```
<ul>
  <% list.forEach(name => { %>
  <li><%=name%></li>
  <% }) %>
</ul>
```

預編譯器需要生成如下程式：

```
function render(data) {
  // 初始化參數 data 中的屬性為本地變數
  var list = data.list;

  var __code__ = '';
  __code__ += '<ul>';
  list.forEach((name) => {
    __code__ += '<li>';
    __code__ += name;
    __code__ += '</li>';
  });
  __code__ += '</ul>';
  return __code__;
}
```

下面先來完成比較簡單的部分。預編譯函式的邏輯不太複雜，precompile 函式傳回拼接好的字串，比上面的函式額外增加了錯誤處理邏輯。範例程式如下：

```
export function precompile(tpl) {
  const code = parse(tpl);

  const source = `
function render(__data__) {
    // 初始化參數 data 中的屬性為本地變數

    try {
        var __code__ = '';

        ${code}

        return __code__;
    } catch(e) {
        console.log(e);
        return 'error';
    }
}`;

  return source;
}
```

上面初始化參數 data 中的屬性為本地變數的程式部分省略了，因為這一部分對預編譯器來說最複雜了，下面重點介紹。在上一節的即時編譯器中解決這個問題的方式比較取巧，即使用遍歷參數 data 中的屬性注入為作用域中變數的方式，但這種方式可能存在漏洞。

設想如下的範例，當繪製範本時，參數 data 中未傳入 name 屬性，此時 name 應該輸出 undefined，但是使用即時編譯器時會獲取全域 window 上的 name 屬性。範例程式如下：

```
window.name = ' 秘密文字 ';

const tpl = `
<div><%=name%></div>
`;

template(tpl, {}); // name 會獲取 window.name
```

下面來介紹預編譯器的思路，解析器會傳回如下的程式片段，觀察下面的程式可以發現，變數 list 是需要從參數 data 的屬性中傳入的，那麼應該如何透過程式自動獲取需要注入的變數清單呢？

```
const code = `
var __code__ = '';
__code__ += '<ul>';
list.forEach((name) => {
  __code__ += '<li>';
  __code__ += name;
  __code__ += '</li>';
});
__code__ += '</ul>';
`;
```

前面的章節提到過 AST，可以先將上面的程式片段轉換為 AST，然後遍歷 AST 獲取其用到的變數名字即可。因為這裡需要解析的是 JavaScript 程式，所以選擇 esprima 作為解析器。esprima 是一款被廣泛使用的 JavaScript AST 解析器，支援 ECMAScript 最新語法。esprima 的使用非常簡單，但是它只能將字串解析成 AST，並未提供遍歷 AST 的簡單方式。

estraverse 被設計為一款通用的 AST 遍歷器，極大地簡化了 AST 的遍歷方式。estraverse 會自頂向下遍歷 AST，當子樹遍歷完會再次回到父節點，對於每一個節點，estraverse 都提供了進入和離開兩個鉤子函式，當遍歷到一個節點時，傳給 estraverse 的回呼函式的參數可以獲取節點資料。

下面使用 esprima 和 estraverse 遍歷 AST，detectVar 函式的功能是找到傳入程式片段中需要初始化的變數，enter 和 leave 函式是需要完整的部分。範例程式如下：

```
import { parseScript } from 'esprima';
import { traverse } from 'estraverse';

export function detectVar(code) {
  const ast = parseScript(code);

  let unVarList = [];
```

```
  traverse(ast, {
    enter(node, parent) {},
    leave(node) {},
  });

  return unVarList;
}
```

將上面範本解析器生成的範本程式簡化，只留下關鍵部分，如下所示：

```
list.forEach((name) => {
  __code__ += name;
});
```

使用 esprima 將上面的程式片段解析後，可以得到對應的 AST，如圖 11-2 所示。

```
- ExpressionStatement  {
  - expression: CallExpression  {
    - callee: MemberExpression  {
        computed: false
      - object: Identifier  {
          name: "list"
        }
      - property: Identifier  {
          name: "forEach"
        }
      }
    - arguments:  [
      - ArrowFunctionExpression  {
        - params:  [
          - Identifier  = $node {
              name: "name"
            }
          ]
        + body: BlockStatement {body}
          generator: false
          expression: false
          async: false
        }
      ]
    }
  }
```

▲ 圖 11-2

觀察上面的 AST 會發現，可以遍歷 Identifier 節點，透過 name 屬性可以獲取變數 list。獲取變數 list 的關鍵程式範例如下：

```
function getIdentifierName(node) {
  return node && node.name;
}

export function detectVar(code) {
  const ast = parseScript(code);

  let unVarList = [];

  traverse(ast, {
    enter(node, parent) {
      const type = node.type;

      if (type === Syntax.Identifier) {
        const name = getIdentifierName(node);
        unVarList.push(name);
      }
    },
    leave(node) {},
  });

  return unVarList;
}
```

如果執行上面的程式，會發現 unVarList 陣列中存在 3 個變數，即 __code__、list 和 name，其中的變數 __code__ 和 name 是不需要的。

變數 __code__ 是引擎內部變數，不需要注入，這個比較簡單，可以維護一個白名單，最後對白名單中的變數過濾即可。

name 是函式的參數，這個比較難處理，需要感知函式作用域。當遍歷到一個 Identifier 節點時，需要判斷當前節點的祖先節點中所有的函式參數是否包含這個 Identifier 節點，不包含時才放入 unVarList 陣列中。

本書使用的思路是，維護一個函式堆疊，在進入函式和離開函式時更新堆疊記錄，堆疊中記錄當前函式的參數清單，在遍歷到 Identifier 節點時增加檢查邏輯。

這裡只舉出關鍵程式，真實環境還需要考慮各種其他情況，完整程式可以查看隨書程式。範例程式如下：

```
export function detectVar(code) {
  const ast = parseScript(code);
  // 作用域堆疊，預置白名單變數
  const contextStack = [
    {
      type: 'template',
      varList: ['__code__'],
    },
  ];

  let unVarList = [];

  traverse(ast, {
    enter(node, parent) {
      const type = node.type;
      let currentContext = contextStack[contextStack.length - 1];
      if (type === Syntax.ArrowFunctionExpression) {
        currentContext = {
          type: type,
          varList: [],
        };
        // 進入函式時存入堆疊，並把函式參數放入清單中
        contextStack.push(currentContext);
        currentContext.varList = currentContext.varList.concat(
          getParamsName(node.params)
        );
      } else if (type === Syntax.Identifier) {
        // 遞迴檢測變數是否是函式參數，是否在白名單中
        if (inContextStack(contextStack, node.name)) {
          return;
        }
```

```
        const name = getIdentifierName(node);
        unVarList.push(name);
      }
    },
    leave(node) {
      // 離開時移除函式堆疊
      if (node.type === Syntax.ArrowFunctionExpression) {
        contextStack.pop();
      }
    },
  });

  return unVarList;
}
```

獲取了需要從參數獲取的變數清單，接下來修改 precompile 函式，並增加參數注入邏輯 generateVarCode。範例程式如下：

```
function generateVarCode(nameList) {
  return nameList
    .map(
      (name) =>
        `     var ${name} = __hasOwnProp__.call(__data__, '${name}') ? __data__['$
{name}']  : undefined;`
    )
    .join('\n');
}

export function precompile(tpl) {
  const code = parse(tpl);
  const unVarList = detectVar(code); // 獲取變數清單
  const source = `
function render(__data__) {
    var __hasOwnProp__ = ({}).hasOwnProperty;

    ${generateVarCode(unVarList)}

    try {
        var __code__ = '';
```

```
        ${code}

        return __code__;
    } catch(e) {
        console.log(e);
        return 'error';
    }
}`;

  return source;
}
```

接下來看一下如何使用 precompile 函式，這需要用到一點兒 Node.js 的知識。新建一個 demo/build.js 檔案，首先讀取 render.tmpl 檔案中的內容，然後使用上面的 precompile 函式編譯後寫入 render.js 檔案中。範例程式如下：

```
const { precompile } = require('@jtemplate/precompiler');
const fs = require('fs');

const tmpl = fs.readFileSync('./render.tmpl', { encoding: 'utf-8' });

const code = precompile(tmpl);

fs.writeFileSync('./render.js', code);
```

接下來，新建 render.tmpl 檔案，並在該檔案中輸入如下的範本內容：

```
<ul>
  <% list.forEach(name => { %>
  <li><%=name%></li>
  <% }) %>
</ul>
```

接下來使用 Node.js 執行 build.js 檔案，命令如下：

```
$ node ./build.js
```

命令執行成功後，會在目錄下生成 render.js 檔案，render.js 檔案中包含編譯生成的可執行函式 render。render 函式的範例程式如下：

```
function render(__data__) {
  var __hasOwnProp__ = {}.hasOwnProperty;

  var list = __hasOwnProp__.call(__data__, 'list')
    ? __data__['list']
    : undefined;

  try {
    var __code__ = '';
    __code__ += '<ul>';
    list.forEach((name) => {
      __code__ += '<li>';
      __code__ += name;
      __code__ += '</li>';
    });
    __code__ += '</ul>';

    return __code__;
  } catch (e) {
    console.log(e);
    return 'error';
  }
}
```

觀察上面的 render 函式，可以看到範本語法比建構後的拼接字串語法更精簡。下面看一下如何使用這個 render 函式，範例程式如下：

```
const html = render({ list: ['yan1', 'yan2', 'yan3'] });
document.getElementById('demo1').innerHTML = html;
```

在瀏覽器中執行上面的程式，即可在頁面上繪製出清單中的內容，結果如圖 11-3 所示。

- yan1
- yan2
- yan3

▲ 圖 11-3

11.5 webpack 外掛程式

上一節實現了性能更好的預編譯器，但是預編譯器的使用比較繁瑣，還需要自己寫轉換的程式，並透過 Node.js 轉換。之所以這樣，是因為預編譯器是偏向底層的通用設計，為了降低使用成本，可以在其上層提供更友善的工具。

如今前端專案化工具經過了跨越式發展，可謂百花齊放，如 Gulp、webpack、rollup.js、PARCEL 等。在真實專案中，我們可能使用各種工具，一個好的開放原始碼函式庫，更重要的是建設生態，為專案化工具提供調配，提供好的使用體驗，可以極大提高開放原始碼函式庫的使用人數。

在許多前端打包工具中，webpack 出現的更早，使用人數更多，因此本節以 webpack 為例來介紹如何建立 webpack 外掛程式工具。

在 ECMAScript 2015 帶來的模組系統中，一個檔案可以透過 import 匯入另一個檔案中匯出的內容，但對於非 JavaScript 檔案的相依就無能為力了，而 webpack 極佳地解決了對非 JavaScript 檔案的相依問題。在 webpack 的系統中，一切都是模組，如 CSS、圖片等檔案都可以被 JavaScript 檔案匯入。圖 11-4 所示為 webpack 官網上表達“一切都是模組”這一概念的圖示。

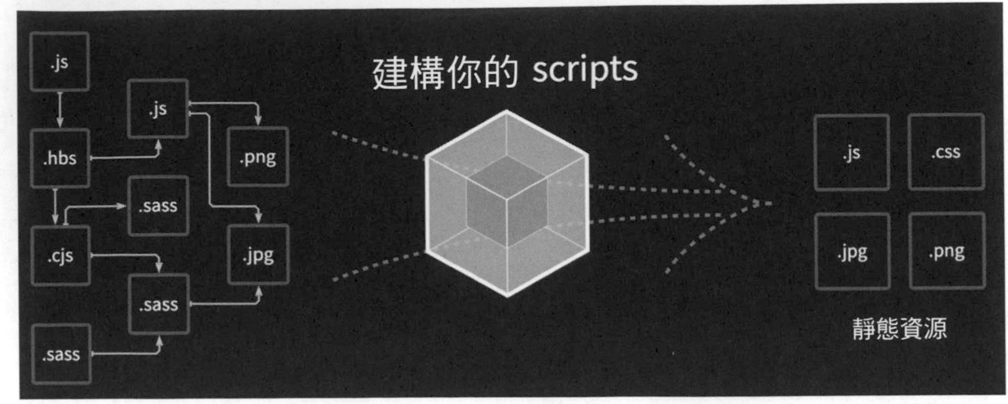

▲ 圖 11-4

下面架設一個 webpack-demo 專案，首先建立一個空白專案，並使用 npm 初始化，命令如下：

```
$ mkdir webpack-demo
$ cd webpack
$ npm init
```

接下來安裝 webpack 相依，安裝命令如下：

```
$ yarn add -D webpack webpack-cli
```

在根目錄下新建一個 webpack.config.js 檔案作為 webpack 的設定檔，設定內容如下，意思是將 src/index.js 檔案打包輸出為 dist/bundle.js 檔案，為了觀察打包後的檔案，這裡把壓縮設定關閉。

```
module.exports = {
  entry: './src/index.js',
  output: {
    path: __dirname + '/dist',
    filename: 'bundle.js',
  },
  optimization: {
    minimize: false,
  },
};
```

新建入口檔案 src/index.js，程式內容如下，這裡直接使用 import 匯入範本檔案。

```
import render from './demo.tmpl';

const html = render({ list: ['yan1', 'yan2', 'yan3'] });

document.getElementById('demo1').innerHTML = html;
```

新建範本檔案 src/demo.tmpl，範本內容如下：

```
<ul>
  <% list.forEach(name => { %>
  <li><%=name%></li>
  <% }) %>
</ul>
```

接下來使用 webpack 打包，執行“npx webpack”命令，會得到如圖 11-5 所示的錯誤訊息，這是因為 webpack 並不支援副檔名為 .tmpl 的檔案，對於不認識的檔案會當成 JavaScript 檔案來處理，但範本內容不是 JavaScript 合法語法，所以就顯示出錯了。

```
➜ webpack git:(master) ✗ npx webpack
assets by status 3.16 KiB [cached] 1 asset
runtime modules 663 bytes 3 modules
cacheable modules 220 bytes
  ./src/index.js 144 bytes [built] [code generated]
  ./src/demo.tmpl 76 bytes [built] [code generated] [1 error]

WARNING in configuration
The 'mode' option has not been set, webpack will fallback to 'production' for this value.
Set 'mode' option to 'development' or 'production' to enable defaults for each environment.
You can also set it to 'none' to disable any default behavior. Learn more: https://webpack.j
s.org/configuration/mode/

ERROR in ./src/demo.tmpl 1:0
Module parse failed: Unexpected token (1:0)
You may need an appropriate loader to handle this file type, currently no loaders are config
ured to process this file. See https://webpack.js.org/concepts#loaders
> <ul>
|   <% list.forEach(name => { %>
|     <li><%=name%></li>
 @ ./src/index.js 1:0-33 3:13-19

webpack 5.72.0 compiled with 1 error and 1 warning in 95 ms
```

▲ 圖 11-5

webpack 能夠辨別 CSS 等資源依靠的是 loader，一般一種資源都對應一個 webpack loader。圖 11-6 所示為 webpack 官方提供的與 CSS 相關的 loader 截圖。

webpack 官方維護的 loader 只能解決常見需求，如果遇到 webpack 不支援的資源，則可以在社群搜尋協力廠商 loader；如果對於我們的範本檔案，社群中也沒有 loader 可以使用，當遇到這種情況時，可以嘗試自己寫一個 webpack loader。

- `style-loader` 將模組匯出的內容作為樣式並增加到 DOM 中
- `css-loader` 載入 CSS 檔案並解析 import 的 CSS 檔案，最終傳回 CSS 程式
- `less-loader` 載入並編譯 LESS 檔案
- `sass-loader` 載入並編譯 SASS/SCSS 檔案
- `postcss-loader` 使用 PostCSS 載入並轉換 CSS/SSS 檔案
- `stylus-loader` 載入並編譯 Stylus 檔案

▲ 圖 11-6

使用我們的 cli 工具新建一個 jtemplate-loader 專案，webpack loader 名稱的預設規範是以“-loader”結尾。新建命令如下：

```
# jtemplate/packages
$ jslibbook n
? library name: jtemplate-loader
? npm package name: jtemplate-loader
? github user name: jtemplate
```

webpack loader 需要傳回一個函式，其參數是接收到的檔案路徑，傳回值需要是合法的 JavaScript 程式字串。loader 完整的範例程式如下：

```
import { precompile } from '@jtemplate/precompiler';

export default function (tpl) {
  const source = precompile(tpl);

  return 'module.exports = ' + source;
}
```

loader 寫好了，接下來修改 webpack config 檔案，對於副檔名為 .tmpl 的檔案，會使用 jtemplate-loader 處理。修改後的設定如下：

```
module.exports = {
  entry: './src/index.js',
  output: {
    path: __dirname + '/dist',
    filename: 'bundle.js',
  },
  module: {
    rules: [
      {
        test: /\.tmpl/,
        use: [
          {
            loader: 'jtemplate-loader',
          },
        ],
      },
    ],
  },
  optimization: {
    minimize: false,
  },
};
```

再次使用 webpack 打包程式，會在 dist 目錄下生成 bundle.js 檔案，這是 webpack 的打包檔案，其中有一些 webpack 的模組程式。153 模組是範本檔案被 webpack 處理後的程式，後面的內部執行函式是入口檔案 index.js 編譯後的程式，其中引用了 153 模組匯出的 default 屬性。簡化後的關鍵程式範例如下：

```
(() => {
  var __webpack_modules__ = {
    153: (module) => {
      module.exports = function render(__data__) {
        var __hasOwnProp__ = {}.hasOwnProperty;
```

```
        var list = __hasOwnProp__.call(__data__, 'list')
          ? __data__['list']
          : undefined;

        try {
          var __code__ = '';
          __code__ += '<ul>';
          list.forEach((name) => {
            __code__ += '<li>';
            __code__ += name;
            __code__ += '</li>';
          });
          __code__ += '</ul>';
          return __code__;
        } catch (e) {
          console.log(e);
          return 'error';
        }
      };
    },
  };

  (() => {
    'use strict';
    var _demo_tmpl__WEBPACK_IMPORTED_MODULE_0__ = __webpack_require__(153);
    var _demo_tmpl__WEBPACK_IMPORTED_MODULE_0___default = __webpack_require__.n(
      _demo_tmpl__WEBPACK_IMPORTED_MODULE_0__
    );

    const html = _demo_tmpl__WEBPACK_IMPORTED_MODULE_0___default()({
      list: ['yan1', 'yan2', 'yan3'],
    });

    document.getElementById('demo1').innerHTML = html;
  })();
})();
```

在 webpack-demo 目錄下新建一個 index.html 檔案，引用建構的 dist/bundle.js 檔案。index.html 檔案中的範例程式如下：

```
<!DOCTYPE html>
<html lang="en">
  <head>
    <style>
      #demo1 {
        margin: 10px;
        padding: 10px;
        border: 1px grey dashed;
      }
    </style>
  </head>
  <body>
    <div id="demo1"></div>
    <script src="./dist/bundle.js"></script>
  </body>
</html>
```

在瀏覽器中執行上面的程式，即可在頁面上繪製出清單中的內容，結果如圖 11-7 所示。

- yan1
- yan2
- yan3

▲ 圖 11-7

11.6 VS Code 外掛程式

有了預編譯工具，可以將範本內容放到獨立的範本檔案，範本檔案的副檔名推薦使用 .tmpl。雖然這樣組織範本內容更簡潔，但是如果用編輯器打開範本檔案，則會發現缺少突顯資訊。圖 11-8 所示為用 VS Code 打開範本檔案後的效果圖。

```
<ul>
  <% list.forEach(name => { %>
    <li><%=name%></li>
  <% }) %>
</ul>
```

▲ 圖 11-8

這是因為 VS Code 並不支援副檔名為 .tmpl 的檔案，將其辨識成了 Plain Text 檔案，也就是純文字檔案，文字檔是沒有任何顯示效果的，其他編輯器也都不認識我們的範本檔案。由於範本檔案中的大部分內容是 HTML 程式，可以使用 HTML 格式顯示，但解析到 <%%> 時會顯示出錯，並標紅顯示，效果如圖 11-9 所示①。

```
<ul>
  <% list.forEach(name => { %>
    <li><%=name%></li>
  <% }) %>
</ul>
```

▲ 圖 11-9

很多編輯器都可以用來開發前端專案，大致上分為兩類：一類是文字編輯器，如 Sublime Text 等；另一類是 IDE，如 VS Code 等。不同團隊和個人可能有不同的偏好和選擇，所以調配編輯器生態也是開放原始碼函式庫生態建設的一部分。

圖 11-10 中所示的 4 款編輯器的使用者眾多，開放原始碼函式庫最好提供調配。本節以 VS Code 為例來介紹編輯器突顯外掛程式的設計和實現。

▲ 圖 11-10

① 本書為單色印刷，無法顯示色彩，讀者可以注意圖片中文字的灰度差異。下面的內容中也會透過灰度差異來展示文字突顯顯示。

想要開發 VS Code 的語法外掛程式，官方推薦使用 VS Code 的 Yeoman 範本快速建立，在前面寫 ESLint 外掛程式時已經介紹過 Yeoman 了。首先需要安裝 Yeoman 和 VS Code 生成器，安裝命令如下：

```
$ npm install -g yo
$ npm install -g yo generator-code
```

執行 yo code 命令，然後選擇 "New Language Support" 選項，如圖 11-11 所示。

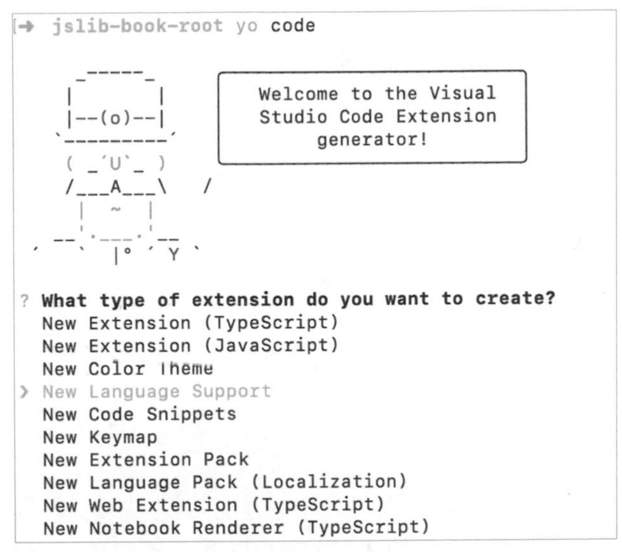

▲ 圖 11-11

Yeoman 會詢問外掛程式的資訊，按照如圖 11-12 所示的範例回答即可。

```
? What type of extension do you want to create? New Language Support
Enter the URL (http, https) or the file path of the tmLanguage grammar or press ENTER to start with
a new grammar.
? URL or file to import, or none for new:
? What's the name of your extension? jtemplate lang
? What's the identifier of your extension? jtemplate-lang
? What's the description of your extension? Syntax highlighting for jtemplate
Enter the id of the language. The id is an identifier and is single, lower-case name such as 'php',
'javascript'
? Language id: jtemplate
Enter the name of the language. The name will be shown in the VS Code editor mode selector.
? Language name: jtemplate
Enter the file extensions of the language. Use commas to separate multiple entries (e.g. .ruby, .rb)
? File extensions: .tmpl
Enter the root scope name of the grammar (e.g. source.ruby)
? Scope names: source.tmpl
```

▲ 圖 11-12

執行成功後，會再新建一個 jtemplate-lang 專案，目錄結構如下：

```
$ tree -L 2
.
├── CHANGELOG.md
├── README.md
├── language-configuration.json
├── package.json
├── syntaxes
│   └── jtemplate.tmLanguage.json
└── vsc-extension-quickstart.md
```

開啟 syntaxes/jtemplate.tmLanguage.json 檔案，其中填充了範例版的語法，把無用的內容刪掉後，內容如下：

```
{
  "$schema":
"https://raw.githubusercontent.com/martinring/tmlanguage/master/tmlanguage.json",
  "name": "jtemplate",
  "patterns": [],
  "repository": {},
  "scopeName": "source.tmpl"
}
```

其中，name 是外掛程式的名字，在功能表列中選擇 "Run" → "Start Debugging" 命令，或者按 F5 鍵即可打開一個新的編輯器，並載入新建的外掛程式。此時新建一個範本檔案，可以看到已經自動匹配了我們的外掛程式，但沒有突顯顯示效果，這是因為還沒有定義語法。載入自訂外掛程式的效果如圖 11-13 所示。

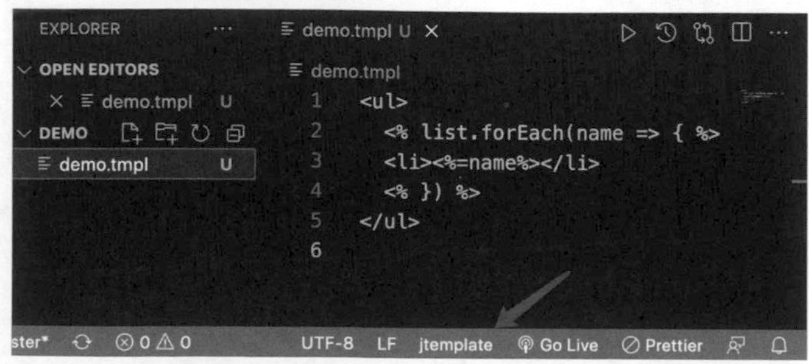

▲ 圖 11-13

VS Code 進行突顯標註時使用 TextMate 語言，TextMate 是一個通用的突顯標註語法，大部分編輯器都支援，如 Sublime Text 和 Atom 就使用這種語法。TextMate 可以將文字分割成一個個符號，其原理是透過正規表示法匹配符號，然後給每個符號指定語義。

範本中包含 HTML 語法，TextMate 支援在一個語言中引用另一個語言的寫法，只需在 patterns 中增加 include 設定即可。範例程式如下：

```
{
  "$schema":
"https://raw.githubusercontent.com/martinring/tmlanguage/master/tmlanguage.json",
  "name": "jtemplate",
  "patterns": [
    {
      "include": "text.html.basic"
    }
  ],
  "scopeName": "source.tmpl"
}
```

再次按 F5 鍵查看效果，可以看到 HTML 程式部分已經有突顯效果了，如圖 11-14 所示（由於本書為單色印刷，圖中的灰度差異即表現突顯標註）。

```
1  <ul>
2    <% list.forEach(name => { %>
3    <li><%=name%></li>
4    <% }) %>
5  </ul>
```

▲ 圖 11-14

但是圖 11-14 中第 2 行、第 3 行和第 4 行程式中的 <%%> 還是作為文字顯示。範本有兩種語法，即範本插值和範本邏輯，第 3 行是範本插值，第 2 行和第 4 行是範本邏輯，先來解決範本插值，TextMate 的自訂語法都設定在 repository 屬性中，並在 patterns 中使用 include 引用 repository 中的自訂語法屬性。

下面直接舉出思路，begin 和 end 分別用來匹配開始符號和結束符號，支援正規表示法語法，在 beginCaptures 中可以選擇 begin 中正規表示法選取的分組，並透過鍵 / 值對的方式給每個分組設定語義符號，VS Code 會自動給每個語義符號設定主題顏色。

TextMate 支援很多語義符號，可以在 TextMate 官網找到，這裡用到了以下兩個符號：

- support.type：用來表示 "<%" 和 "%>"。
- support.operator：用來表示 "="。

支援範本插值的完整設定如下：

```
{
  "patterns": [
    {
      "include": "text.html.basic"
    },
    {
      "include": "#jtemplate"
    }
  ],
  "repository": {
    "jtemplate": {
      "patterns": [
        {
          "begin": "(<%(=))",
          "end": "(%>)",
          "beginCaptures": {
            "1": {
              "name": "support.type.jtemplate"
            },
            "2": {
              "name": "support.operator.jtemplate"
            }
          },
          "endCaptures": {
            "1": {
```

```
            "name": "support.type.jtemplate"
          }
        },
        "name": "interpolation.jtemplate"
      }
    ]
  }
 }
}
```

再次按 F5 鍵查看效果，即可看到第 3 行程式有了突顯效果，如圖 11-15 所示。

```
1 <ul>
2   <% list.forEach(name => { %>
3   <li><%=name%></li>
4   <% }) %>
5 </ul>
```

▲ 圖 11-15

目前，第 2 行和第 4 行程式還沒有突顯效果，這兩行程式實現突顯效果的原理與第 3 行程式實現突顯效果的原理大同小異，這裡不再舉出具體程式，外掛程式的完整程式可以查看隨書程式，最終效果如圖 11-16 所示，注意第 2 行和第 4 行程式中 <%%> 符號的灰度改變。

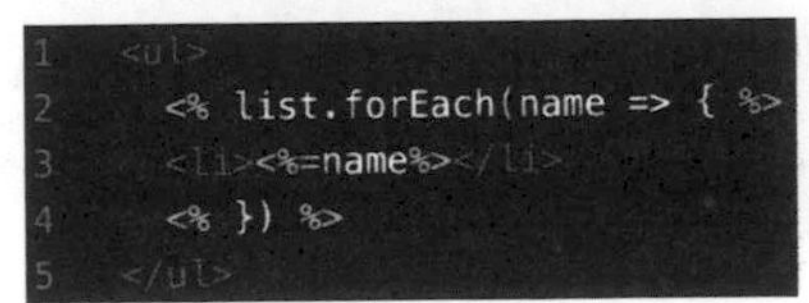

▲ 圖 11-16

外掛程式寫好後，需要發佈到 VS Code 外掛程式市場，這樣才可以被大家使用。首先需要在外掛程式市場註冊一個帳號，然後使用 vsce 發佈。需要先進行安裝，安裝命令如下：

```
$ npm install -g vsce
```

安裝好後，首先需要登入市集，然後才能發佈，可以使用如下命令登入並發佈：

```
vsce login # 首先需要登入
vsce publish # 發佈外掛程式
```

發佈成功後，即可在市集搜尋到外掛程式，如圖 11-17 所示。

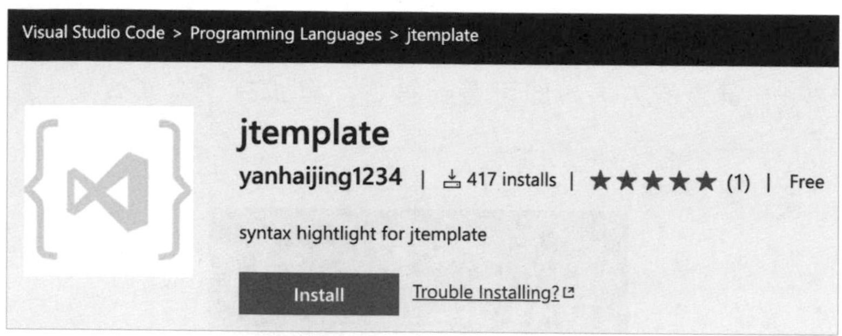

▲ 圖 11-17

11.7 發佈

前端範本函式庫並不僅是一個函式庫，還是一套系統，其包含如圖 11-18 所示的內容，其中虛線部分本書並未舉出範例講解。

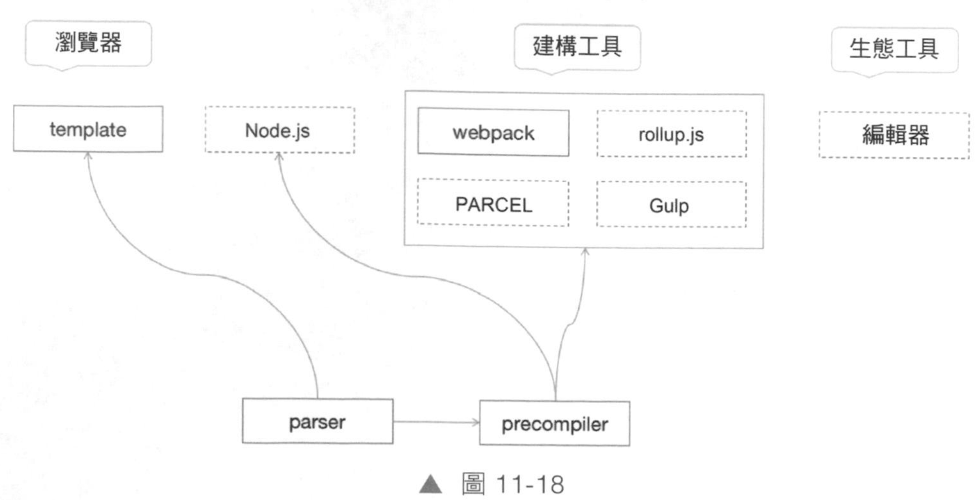

▲ 圖 11-18

本章前面的章節中寫了 4 個 npm 套件，分別是：

- @jtemplate/parser。
- @jtemplate/template。
- @jtemplate/precompiler。
- jtemplate-loader。

目前，這些套件還都在本地，下面把這些套件發佈到 npm 上，發佈前先把所有套件重新建構一下，命令如下：

```
$ yarn workspaces run build
```

接下來，使用 Lerna 統一發佈。Lerna 會提示升級版本，選擇合適的版本後，會詢問是否發佈，這裡選擇是即可，確認後 Lerna 會將每個套件分別發佈到 npm 上。發佈命令和控制台輸出分別如下：

```
$ npx lerna publish
? Select a new version (currently 0.0.0) Major (1.0.0)

Changes: - jtemplate-loader: 1.0.0 => 1.0.0
 - @jtemplate/parser: 1.0.0 => 1.0.0
 - @jtemplate/precompiler: 1.0.0 => 1.0.0
 - @jtemplate/template: 1.0.0 => 1.0.0

? Are you sure you want to publish these packages? Yes
```

11.8 本章小結

本章透過實例介紹了如何開發一個前端範本引擎，以及如何開發範本引擎週邊工具，主要內容如下：

- 範本引擎是什麼？為什麼要開發範本引擎？
- 範本引擎解析器、即時編譯器、預編譯器的開發。
- 如何調配前端專案化工具，實戰開發一個 webpack 外掛程式。
- 如何調配編輯器生態，實戰開發一個 VS Code 突顯外掛程式。

第 12 章 未來之路

到這裡本書全部的知識就都介紹完了，我們的冒險之旅也接近尾聲，非常感謝讀者的閱讀，希望前面的知識已經幫讀者掌握了如何成為開發一個函式庫的開發者，並了解了開放原始碼世界。

12.1 全景圖

溫故而知新，前面的章節每一章都有獨立的主題，本章讓我們跳出技術細節，從宏觀層面統整一下全書的內容。

12.1.1 知識全景圖

本書針對如何更快、更好地開發一個 JavaScript 開放原始碼函式庫介紹了很多知識，每一個基礎知識都是可以深入研究並詳細說明的，並獨立成為一系列主題文章。

整理全書涉及的基礎知識，如圖 12-1 所示，文字旁邊的序號代表書中的第幾章介紹了這個基礎知識。

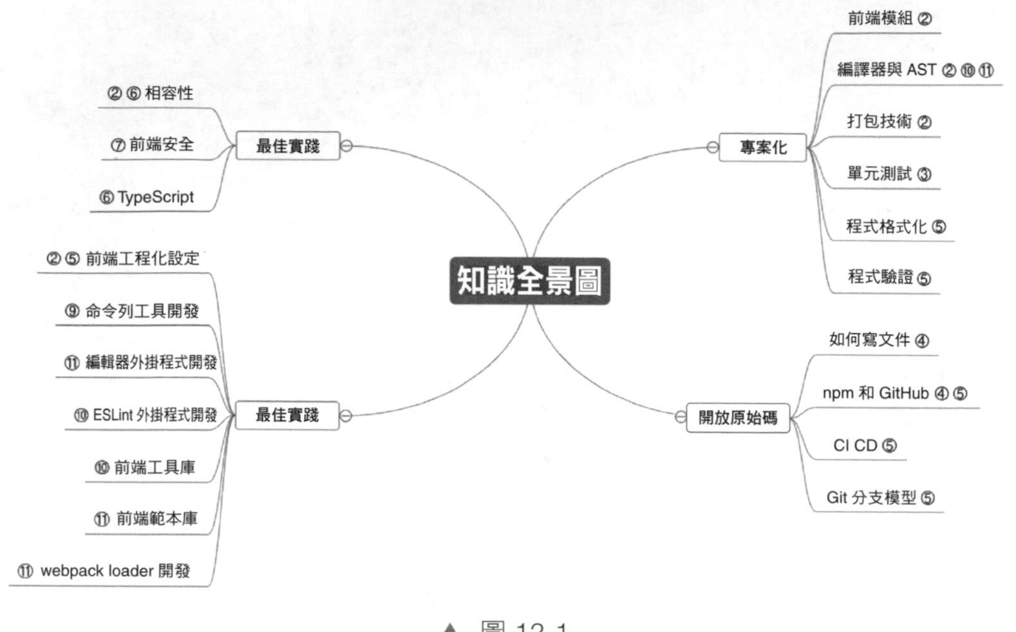

▲ 圖 12-1

12.1.2 技術全景圖

本書雖然介紹的是如何開發 JavaScript 函式庫，但是其中介紹的很多前端技術和業務專案是有共同點的。本書涉及的全部工具和函式庫如圖 12-2 所示，其中有些工具的解決場景還有其他工具可以選擇，這裡是本書的選擇，並不代表在其他場景下也是最佳實踐。

這裡不再詳細說明圖 12-2 中的工具和函式庫，實際上每款工具都涉及一系列知識可以介紹，感興趣的讀者可以進一步了解。

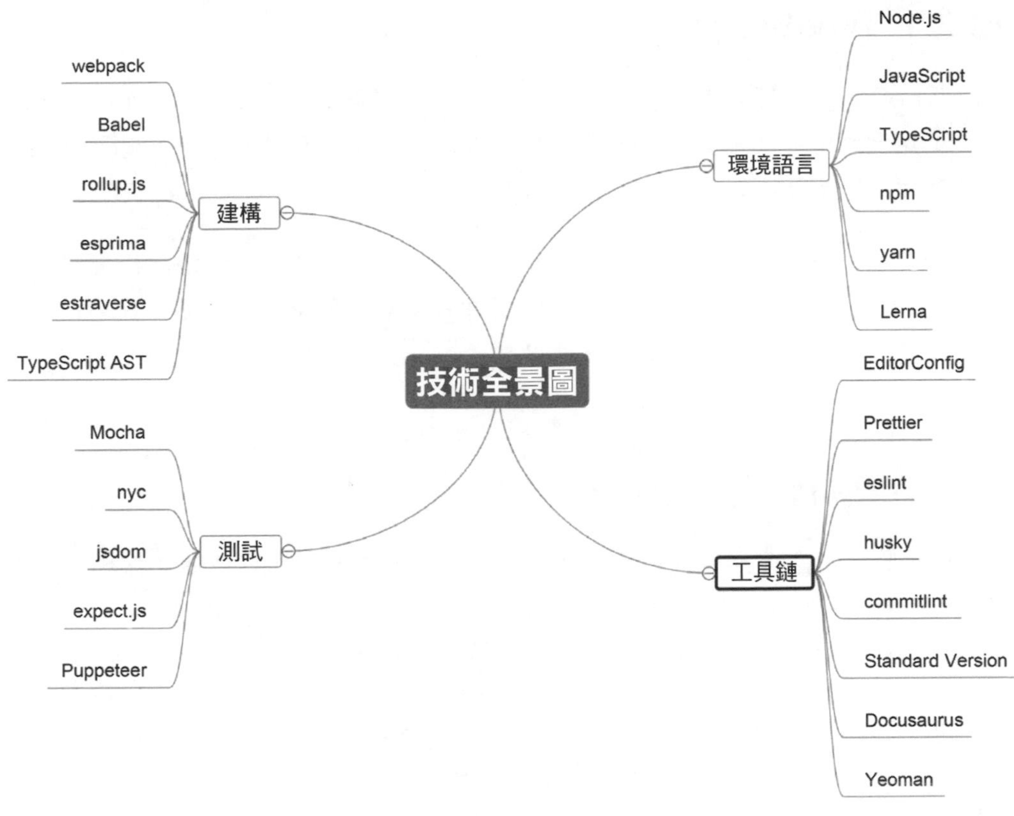

▲ 圖 12-2

12.2 下一代技術

上一節提到解決同一個問題可能有多款工具可以選擇，自從 Node.js 發佈以來，前端進入了發展的快車道，各種工具層出不窮，百花齊放，每隔一段時間就會湧現出一大批新技術，本書中使用的很多工具也許在未來就不再是最佳實踐了。

在本書的寫作期間，前端社群又湧現出了一批新工具，它們可能會成為未來之星，下面介紹一下其中值得關注的專案。

12.2.1 TypeScript

TypeScript 已經非常流行了，很多公司的新專案都在使用它。TypeScript 帶來了類型註釋，進一步實現了程式智慧提示和編譯時驗證功能，可以極大提高開發效率和專案品質，可謂前端“神器”。

我在工作中基本上都是寫 TypeScript 程式，但在撰寫本書時特意使用 JavaScript 作為主要程式實現語言，主要是考慮到社群整體上還是 JavaScript 佔據大部分，而很多讀者可能並不熟悉 TypeScript，這樣可以避免增加讀者的“上手成本”。

12.2.2 Deno

Deno 是一個 TypeScript 執行時期環境，其以 V8 引擎為基礎並採用 Rust 程式設計語言建構，其作者是 Node.js 的建構者之一。Node.js 本身存在很多問題，並且長時間未得到解決，而 Deno 解決了這些問題。

Deno 的整體設計更先進，並且將前端很多問題都在語言層面整合了，如類型問題、程式風格問題等。本書並未提供調配 Deno 的範例，因為 Deno 是透過 URL 來載入資源的，所以只要給我們的函式庫提供可以存取的 URL，就可以在 Deno 中使用了。

我們並不需要自己架設服務，社群有專門的解決方案。只要是發佈到 npm 上的函式庫，都可以透過 Skypack 提供的代理存取，在 Skypack 輸入 npm 上的套件名稱，就可以看到 Skypack 提供的造訪網址。圖 12-3 所示為本書 8.1 節中抽象的函式庫 @jslib-book/type 的造訪網址。

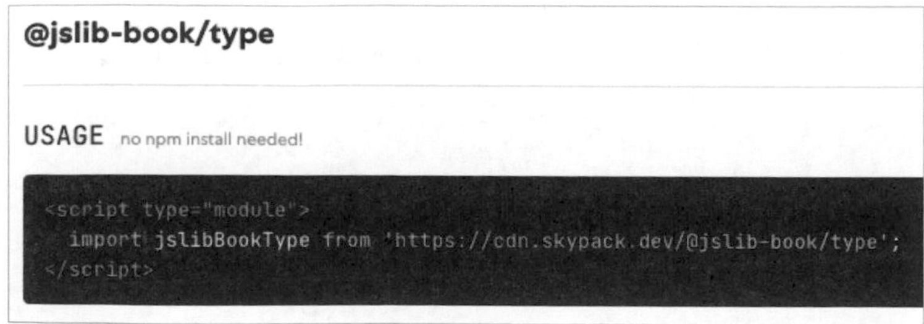

▲ 圖 12-3

12.2.3 SWC

最近，前端基礎工具都在經歷使用 Rust 語言重寫的熱潮，SWC 就是其中的佼佼者。SWC 是以 Rust 語言為基礎開發的 JavaScript Compiler，其對應的工具是 Babel。SWC 和 Babel 命令可以相互替換，並且大部分的 Babel 外掛程式在 SWC 中都可以找到對應功能。

SWC 帶來了性能上的飛躍，圖 12-4 所示為 SWC 官方提供的性能測試資料，和 Babel 等工具相比，SWC 的性能幾乎提升了一個量級。

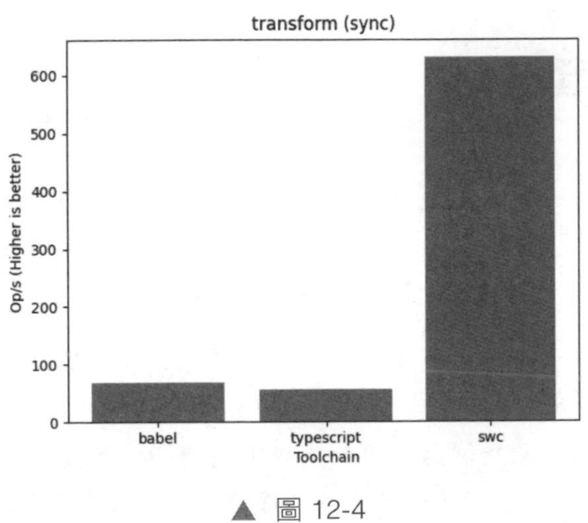

▲ 圖 12-4

12.2.4 esbuild

esbuild 是以 Go 語言為基礎開發的 JavaScript Bundler，其對應的工具是 webpack 等打包工具，其最大的特點也是性能。圖 12-5 所示為 esbuild 官方提供的測試資料，圖中顯示 esbuild 的性能比 webpack 的性能提升了 100 倍以上，可以預測大型專案將會更傾向於使用 esbuild 和 SWC。

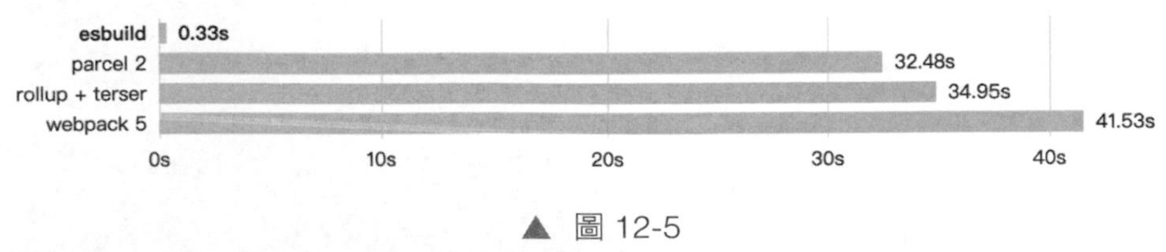

▲ 圖 12-5

12.2.5 Vite

Vite 是 Vue.js 作者的又一個開始原始碼專案，一經發佈即得到社群的關注，其定義是面向未來的打包工具，對應的是 webpack。其本地開發使用的是 Bundless 方案，在生產環境使用 rollup.js 打包，在底層則使用 esbuild 單檔案建構性能提升。

在本地開發時，Vite 可以做到修改檔案時不需要重新封包，只重新建構修改的檔案。對於大型專案來說，其性能提升是肉眼可見的。

12.3 本章小結

未來之路既是社群會更繁榮，也是我們人人都要參與進來；未來之路既是上面工具的更迭，也是我們人人都要開發自己的函式庫。希望本書能幫助讀者在未來開放原始碼自己的函式庫，並使其受到大家的歡迎。

一場旅程總有終點，一本書總有終章，受限於篇幅和時間，本書內容盡可能精簡，講解了剛好夠用的技術和精心挑選的實戰案例。其實我還在 GitHub 上維護了很多其他開放原始碼函式庫，這些也值得關注，此外，還可以關注我在社群的動態，我時常在自己的部落格、公眾號、知乎等平臺分享技術文章。

到這裡並不意味著結束，正是一個嶄新的開始，快快開啟屬於自己的開放原始碼之旅吧！未來之路就在腳下，趕緊和我一起行動起來吧！

Deepen Your Mind

Deepen Your Mind